지구교통계획
Site Transportation Planning

정병두 지음

청문각

아직 우리 교통계획분야에서는 인간생활의 삶의 질을 좌우하는 도시환경을 만들기 위해서 해야 할 일들이 많다. 그동안 안전하고 쾌적한 이동성과 접근성의 확보, 보행자와 주거환경을 만드는 데 많은 부분을 지나쳐 왔고, 실제 적극적으로 대처하지 못했던 만큼, 더욱 만회해 나가야 할 필요가 있다.

이제는 자동차 위주에서 보행자중심의 패러다임 속에서 생활권의 지구교통관리의 기본적인 개념은 보행환경과 커뮤니티를 중시하고, 이를 저해하는 이면도로의 불법노상주차, 통과교통을 배제하고 주행속도를 낮추는 등 지속가능한 지구교통 컨트롤이 필요한 시점이 된 것이다.

교통정온화(Traffic Calming)는 구미에서 지구교통 관리기법으로 다양하게 적용되어 왔으며, 이제는 교통공학의 한 분야로 다루어지고 있다. 그리고 해외에서는 생활도로대책이 개별의 도로구간에 한정하지 않고 면(面)적인 존 대책정비로 확장하고 환경적으로 지속가능한 교통으로 그 영역을 점차 확장해 나가고 있다.

국내에서는 지구교통 환경개선 차원에서 1990년 초부터 서울시 자치구 교통개선사업을 시행하면서 처음 적용되기 시작하였고, 그 후 어린이 보호구역 개선사업, Green Parking, 생활권 교통개선사업, 보행우선 구역사업과 보행환경 개선사업 등 일련의 지구(地區) 차원에서 보행환경 정비사업 등을 꾸준히 추진해 오고 있다.

한편 일본에서는 이미 오래전부터 생활도로에 대한 지구교통 관리대책으로 커뮤니티 존 사업(1996)이 시작되었으며, 그 이후 보행자 및 자전거이용자의 안전한 통행확보를 위한 안심보행 에리어 사업(2003), 생활도로의 최고속도 30 km/h 교통규제기준(2009) 등 생활도로대책이 시행되고 있다. 따라서 이 책은 지구교통계획을 시행하는 데 있어서 앞서가는 일본만의 시민참여, 사회실험 등 여러 사례들을 소개하였으며, 국내에서도 이의 적용가능성을 검토하는 데 매우 유용하게 활용될 수 있을 것으로 판단된다.

　그리고 지구교통계획에 관련되는 모든 내용들을 사례를 중심으로 실무적인 계획수립에 도움이 될 수 있도록 중요한 이론적·법제적인 계획기준들을 담고 있다. 따라서 교통공학을 비롯해서 도시·건축·토목·조경·환경 등 지구단위계획 관련 전공분야를 공부하는 학생들은 물론, 실무자들에게도 기초이론의 이해와 실질적으로 이면도로정비 및 보행환경 개선사업 등을 수행하는 데 도움이 될 것으로 기대한다.

　이 책을 출간하면서 저자가 오래전에 참여한 가로환경계획 매뉴얼(2003)과 일본의 지구교통계획 매뉴얼(2013)을 바탕으로 텍스트용으로 새로 구성하였지만, 아직 미흡한 부분이 많다. 어렵게 초판을 엮었으니 앞으로 지속적으로 보완할 계획이다. 아무쪼록 이 책이 독자 여러분에게 조금이나마 도움이 되거나 지속가능한 도시를 만드는 데 기여하게 된다면 큰 보람으로 생각하고 싶다.

　끝으로, 이 책이 나오기까지 오랜 기간 작업을 도와준 연구실 학생들에게 고마운 마음을 전하며, 청문각 편집관계자에게도 깊은 감사를 드린다.

2015년 6월
저 자

CONTENTS

01 지구교통계획의 개요

The Overview of Site Transportation Planning

02 지구교통계획의 변천

The Evolution of Site Transportation Planning

03　지구교통계획의 국내외 사례

The Domestic and International Cases of Site Transportation Planning

04 보행환경 개선사업 수행절차

The Performance Procedure of Pedestrian Environment Improvement Projects

05 지구교통관리 수법

The Site Transportation Management Methods

08 교통약자를 위한 시설정비

The Maintenance of Facilities for Transportation Poor

09 보행자시설의 서비스수준 분석

The Analysis of Level of Service for Pedestrian Facilities

10 | 보행안전시설의 설치기준

The Installation Standard of Pedestrian Safety Facilities

11 | 도로안전시설 설치 및 관리

The Road Safety Facilities Installation and Management

12 지구교통 관련법규 및 지침

The Relevant Site Transportation Regulations and Guidelines

지구교통계획의
개요

The Overview of Site Transportation Planning

01 지구교통계획의 개요

The Overview of Site Transportation Planning

1 지구교통계획의 개념

1. 지구교통계획의 정의

도시가 발전함에 따라 환경문제를 비롯하여 많은 제약조건이 생기게 되고, 정보화와 고령화 등 사회변화에 따라 점차 다양해지는 현대도시에서는 해결하기 힘든 여러 도시교통문제가 발생하게 된다. 이러한 교통문제에 잘 대처하고 더 좋은 도시환경을 창조하기 위해서 교통계획을 수립하게 되는데, 이러한 교통계획은 도시권을 대상으로 한 광역적인 도시교통계획과 공간적으로 한정된 구역을 대상으로 하는 지구교통계획으로 구성하게 된다[1].

특히 도시교통계획은 도시와 지구교통체계가 서로 유기적으로 효과적인 기능을 수행하고, 종합적으로 추진하게 될 때 유효하게 된다. 과거 교통기반시설의 정비가 불충분했던 시기에는 간선위주의 교통계획에 중점을 두고 추진해 왔지만, 이제 교통시설이 어느 정도 정비된 현시점에서는 양자의 정합성을 도모하면서 밸런스 있는 지구교통계획의 역할이 더욱 중요하고 강조되고 있기 때문이다.

여기서 도시교통계획은 도시전체에 대한 교통체계를 취급하는 것이기 때문에, 각 지구에 대하여 틀을 갖추게 되지만, 도시교통계획이 항상 지구교통계획의 상위에 자리매김하는 것은 아니다. 그리고 도시교통문제는 지구 레벨에서부터 나타내는 경우가 많기 때문에, 보다 구체적으로 관심을 가지고 다양한 지구교통과제를 다루지 않으면 안 된다.

---

[1] 交通工学研究会, 『地区交通計劃』, 2002

실제 도시교통정비촉진법 제5조 2항 도시교통정비 기본계획에 포함되는 부문별 계획내용을 살펴보면 다음과 같다.

- 유출입교통대책 및 도로·철도·도시철도 등 광역교통체계의 개선
- 교통시설의 개선
- 대중교통체계의 개선
- 교통체계관리 및 교통소통의 개선
- 주차장의 건설 및 운영
- 자전거이용시설의 확충
- 환경친화적 교통체계의 구축

이와 같이 도시교통 정비계획에서 지구교통에 대한 교통시설계획 및 교통관리계획이 구체적으로 명시되어 있지 않기 때문에, 무엇보다도 지구(地区)라고 하는 공간적인 범위 안에서 생기는 보행자공간정비, 교통정온화와 지구교통관리 등 지구단위로 표면화된 여러 도시교통문제에 대해서 과제로 인식하고 필요한 조치를 취해야 할 필요가 있다.

지구교통계획에 있어서 지구의 개념은 이제까지 주택지의 근린주구와 같이 개념으로서는 잘 알려져 왔지만, 가로에서는 반드시 그 경계가 명확하지 않다. 일반적으로 지구라고 하는 개념이 부족했기 때문에, 지구를 어떻게 구획해야 하는지 그 자체가 계획에 있어서 과제가 되는 경우가 있다.

다음 1.2절에서 지구의 범위에 대하여 다시 논의하게 되겠지만, 주거지역의 지구를 취급하는 경우와 상업·업무지역에 있어서 지구를 파악하는 방법이 동일하지 않다. 이 때문에 지구교통계획 전체를 통한 지구를 일의적으로 정의하는 것은 용이하지 않다. 그래서 이제까지 자치구단위로 시행가능한 생활교통체계 정비사업의 공간적 범위 안에서 설정해 오고 있다.

그리고 내용적 범위는 지구에 있어서의 교통시설 등의 정비를 실시하는 지구교통 시설계획과, 교통운용 및 교통환경의 개선을 대상으로 하는 지구교통 관리계획으로 작성하게 된다. 특히 지구교통계획에는 당면한 문제대응형도 있지만 장기적인 지구정비형도 있으며, 그 계획목표에 있어서도 교통안전, 교통환경개선, 방재 등의 물리적 환경개선 외에도, 지구의 활성화, 사회적·경제적 환경개선 등, 폭넓게 설정되고 있다.

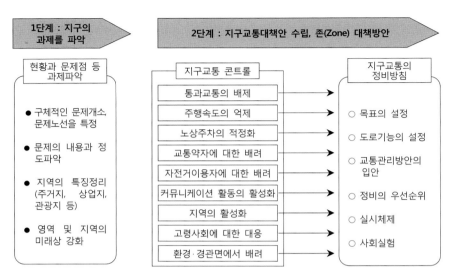

그림 1.1 **지구교통계획의 정비방침설정**
자료 : 交通工学研究会, 生活道路ゾーン対策マニュアル, 2011.

그림 1.1에 나타낸 바와 같이 지구의 특징이나 현황을 조사한 후 문제점을 정확하게 파악하고, 다각적인 시점에서 지구교통 정비방침을 설정한다. 지구교통 정비방침은 교통사고의 감소 등과 같은 특정목표에 맞추어 수행하는 경우도 있지만, 지구 내 도로는 통행기능뿐만 아니라 지구의 특성을 고려하여 균형 잡힌 목표를 설정하는 것이 중요하다.

2. 지구교통계획의 의의와 필요성

지구교통계획은 첫째, 장래 도시정비의 기본방향에 따라 공공 및 민간에서 모든 계획을 진행할 수 있도록 일정한 지구를 정하고, 도시기반이 되는 도로를 포함하여 교통시설의 정비계획을 작성하는 것을 목표로 하고 있다. 또한 이 정비계획을 수립하는 데 있어서 지구의 교통환경, 방재환경, 경관 등이 교통시설의 정비에 중요한 요소로 작용한다.

둘째로, 지구교통계획은 이렇게 도로교통시설의 정비차원에서 교통관리가 필요하다. 즉 물리적 교통제어수법, 소프트적인 교통규제 등 각종의 교통관리수법을 활용하고, 지구의 실태와 주민의견을 반영한 교통환경정비를 목표로 한다. 이렇게 교통관리에 있어서는 교통체계계획의 작성, 교통량과 주행속도의 억제방안, 보행자 및 자전거교통과 상충해소방안, 주차관리 등을 검토하는 것이 지구교통계획에서 요구된다.

그리고 이러한 목적을 달성하기 위해서는, 사전조사와 지구환경개선의 평가를 적절히 실시할 필요가 있으며, 이를 위해서는 지구의 실태조사 및 분석하는 수법, 교통환경의 평가수법, 지구환경개선의 효과예측수법, 종합적 평가수법 등 각종의 기술적 수법을 개발하고 적용하는 것이 필요하다.

지구교통계획은 주로 폭원 12 m 미만의 소로정비의 낙후에 관련된 것으로, 폭이 좁은 도로는 우리나라의 도시지역에서 일반적으로 교통과 방재환경상의 여러 문제점을 내포하고 있다.

서울시 자치구별 도로현황[2]을 살펴보면, 12 m 이하 도로가 자치구별 60.0~89.1%, 서울시 평균 77.7%의 높은 비중을 차지하고 있어 매우 중요한 역할을 담당하고 있다. 이처럼 오래전 토지구획 정리사업 등으로 주택지가 형성된 지구에서는 주정차공간이 마땅치 않아 불법주차하거나 거주자 우선주차제로 대부분 도로상에서 이루어지고 있다(시정연 2007-R-15).

이로 인해 오랜 기간 주거생활권에서 옥외공간은 이미 자동차의 주정차공간으로 원래의 도로기능을 상실하였거나 보행환경공간이 열악하게 되었다. 특히 도로분류상의 소로 중에서도 생활주변의 교통체계와 관계된 지구 내 가로망의 경우 대부분 7 m 이하로 주차로 인하여 차량교행이 어려워 빈번히 마찰이 생기고 있으며, 지구도로는 일상적인 생활을 담는 가로공간으로서의 기능을 전혀 하지 못하고 있다.

그럼에도 불구하고 이제까지 간선도로의 정비를 중심으로 하고 있기 때문에 지구교통계획의 기초를 이루는 이면도로의 정비수법이 충분히 확립되어 있지 않다. 이러한 점에서 생활도로 정비수법은 아직도 여전히 주요한 과제가 되고 있다.

최근 서울연구원에서는 자동차의 주정차기능으로 전락해버린 생활권 도로공간을 주민의 정주공간으로 되돌려주기 위하여 그림 1.2와 같이 생활권 교통개선사업을 제안한 바 있다.

---

2 김승준, 자치구 단위생활 환경개선을 위한 교통개선사업 추진방안, 서울시정개발연구원(시정연 2007-R-15), 2007.

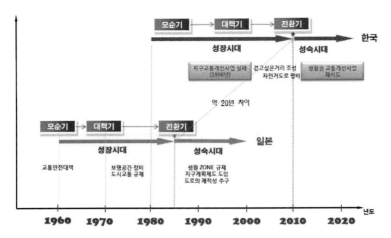

그림 1.2 **생활권 교통개선사업의 시기적 도래 [3]**

교통환경상의 문제로는 우선 교통사고뿐만 아니라 폭이 좁은 도로에서의 혼재
교통으로 인하여 보행자, 자전거이용자 등에 대한 불안감과 위협감 등의 심리적
영향도 문제가 되고 있다.

최근 5년간 우리나라의 보행자 교통사고에 있어서 보행 중 사망자수 구성비
(37.8%) 및 인구 10만 명당 보행 중 교통사고 사망자수(4.3명)는 2010년 기준 보
행안전수준은 OECD 주요국가 중 최하위를 나타내고 있다.

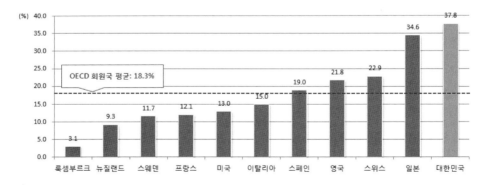

그림 1.3 **OECD 주요국가별 보행 중 교통사고 사망자수 구성비(2010년)**
자료 : IRTAD(http://cemt.org/IRTAD/Irtad_Database.aspx)

---

3 이광훈, 홍우식, 서울시 생활권 교통개선사업 추진방안, 서울연구원, 2014.

표 1.1 **도로폭별 보행자 교통사고현황**

구분	합계	3 m 미만	6 m 미만	9 m 미만	13 m 미만	20 m 미만	20 m 이상	기타
발생건수(건)	223,656	21,315	61,063	40,228	29,393	35,268	29,098	7,291
사망자수(명)	5,392	488	1,486	1,119	680	847	679	93
부상자수(명)	344,565	30,812	89,985	61,268	46,525	57,112	48,905	9,958

자료 : 경찰청 교통사고통계(2012년도)

보행 중 사망자 수 구성비는 룩셈부르크가 3.1%로 가장 낮았고, 우리나라가 37.8%로 가장 높게 나타났는데, 이는 OECD 회원국 평균 18.3%에 비해 약 2.1배 높다.

- 보행 교통사고 : 2008년 48,312건에서 2010년 50,431건, 2012년 51,044건
- 보행자 교통사고 사망률 : 2008년 36.4% → 2010년 37.8% → 2012년 37.6%
- 2010년 OECD 평균 18.3%, 한국 37.8%, 미국 13.0%, 프랑스 12.1%

그리고 2009년~2011년 도로폭원별 보행자 교통사고를 분석해 보면 9 m 미만 도로에서 보행사고가 65.5%, 보행사망자는 56.4%로, 특히 생활권도로에서 보행사고가 심각한 상황으로 나타났다. 또한 2012년 교차로에서 사망한 보행자는 516명(25.5%), 부상자 14,346명(27.8%)으로 이에 대한 대책마련이 절실히 요구되고 있다.

최근 국토교통부의 보행행태 실태조사(2012년)에 따르면, 보행하는 데 있어 보행환경으로 인한 불편함이 있는지 조사한 결과, 46.9%가 '불편함을 느낀 적이 있

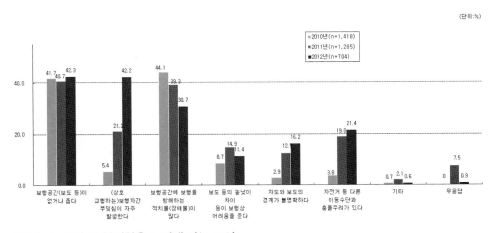

그림 1.4 **보행 중 불편함을 느끼게 하는 요인**

다'고 응답하고 있으며, 보행 중 불편요인으로는 '보행공간(보도 등)이 없거나 좁다'가 42.3%로 가장 높고, '(상호교행하는) 보행자 간 부딪침이 자주 발생한다(42.2%)', '보행공간에 보행을 방해하는 적치물(장애물)이 많다(30.7%)' 순으로 나타났다.

이와 같이 지구도로에의 통과교통이 이루어지거나 노상주차에 의한 보행자들이 불편하게 느끼고 있는 문제들에 대해서, 지난 1994년부터 자치구 교통개선사업으로 시행되면서 교통정온화 기법이 처음 적용되기 시작하였다. 그리고 어린이 보호구역 개선사업, Green Parking, 생활권 교통개선사업, 교통약자의 이동편의 증진법에 의한 보행우선구역 지정 등 일련의 생활권도로에 대한 종합적인 정비사업 등이 꾸준히 추진되어 왔다.

최근에는 「보행안전 및 편의증진에 관한 법률(2013)」이 제정됨에 따라, 보행권을 보장하고 증진하기 위한 계획수립과 보행환경 개선사업 등이 의무적으로 시행하게 되었다.

이와 같이, 십수 년에 걸쳐 생활권에서 보행자의 안전을 확보하고 편의를 증진하기 위해 수많은 지구교통 개선사업이 시행되어 왔지만, 아직도 안전한 보행환경 개선을 비롯하여, 이면도로에 있어서 지구경관, 녹화, 어메니티 향상 등 시민들이 요청하는 레벨은 해마다 높아지고 있는 것은 사실이다.

특히 방재환경상의 문제점은 지난 2015년 1월 의정부시 도시형 생활주택 화재사고와 같이 소방활동과 재난사고 시 피난로, 피난장소 및 피난유도를 포함한 종합적인 안전대책 등에 대해서는 큰 과제를 안고 있는 실정이다. 따라서 지구교통계획과 방재계획의 정합성을 도모할 수 있도록, 보다 명확하게 해결할 수 있는 대책 등을 마련하는 것이 필요하다.

2 지구교통계획의 대상지구

지구교통계획의 대상지구가 기성시가지인가, 신규개발지인가, 토지이용측면에서는 주택지구 혹은 업무지구인가, CBD(중심업무지역) 혹은 역전·터미널 지구인가 등에 따라서 계획내용이 다르게 된다.

1. 지구의 유형화

지구의 활동특성에 관한 축은 가장 기본적인 축이며, 이러한 특성에 의해서 계획목적이 다르다. 여기에서는, 주거계 지구, 주상혼합지구, 상업·업무계 지구, 역사적 지구, 레크리에이션 지구 및 터미널 지구에 구분하고 있다.

주거계 지구의 경우에는, 교통처리의 면에서 본 안전성·쾌적성 등의 지구교통환경이나 거주환경의 개선에 중점이지만, 상업·업무계 지구, 터미널 지구의 경우, 안전성의 확보와 도시 어메니티의 향상, 지구의 활성화, 교통의 원활화 등의 목적이 있다.

2. 지구의 개방성과 지구교통계획

지구교통계획에 있어서 대상지구가 외부로부터 사람이 모이는 지구인지 아닌지가 포인트가 되는 것도 많다. 1) 개방성이 낮은 지구의 경우 즉 주거계 지구에서는 자동차에 의한 적당한 액세스는 확보하지만, 외부로부터의 차의 진입은 억제되는 것이 일반적이기 때문에, 개방성의 낮은 지구라고 할 수 있다.

이러한 지구에 있어서는 교통억제수법, 가로망구성, 가로의 관리운용수법 등의 수법이나, 그것들을 반영할 수 있는 사업제도의 확립 등이 필요하다. 반면 2) 개방성이 높은 지구, 즉 주거계 이외의 지구는, 지구 외로부터 사람이나 물건이 모이는 것을 전제로 한 지구이며, 개방성의 높은 지구라고 할 수 있다.

이러한 지구에 있어서의 계획수법은 아직도 불충분하지만, 상업·업무계 지구에 있어서는 주로 대도시 도심부를 중심으로 많은 대처가 이루어져 왔지만, 유효한 자동차의 대체수단이 없는 지방도시의 상업·업무지구에서는 지구 전체의 활력저하를 타개하는 것이 최대과제가 되고 있는 경우가 많다.

3. 지구범위 · 경계설정기준

보행환경 개선지구의 지정을 효과적으로 추진할 수 있도록 보행업무편람(행정안전부, 2013)에서는 아래와 같은 지구경계기준을 제시하며, 경계기준은 보행환경 개선지구 후보지 기준을 검토하기 위한 분석단위로 활용한다.

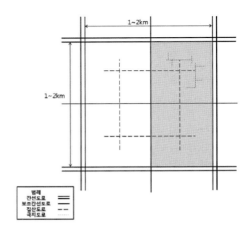

그림 1.5 **지구범위 및 경계설정기준(안)**

(1) 보조간선도로로 둘러싸인 지역

국내 도로체계는 국지도로에서 간선도로로 직접 연결되는 지점이 많음

(2) 지역면적 1 km² 내외 중 블록 지역

- 권장사항 : 「국토의 계획 및 이용에 관한 법률」 제6조에 따른 도시지역의 경우 1 km² 내외, 도시 외 지역의 경우 2 km² 내외

지역별 주간선도로(1~2 km) 및 보조간선도로(0.5~1 km) 배치간격 차이 고려하고, 그 밖의 동일보행권 등에 포함된다고 판단되는 경우에는 보행환경 개선지구의 범위를 확대하거나 축소할 수 있다.

3 도시생활권의 범위

오늘날 도시는 활동이 다양해지고 시간적·사회적 거리(time & social distance)가 확대됨에 따라 커뮤니티로서의 의미가 점점 더 약해지고 있으며, 이에 따라 주민들 간의 상호교류증진과 각종 생활편익시설 서비스 향상을 위한 커뮤니티 계획이 중요한 이슈로 대두되고 있다.

생활권계획의 목적은 바람직한 커뮤니티 형성에 있으며, 실제로는 활동패턴에 따라 단위주거로부터 대도시에 이르기까지 사회 및 공간조직구성을 계층화하는 것이다.

도시생활권의 위계는 도시규모와 서비스수준 등에 의한 행정·여가·교육·사회복지·유통 등 각종 생활편익시설의 종류와 규모에 따라 다르게 구분되는데, 대도시의 경우 일반적으로 다음 3단계로 구분된다.

- **소생활권(근린생활권)** : 대규모 주거단지의 크기로서 초등학교 및 중학교의 통학권을 가지고, 전통적 시장 등이 형성될 수 있는 규모이며, 주된 용도지역이 단일하게 형성되는 것이 일반적이다.
- **중생활권** : 중소도시 규모의 생활권으로서 보통 고등학교의 통학권으로 구성되고, 자체적으로 도시 서비스를 완결할 수 있는 규모의 도심(CBD)은 포함하지 않으나 지역중심지를 가지고 있다.
- **대생활권** : 대도시 규모의 생활권으로서 자기완결(self-contained)형이며, 내부에 각종 용도지역이 설정되어 있음은 물론, 도심 또는 부도심 성격의 중심지를 갖는다.

근린생활권(근린주구)에 대한 이론은 많지만 실제로 주거공간을 중심으로 한 최소한의 사회생활단위인 근린생활권의 위계는 다음의 3단계로 나눌 수 있다[4].

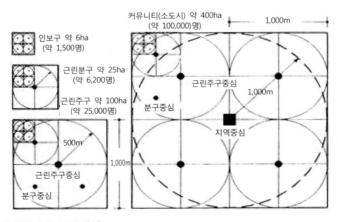

그림 1.6 **근린생활권의 구성개념**

4 김철수, 단지계획, 기문당, 2012

1. 인보구(隣保區)

이웃에 살기 때문이라는 이유만으로 가까운 친분이 유지되는 공간적 범위로, 반경 100~150 m 정도를 기준으로 가장 작은 생활권단위이다. 인보구 내에는 어린이놀이터·소매점포(구멍가게) 등이 포함되며, 집산도로 또는 국지도로에 의해 구분된다.

2. 근린분구

규모결정은 보행거리와 인구 및 공동의 활동공간에 의해 결정된다. 보행거리는 200~250 m로서 면적은 대략 20~25 ha 정도가 되며, 인구는 서로가 상대방을 알아볼 수 있을 정도인 3,000~5,000명 이내가 바람직하다. 근린분구 내에는 유치원·어린이공원·분산상가 등이 포함되며, 보조간선도로나 집산도로에 의해 구분된다.

3. 근린주구

규모결정에 있어서 무엇보다도 보행권이 강조되어야 한다. 적정보행거리(반경)는 400~500 m의 범위이며, 따라서 근린주구면적은 80~100 ha가 된다. 인구규모는 개발밀도에 따라 최소 10,000명으로부터 최대 20,000명에까지 이른다. 근린주구 내에는 초등학교를 비롯하여 근린중심상가·근린공원·동사무소·파출소·우체국 등이 포함되며, 간선도로나 공원녹지 등에 의해 경계가 구분된다.

4 도로기능분류 및 생활도로의 설정

1. 도로기능 위계설정

도로는 관리주체, 형태, 기능에 따라 "도로법", "도로의 기준시설규칙에 관한 규칙", "도시계획시설의 결정구조 및 설치기준에 관한 규칙"에 의하여 다음 **표 1.2**와 같이 분류한다.

(1) 주간선도로, 보조간선도로

다른 지역과의 연결이 중요한 도로로서 주로 경계부도로에 해당하며, 교통량이 많고 평균주행속도가 높으며 차량의 이동성을 중요시한다. 그러므로 보행자가 차량으로부터 안전성을 확보하기 위한 환경이 조성되어야 한다.

(2) 집산도로

대상지에서 발생하는 교통을 주간선·보조간선도로에 연결하고 대상지 내 주요 장소 및 시설 간 연결하는 도로로서 보행우선구역 내부를 구획한다. 즉, 보행우선구역 내외 진출입역할을 하면서 대상지 내부의 차량접근성을 중요시하므로 주간선·보조간선도로보다 교통량이 적고 평균주행속도가 낮으며 차량과 보행자의 통행기능 외에 체류기능을 갖는 다기능의 공간이다.

대부분 보차분리가 가능한 폭원으로 구성되며 도로폭원이 적은 도로로 구성되어 있을 경우, 연도에 주차장, 창고 등 차량이 집중하는 시설이 있는 도로를 집산도로로 간주한다.

(3) 국지도로

주거단위 혹은 점포 등에 직접 연결되는 서비스 도로로서 보행우선구역 내 가구를 구획한다. 도로폭이 좁아 차량이 보행자를 사전에 인지하고 주의할 수 있는 환경이 조성되어 보행우선권이 보장될 수 있어야 한다. 예외적으로 진입하는 차량

표 1.2 **도로의 유형구분**

관련법 및 규칙	도로분류	분류기준
도로법	고속국도, 일반국도, 특별시도, 광역시도, 지방도, 시도, 군도, 구도	관리주체
도로의 기준시설규칙에 관한 규칙	간선도로, 보조간선도로, 집산도로, 국지도로	기능
도시계획시설의 결정구조 및 설치기준에 관한 규칙	일반도로, 보행자 전용도로, 자전거 전용도로, 고가도로, 지하도로	형태, 기능
	주간선도로, 보조간선도로, 집산도로, 국지도로, 특수도로	기능
	광로, 대로, 중로, 소로(각각 1류, 2류, 3류)	규모(도로폭)

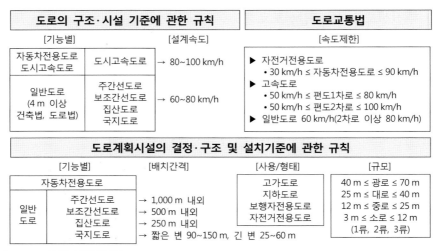

그림 1.7 **도로의 분류체계**[5]

(연도거주자, 허가차량)은 보행자의 안전성을 위협하지 않는 배려가 필요하다.

또한, 도로의 장소성에 기초하여 생활도로로 쓰이는 도로를 분석하고 생활기능을 파악하여 쓰임에 맞는 정비계획이 세워질 수 있도록 한다. **표 1.2**와 같이 분류가 되며, 이들 도로유형 가운데 생활권도로로는 구도, 소로, 국지도로가 해당된다.

2. 생활도로의 설정

생활도로란 생활권을 구성하고 있는 도로 즉, 주민들의 일상생활을 위한 도로라고 정의할 수 있으며, 생활권의 주위를 둘러싼 도로는 물론 생활권 내부의 주요 시설들을 연결하는 모든 도로를 일컫는다고 할 수 있다.

도시계획도로 측면에서 살펴보면, 보행자가 중심이고 앞에서 언급한 생활권이 대상이기 때문에 보행자가 중심이 되는 도로는 도시계획도로 중 국지도로, 집산도로 등으로 한정할 수 있으며 "도시계획시설의 결정구조 및 설치기준에 관한 규칙" 상으로는 소로가 생활도로의 개념에 가장 가깝다고 할 수 있다.

생활도로는 통과기능보다는 통행의 출발·도착기능, 자동차보다는 보행자 중심으로 해당 생활권 주민들의 이동공간과 만남의 장소로 사용되어 지역 공동체의식을 고양시키는 도로로 정의할 수 있다.

---

5 이창, 유경상 외, 보행친화도시 만들기 가로설계관리 매뉴얼의 기본방향, 시정연 2014-PR-21, 2014.12

(a) 도로기능 위계분류

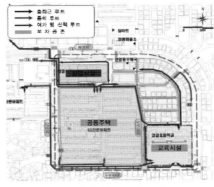

(b) 생활도로설정

그림 1.8 **도로기능 위계분류 및 생활도로설정**[6]

　"구도"란 도로법에서 규정하기를 특별시나 광역시 구역에 있는 도로 중 특별시 도와 광역시도를 제외한 구(자치구) 안에서 동(洞) 사이를 연결하는 도로로서 관할 구청장이 그 노선을 인정한 것을 말한다.

　"소로"는 도시계획시설의 결정구조 및 설치기준에 관한 규칙에서 크게 3가지 유형으로 구분하고 있으며 1류(폭 10미터 이상 12미터 미만인 도로), 2류(폭 8미터 이상 10미터 미만인 도로), 3류(폭 8미터 미만인 도로) 등으로 구분하고 있다.

　"국지도로"는 도시계획시설의 결정구조 및 설치기준에 관한 규칙에서 가구(가구 : 도로로 둘러싸인 일단의 지역을 말한다)를 구획하는 도로로 규정하고 있다.

　그리고 "이면도로"가 생활도로에 포함될 수 있다. 이면도로는 중앙선이 없고 차량의 진행방향이 일정하게 정해져 있지 않은 도로이다.

　일본의 도시계획법에서는 도로를 도시규모와 도로가 속하여 있는 지역의 용도에 따라 구분하고 있다. 통상적으로 생활도로를 업무도로, 기간 생활권도로, 일반 생활권도로로 구분하고 있는 것이 특징이다. 그리고 커뮤니티 존 매뉴얼에서는 통행수단을 중심으로 그림 1.9와 같이 보행자계도로, 자동차계도로, 생활계도로로 구분하고 있다.

　생활도로는 표 1.3에서 보는 바와 같이, 상업지역에서는 상품의 반출입(조업구간)과 쇼핑객의 편익을 위한 도로이며 주거지역에서는 주민의 생활편익을 위주로 한 도로로서 산책로, 통학로, 통근로, 업무통행로, 대중교통시설로의 접근로 등이

6　국토교통부, 보행우선구역 표준설계 매뉴얼, 제1권 계획 매뉴얼, 2008.

해당된다. 즉, 보행자와 자전거 교통량이 많은 도로로서 도로기능의 위계상 집산도로와 국지도로를 대상으로 한다.

생활도로의 유형 및 기능에 있어서 도로유형 중 유형 3, 유형 4가 교통정온화 기법이 적용되는 도로로 분류된다.

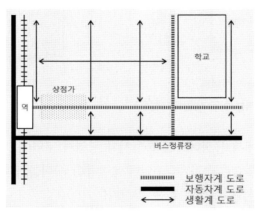

그림 1.9 **일본의 도로기능 위계분류**

표 1.3 **도로의 유형별 구분**

구분	내용	특징
간선도로 (유형 1)	• 지역 간 연계기능을 수행하는 도로 • 지역 간 통과교통처리	• 보차분리, 중앙선 완전분리 • 신호등통제
유형 2	• 집산도로로 발생교통량을 집합시켜 간선도로에 연계 • 간선도로의 교통량을 국지도로로 분산 • 생활권 내에 위치한 주요시설물을 연결	• 보차분리, 버스 이동가능 • 단위블록을 감싸고 있는 형태의 도로 • 중앙선 완전분리 혹은 불완전분리 • 신호등통제 있거나 없음
유형 3	• 국지도로로 특정지역의 유형 2에서 발생하는 교통량을 각각의 개별 상가 및 거주지까지 연결하는 도로 • 차량 2대의 양방통행이 가능한 도로	• 완전보차분리 혹은 차선보차분리 • 일방통행 있음 • 신호등통제 없음 • 이면도로
유형 4	• 국지도로로 유형 3과 유사하며, 주로 해당주민만 이용 • 외부차량 이용빈도가 낮은 도로, 주로 보행자이용, 차량 2대 교행가능한 도로	• 보차분리 없음 • 차선 없음 • 신호등통제 없음 • 이면도로
특수도로	• 보행자전용 혹은 자전거도로 • 자전거 전용도로	• 차량통행금지 • 보행자 전용도로, 자전거 전용도로

02

지구교통계획의 변천

The Evolution of Site Transportation Planning

02 지구교통계획의 변천

The Evolution of Site Transportation Planning

1 지구교통계획의 변천

1. 주택지개발과 지구교통계획[7]

(1) 근린주구의 개념 및 의의

근린주구(neighborhood unit)라는 용어는 1929년 페리(C. A. Perry)가 주거단지의 커뮤니티 조성을 위한 하나의 계획단위로 이용한 이후 널리 사용되기 시작하였다. 오늘날 근린주구(근린생활권)는 도시의 가장 기초적인 지역사회단위로서 공동체(community) 개념이 강조되는 사회단위이며, 이 안에서 주민들의 사회적 상호작용을 도모하고, 공동 서비스나 사회활동을 영위하는 데 필요한 지역적·공간적 범위라고 할 수 있다.

(2) 근린주구이론의 발전

페리는 1929년에 근린주구단위라는 개념을 정립하고, 이에 따라 커뮤니티를 구성할 것을 제안하였다. 이것은 초등학교학구를 기준단위로 설정하여 주구 내의 생활안정을 유지하고 편리성과 쾌적성을 확보하자는 것으로서, 주거단지구성에 있어서 가장 기본이 되는 다음 6가지의 계획원리이다.

- **규모(size)** : 인구규모는 학생수 600명의 초등학교를 갖는 5,000명 정도이며, 물리적 크기는 주민들이 도보로 상점이나 기타 시설을 이용할 수 있는 반경 1/4마일(약 160에이커)로 산정해야 한다.

---

7 김철수(2012), 단지계획의 제6장 근린주구에 관한 내용을 요약발췌하였음.

그림 2.1 Perry의 근린주구론(1927년)

- **경계(boundary)** : 그 단위는 통과교통이 내부를 관통하지 않고 용이하게 우회할 수 있는 충분한 넓이의 간선도로에 의해 구획되어야 한다.
- **오픈 스페이스(open space)** : 개개의 근린주구요구에 부합하도록 계획된 소공원 위락공간체계가 있어야 한다(전체 면적의 10%).
- **공공건축용지(institution)** : 단지의 경계와 일치한 서비스 구역을 갖는 학교 및 공공건축용지는 중심위치에 적절히 통합해야 한다.
- **근린점포(shopping district)** : 주민에게 적절한 서비스를 제공하는 1~2개소 이상의 상점가를 주요도로의 결절점(코너)에 배치해야 한다.
- **지구 내 가로(interior streets)** : 내부 가로망은 단지 내의 교통량을 원활하게 처리하며, 통과교통에 사용되지 않도록 계획하여야 한다.

(3) 적용 및 발전

① 래드번(Radburn) 계획

1928년 뉴욕시 주택공사는 뉴욕에서 24 km 떨어진 뉴저지에 420 ha 규모의 새로운 자동차시대의 도시(대규모 주택단지)를 개발하였다. 라이트(H. Wright)와 스

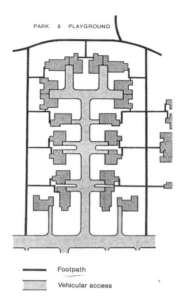

PARK & PLAYGROUND

▬▬ Footpath
▮▮ Vehicular access

그림 2.2 **Radburn 계획의 주거지 가로개념도**(1929년)

타인(C. Stein)에 의해 계획된 래드번에서는 12~20 ha의 슈퍼블록을 채택하여 격자형 도로의 불필요한 도로율증가와 통과교통 및 단조로운 외부공간형성을 배제시켰는데, 그들이 이 계획에서 제시한 5가지 기본원리는 다음과 같다.

- 자동차 통과도로 배제를 위한 슈퍼블록 구성
- 기능에 따른 4가지 종류의 도로구분
- 보도망(pedestrian network) 형성 및 보도와 차도의 입체적 분리
- 쿨데삭(cul-de-sac)형의 세가로망 구성에 의해 주택의 거실을 차도에서 보도·정원을 향하도록 배치
- 주택단지 어디로나 통할 수 있는 공동 오픈 스페이스를 조성

② 할로우(Harlow)

도시의 기본계획은 1947년 8월에 발표되었으며, 런던 주변(48km)에 개발된 초기 뉴타운의 대표적인 신도시계획 예이다. 도시설계는 기버드(F. Gibberd)에 의해 이루어졌는데, 하워드(E. Howard)의 전원도시(Garden City) 이상을 이어받아 저밀도개발을 원칙으로 하였다.

주택지는 크게 4개 그룹으로 나누어 그 내부에 근린주구를 배치하였다. 도시 내

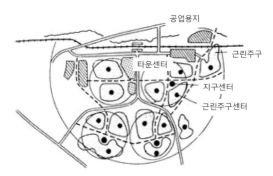

그림 2.3 Harlow 뉴타운의 근린주구(1947년)

의 간선도로는 주택지 그룹 사이에 있는 녹지를 통과하고 보조간선도로는 각 주구의 중심지구를 연결하였다.

③ 밀턴 케인즈(Milton Keynes)

런던으로부터 약 72 km의 거리에 위치하고 있는 신도시건설은 1968년에 시작되었는데, 총면적 8,870 ha, 계획인구는 기존인구의 4만 명을 포함하여 약 15만 명으로 설정하고 있다.

도시의 평면형태는 약간 불규칙한 정사각형으로 되어 있으며, 간선도로망도 사방 약 1 km의 격자형으로 구성되어 있다. 이들 100~120 ha 크기의 정방형 주구에는 소위 환경보호지역(environmental area)이라고 불리는 5,000명을 위한 주거지역(근린주구)이 있다.

주거지역을 연결하는 국지도로는 격자형으로 되어 있으나 보행자도로는 사방의 측면 중간이나 모퉁이에서 고가 또는 지하로 입체교차하고, 이 지점은 활동중심으로서 상점·초등학교·퍼브(pubs)·교회당·도서관 등 생활편익시설이 집중되어 있다.

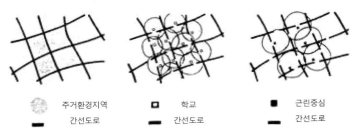

그림 2.4 Milton Keynes의 주구구성(1968년)

2. 기성시가지의 지구교통계획

(1) 부캐년 보고서

지구교통계획에 지극히 큰 영향을 미친 연구결과가 1963년 영국에서 발행된 "도시의 자동차교통(Traffic in Towns)"이었다. 이는 당시 영국의 교통부장관에 게 제출되었으며 Colin Buchanan이 유럽 등 세계 각국의 경험을 바탕으로 집대 성한 것으로서 흔히 부캐년 보고서로 불리고 있다.

부캐년 보고서의 주목적은 "도시에서 자동차의 효율적 이용"과 "자동차교통으 로부터 주거환경보호"로서, 완전히 새로운 이론은 아니지만 「가로망의 단계적 구 성」이나 「주거환경지구개념」 등은 그 후의 지구교통계획의 기본이론이 되었다.

그러나 한편으로는 기존 시가지에서 새로운 간선도로망을 구축한다고 하는 제 안이 실현곤란하다는 점과 현재상태를 개선하기 위한 계획과정이 명확하지 않다 는 점 등 여러 가지 비판도 뒤따랐다. 부캐년 자신도 보고서 발표 20년 뒤에 이상 과 현실의 차이를 인정한 너무나 낙관적인 보고서였다는 것으로 평가하였다.

점포지구
거주환경지역군 경계
거주환경지역의 경계
통행금지된 기존가구

그림 2.5 **부캐년 보고서의 가로체계구성도**

(2) 도시의 종합교통관리

1970년대에 영국은 주거환경관리(EM : Environmental Management)와 기존

의 교통관리(TM : Traffic Management)를 종합화한 종합교통관리(CTM : Comprehensive Traffic Management)의 개념이 등장하게 된다. CTM은 지구의 특성에 따라 "개인의 이동성과 접근성의 확보"와 "보행자, 주거자의 주거환경과 쾌적성의 개선"의 균형을 측정하는 것을 목적으로 하고 중소도시의 도심지구를 대상으로 적용되었다.

구체적인 수법으로서는 과속방지턱, 도로차단, 보행자전용지구 등 자동차의 교통억제형 수법과 보차공존도로 수법 등이 있고, 이 CTM의 개념은 부분적인 도로 개량과 대중교통에 대한 개선, 교통운영관리 등 단기적인 수법과 함께 지구교통계획의 구체적인 계획수법으로 발전하였다.

1981년 미국의 Apple Yard는 쾌적한 지구도로(Livable Streets)라는 보고서를 출판하여 실천론적 입장에서 지구교통계획의 과정을 확립하고 계획과정에 주민참가의 중요성을 강조하고 있다. 계획과정의 내용은 다음의 단계를 거치도록 하고 있는데 계획의 모든 과정에 주민이 참여토록 하고 있다.

- 문제점의 파악과 필요성의 분석
- 대체안의 작성
- 계획안의 채택
- 계획안의 실시
- 계획안의 사후평가
- 수정 또는 계획과정의 재검토

2 보차공존과 교통정온화 Traffic Calming 도입

1. 본엘프(Woonerf)의 등장 : 보차공존의 도입

1970년대 전후에 유럽에서는 보차분리에서 보차공존의 시도가 시작되었다. 1966년에 영국의 Runcorn Newtown에는 보차융합공간의 도입이 시행되었고 1972년에는 네덜란드의 델프트시에서는 유명한 본엘프(Woonerf)가 시도되었다.

본엘프의 사상은 차량통행이 적은 주택가에서 보행자와 주민생활의 기능이 위협받지 않는 범위에서 자동차의 이용을 인정하고 있다. 그리고 보행자들이 도로에서 상호활동하기에 적합하도록 설계되어, 친목도모 등 사회접촉을 증가시켰다. 특히 어린이들이 안전하게 놀이활동을 할 수 있는 공간을 제공하며 다음의 특징을 가지고 있다.

- 보행자가 통행우선권을 가지며 외형적인 도로의 특징에서 쉽게 판명된다.
- 보행자에 의하여 쾌적한 공간으로 되도록 수목과 포장재료를 선택한다.
- 주차는 다른 차량의 통행에 불편을 주지 않는 범위 내에서 허용하고, 장소는 포장 등으로 구분하고 다른 곳에는 주차가 허용되지 않게 설계한다.
- 어린이의 놀이공간을 설치하고 어린이가 도로 전체를 사용하는 곳에는 자동차의 통행을 금지시킨다.
- 보도는 보행자와 자동차의 교통이 분리되는 느낌이 들지 않도록 한다.

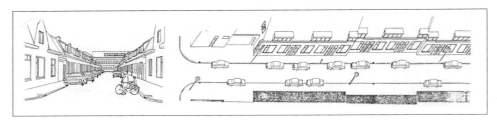

(a) 시행 전

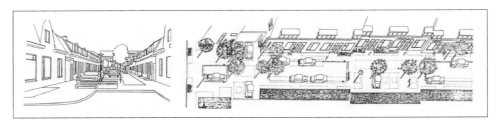

(b) 시행 후

그림 2.6 **델프트시의 본엘프 시행 전후**

그림 2.7 **본엘프 안내표지판**

2. 영국 홈존(Home Zone)

1990년대 중반부터 영국에서 시행되고 있는 홈존은 주거지역의 교통 및 생활환경을 종합적이고 체계적으로 개선하기 위한 제도이다.

홈존은 주택가 도로교통 공간 내 차량과 보행자의 공존을 추구하면서 보행자 보호 및 어린이의 생활놀이 공간확보에 중점을 두는 교통관리방법으로서 차량감속, 통과교통의 최소화, 생활도로공간의 질적 개선, 통행쾌적성을 확보하는 것을 주요내용으로 하고 있다.

홈존 시행주체는 지방교통국(Local Traffic Authority)이며 계획 시에는 지역주민, 지방정부, 경찰서, 소방서, 도시설계사, 건축가 등이 함께 참여한다.

IHE(Institute of Highway Engineers)에서는 지속적인 유지관리를 위해 홈존 대상지를 첨두시 교통량 시간당 100대 미만, 총 연장 600 m 미만의 도로에 대해 지정할 것을 권장하고 있다. 홈존 사업이 추구하는 5가지 주요목표는 다음과 같다.

- **차량주행속도 감소** : 물리적 기법 및 선형변화 등을 통한 차량주행속도 감소유도
- **기존도로에 비해 높은 교통안전수준** : 잠재적 사고위험을 최소화시킴으로써 더욱 안전한 모임공간 및 놀이공간의 조성
- **도로공간의 활용성 높임** : 도로를 차량이동뿐만 아니라 주민들의 생활활동공간으로 활용하게 함
- **주민사회 친화활동증가** : 도로안전성확보를 통해 생활도로 상에서 주민들의 사회친화활동을 증가시킴
- **더욱 매력적이고 다양한 도로경관창출** : 다양한 노변식재와 도로포장 디자인을 통해 인간친화적인 도로환경을 창출함

그림 2.8 **영국의 홈존 도입에 의한 가로구조변화**

홈존 계획단계부터 주민을 참여시켜 공감대를 형성하고 사업시행 시 적극적인 조력자로서 역할을 부여하기 위한 다양한 공식·비공식 프로그램을 가지고 있으며, 관련 홈페이지 제작과 방송매체 등을 통해 꾸준한 대국민 홍보활동을 진행하고 있다.

3. 교통정온화

(1) Traffic Calming의 개념

교통정온화(Traffic Calming)의 정의를 보면 Pharoah & Russel은 가로를 쾌적하고 안전한 환경으로 개선하는 시도로, Hass-Klau는 자동차의 속도를 억제하기 위한 모든 교통정책으로, Lovell은 자동차의 속도와 운전자의 행동을 통제하기 위한 교통공학 및 물리적인 수단으로 해석하고 있다(Lockwood, 1997).

Brindle(1997)은 Traffic Calming을 3단계로 구분하여 1단계는 자동차의 감속 및 사고대책, 2단계는 보행자전용지구, 대중교통지구(Transit Mall), 주차정책, 도심혼잡세 등을, 3단계에서는 교통수요 관리정책(TDM) 및 교통체계 개선정책(TSM)까지 포괄적으로 포함시키기도 한다.

미국의 교통공학회인 ITE(Lockwood, 1997)는 Traffic Calming이란 자동차의 역효과를 감소시키고 자동차 운전자의 통행행태를 변화시키며 보행자 및 자전거 이용자들의 통행환경을 개선시키기 위한 여러 가지 물리적인 대책(Traffic Calming is the combination of mainly physical measures that reduce the negative effects of motor vehicle use, alter driver behavior and improve conditions for non-motorized street users)이라고 정의하고 있다.

한편 일본에서는 Traffic Calming을 교통정온화(交通靜穩化) 또는 교통진정화(交通鎭靜化)로 번역하고 있으며(交通工學硏究會, 1996), 구보다 히사시(久保田尙, 1997)는 주택지 등의 지구를 대상으로 하여 자동차 주행속도의 억제 및 통과교통의 배제를 통하여 안전하고 쾌적한 지구를 형성하는 방안으로 해석하고 있다.

(2) Traffic Calming의 적용

Traffic Calming이란 용어는 독일어인 Verkehrsberuhigung에서 유래하였으며 이 단어를 영역한 것이다. Traffic Calming의 어원은 독일어이지만 그 유래는 네덜란드의 본엘프에 있다고 볼 수 있다(Hass-Klau, 1990). 본엘프에 의해 주거지의 교통약자인 어린이 등 보행자의 교통환경을 개선하는 효과를 얻어 1970년대 중반 및 후반에 걸쳐 유럽의 각국에 확산되기 시작하였으며 존 30이라는 지역적인 교통규제로 이어지게 되었다.

1980년대에 교통정온화가 전개되기 시작한 유럽의 각국에서는 1990년대에 들어서는 그것이 생활도로정비의 주된 개념으로 완전히 정착하기에 이르렀다. 동시에 교통정온화는 미국과 호주 등에서도 널리 확산되어 이제는 세계적으로 전개되는 추세이며, 이는 교통정온화가 본래의 취지인 교통안전대책으로서만이 아니라 환경측면, 도시경관측면에서도 좋은 평가를 얻고 있는 것에도 영향이 있다고 볼 수 있다.

최근에는 교통정책의 개념을 확장하여 미래의 교통환경 등을 고려한 지속가능한 교통정책(Sustainable Transport)으로 그 영역을 확장해 나가고 있는 추세이다(OECD, 1996).

(3) 일본의 커뮤니티 존 및 생활도로 존 대책

① 커뮤니티도로

일본은 1966년 교통안전시설 등 정비사업에 관한 긴급조치법, 1970년 교통안전대책 기본법을 제정하였으며, 1974년부터 공안위원회(경찰청)에 의해 '생활 존 규제'가 실시되었다. 이는 자동차이용으로 인한 편리성보다 보행자나 지역주민의 안전과 쾌적성을 중시하고, 자동차의 통행은 이러한 환경이 침해되지 않는 범위

그림 2.9 **일본 최초의 오사카 나가이케 지역의 보차공존도로**

내에서 그 이용을 인정하고자 하는 것을 기본 바탕으로 하고 있다. 이를 위해 생활 존에서는 일방통행, 좌우회전 금지, 대형자동차 통행금지, 일시정지와 속도규제가 실시되었다.

'생활 존 규제' 이후 1980년대 그 효과가 미흡해졌고, 특히 기존 시가지 도로의 대부분이 보차도의 구분이 없는 6~8 m 도로로 이에 대한 교통안전대책이 요구되기 시작하였다. 이러한 문제를 해결하기 위하여 오사카시는 교통안전대책의 일환으로 보차공존의 형태에 대한 검토를 시작하였고, 그 실험결과를 토대로 1982년 8월 아베노구 나카이케쵸의 기존 주택가에 일본 최초의 커뮤니티도로라고 하는 보차공존도로가 도입되었다.

나카이케 지역의 보차공존도로 폭원 10 m, 연장 200 m가 설치되기 이전에는 보도가 없는 양방향 2차선 도로였지만, 차도폭은 3 m로 줄여서 일방통행으로 하고, 그 나머지를 보도로 조성하였다. 차량의 속도를 제한하기 위해 도로의 선형을 지그재그 형태로 굴절시키고, 보도에는 주차를 방지하기 위해 콘크리트 볼라드가 설치되었다.

그리고 오사카시의 커뮤니티 도로는 전국적인 주목을 끌어 1983년 특정 교통안전시설 등 정비사업의 보조대상사업으로 결정되면서 전국적으로 확대시행되었다.

커뮤니티 도로는 일본의 가로환경 정비사업과 연계하여 조성된 도로로, 예산지원과 각종 교통시설의 예외적인 도입은 특별법의 성격을 지니고 있는 '교통안전시설 등 정비사업에 관한 긴급조치법'에 의해 가능하다.

일본의 경우 가로수나 볼라드 등은 보도 상이 아니면 설치될 수 없다는 제약 때문에 차도와 보도의 구분이 없이 조성하는 유럽의 본엘프형 도로와는 달리, 커뮤니티 도로에서는 차도와 보도의 경계를 명시하는 선형을 표시하고, 차도부의 포장을 보도에서 사용하는 블록 포장을 하거나, 시케인으로 도로선형을 계획하고 있다.

② 커뮤니티 존

지구종합적인 교통 매니지먼트의 필요성이 부각됨에 따라, 보행자의 통행이 우선되어야 하는 주거지 등을 대상으로 한 교통안전대책인 커뮤니티 존 조성사업이 1996년에 도입되었다. 그 후 전국 각지로 확산되어 커뮤니티 존의 도입이 추진되고 있으며, 현재 사업이 완료된 지역에서는 교통사고 감소효과가 크게 나타났다.

계획 매뉴얼 작성단계에서부터 경찰이 참여하도록 함으로써 경찰과 건설성의 도로국, 도시국이 상호협조체계를 구축하도록 하고, 계획과정에 지역주민의 의견과 지구특성을 반영하기 위해 지역협의회를 구성하고, 다양한 방법으로 적극적인 주민참여를 유도함으로써 사업의 성공률을 높였다. 특히 지역주민의 합의형성을 위해 협의회, 간담회, 워크숍, 안전 총 점검, 지도작성, 현지체험조사, 설문조사, 홍보설명회, 견학모임, 계획안 설명회, 안내부스 설치, 사회시험 등 다 양한 수법을 도입하여 주민의견을 수렴하고 사업의 이해를 높였다

일본의 커뮤니티 존은 제6차·7차 교통기본계획의 중점과제로 「교통안전시설 등 정비사업에 관한 긴급조치법」에 의한 정부보조금의 지원 하에 각 자치단체의 관련 부서(도시과, 도로과, 도로교통과 등)와 경시청이 사업주체가 되어 추진되고 있다.

국토교통성에서는, 생활도로에 대해서는 자동차보다 보행자·자전거를 우선시하고 아울러 전신주를 없애거나 식재사업 등을 실시함으로써 지역의 사람과 협동해 도로를 친밀한 생활공간으로서 질을 높이고자 하고 있다.

표 2.1 지구교통계획의 변천과정

연대	유럽/미국		일본	
	계획론/지침/배경	주요사례	사업/제도/배경 등	주요사례
1960년대	• 부캐넌 보고서 (영국, 1963) 　- 도로기능별 분류도입 • SCAFT 지침 (스웨덴, 1968) 　- 도로계획의 원칙(거주환경) • GLA(종합개선지구) 시작(영국, 1969) 　- 협착/차단개념 도입	• Bremen 도심부에 Traffic Cell 도입(서독, 1960) • London 시내 주거환경지구 도입의 시도(영국, 1964) • 보차융합형 도로도입(영국, 1966)	• 도로교통법(1960) • 교통안전시설 정비사업에 관한 긴급설치법(1966) • 도시계획법(신, 1968)	• 久留米地區 보행자 전용도로 도입(1966) • 旭川賣物公園의 실험(1969)
1970년대	• Woonerf 법제화 (네덜란드, 1976) • 도로교통법 개정(보차공존도로 도입, 덴마크, 1976) • 『Residential road and foot paths』(영국, 1977) • 도로법개정(보차공존도로 도입, 벨기에, 1978) • 도로법개정(보차공존도로 도입, 프랑스, 1979)	• 예테보리 도심부에 Zone System 도입 (스웨덴, 1970) • Woonerf의 시행 (네덜란드, 1971) • NW주 보차공존도로의 대규모 실험(서독, 1977~1978)	• ShoolZone 실시 (1972) • 생활 Zone 규제 (1974) • 주거환경 정비사업(1975) • 종합도시교통시설 정비사업 (1977)	• 東京銀座의 보행자전국의 실시 (1970) • 伊勢佐木몰(요코하마, 1978) • 汐見臺뉴타운(宮城縣)에서 보차공존도로 채용 (1978)
1980 ~ 1990년대 이후	• Zone30 법제화 (서독, 1982) • 과속방지턱 법제화 (영국, 1983) • Zone30 법제화 (네덜란드, 1983) • 지구도로지침 FAF85 제정(서독, 1985) • 20mph Zone 12개 도입 (영국, 1991) • Traffic Calming Act법 제정(영국, 1992) • Highways Regulations (영국, 1993) • HomeZone (영국, 1998)	• Woonerf의 Demonstration (네덜란드, 1980) • 면적 자동차억제의 모범사업실시 (서독 6개 도시, 1980) • Urban Safety Project(영국, 1982) • ITE Traffic Calming 지침서 (미국, 1999)	• 지구계획제도, 자전거법(1980) • Community도로(1981) • 지구환경정비 가로사업(1982) • Simbol Road사업(1984) • 보차공존도로의 설계지침(주택/도로정비공단, 1986) • Community 존 (1996) • 교통 Barrier-Free법(2000) • 생활도로 존 (2002)	• 大阪市長池에서 최초 Community 도로(1980) • 東急桶川 Village에서 Woonerf형 도로도입(1981) • 住都公團이 多摩 뉴타운에서 보차융합형 도로 (1982)

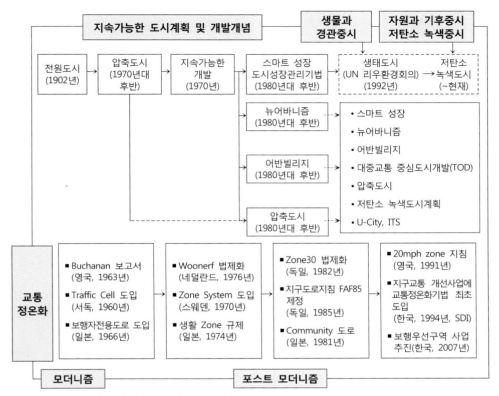

그림 2.10 **도시계획과 지구교통 관련 패러다임의 변화**

그리고 본 시책을 더 효율적으로 추진하기 위하여 안심하고 즐겁게 쇼핑을 할수 있는 도로공간을 정비하는 지구에 대해서도 적극적으로 지원하는 것으로 하였다. 그림 2.10은 이제까지 도시계획의 변천과정과 교통정온화의 시대적 흐름을 제시하고 있다(박완용, 2012).

3 지구교통계획의 법·제도

선진 외국에서의 지구교통개선을 위한 법과 제도는 1970년대 후반과 1980년대 및 1990년대에 걸쳐서 제정되어 시행되었다. 지구교통관계법은 과속방지턱과 속도규제에 해당하는 존 20 또는 존 30, Traffic Calming 등과 관련이 있으며 국가별 주요 관계법 및 지침은 다음과 같다.

1. 교통정온화 관련법과 지침

(1) 영국

영국은 다른 국가들보다 과속방지턱 등의 연구가 일찍 시작되었고 연구의 결과를 활용하여 법과 지침이 확립되었다. 과속방지턱법(Hump 법)은 1983년이고 기타 지구교통계획과 관련 각종 법령이 1990년대에 제정되었다.

- 과속방지턱법(1983)
- Highways(Road Humps) Regulations(1990) ; 과속방지턱법의 개정
- 20mph Speed Limit Zones(1990) ; 국가의 보조사업으로 채택
- Road Traffic Act(1991) ; 과속방지턱법의 개정
- Traffic Calming Act(1992) ; 교통정온화가 법률의 조문으로 명문화됨
- Design Bulletin 32(1992) ; 국가의 설계지침으로 보차공존도로를 인정
- Highways(Traffic Calming) Regulations(1993) ; 과속방지턱법 이외의 교통정온화 수단의 법적인 근거가 마련됨

「Transport Act 200」 268.(조용한 골목길과 홈존)

- 지방자치단체의 교통당국(local traffic authority)은 관할도로에 대해 조용한 골목길 또는 홈존으로 지정할 수 있다.
- 도로사용권(통행제한), 속도제한 등 중앙정부의 권한은 조용한 골목길 또는 홈존으로 지정된 도로에 대해 지방자치단체의 교통당국이 합법적인 권한을 지닐 수 있도록 한다.
- 도로사용권은 최종목적지가 대상도로의 내부일 경우 통행을 허가하는 명령이다(통과차량배제)
- 그러나 다음과 같은 경우에 대해 도로사용권이 제한될 수 없다.
  - 다른 사람들이 합법적인 도로의 이용을 고의적으로 방해하는 것
  - 도로에 면해 있거나 도로에 위치한 건물에 정당하게 접근하기 위한 도로의 사용
- 속도제한은 정해진 자동차의 속도감소대책을 수립한 지방자치단체의 교통당국에 위임한다.
- 중앙정부는 비준절차를 포함하여(주요사항, 중앙정부권한 등) 다음 사항에 대한 폐지, 개정, 신설에 대해 법에서 정하는 절차를 만들 수 있다.
  - 지정
  - 도로사용권과 속도제한(이하 생략)

IHIE(2002)의 홈존 설계지침의 주요내용은 다음과 같다.

- 홈존은 각각의 도로공간특성에 맞게 설계되어야 함
- 홈존 내 도로는 오후첨두시 시간당 100대 이상의 차량통행이 있어서는 안 됨
- 홈존은 모든 도로이용자들이 인지할 수 있도록 입·출구를 분명히 표시할 것
- 놀이기구 등 공공편의시설은 지역주민에게 방해되지 않도록 배치할 것
- 홈존 내에서는 운전자들이 스스로 방문객이라고 느낄 수 있어야 하며, 10 mph 이상으로 운전하기 어렵게 할 것
- 홈존은 모든 유형의 장애인의 접근·이용이 가능하도록 설계할 것
- 도로와 인도를 구분하는 도로경계석이 너무 높을 경우 오히려 운전자들이 통행우선권을 갖게 될 수 있으므로 연속적으로 높은 도로경계석은 피할 것
- 홈존 내 차량을 위한 노선은 되도록 좁게 하되(최소 3m), 대형차량의 이동은 가능하게 할 것
- 노상주차는 도로의 전망이나 도로 내 다른 활동에 지장을 주지 않도록 배치할 것

(2) 독일

독일은 1981년에 제정된 도로설계지침인 RAS-E에 의해 교통억제개념이 도입된 도로구조의 설계지침과 1985년의 가로설계기준인 EAE 85에 의해 과속방지턱과 크랭크에 관한 기준이 제정되었다.

- 도로교통법(1980) ··· 교통억제구역이 제정됨
- RAS-E(1981)
- EAE 85(1985)

(3) 네덜란드

주택가의 보행자우선도로인 본엘프의 발상지인 네덜란드는 1970년대에 본엘프에 관한 교통법규 및 설계기준이 제정되었고 1988년에 관계법이 개정되어 설계기준의 완화, 대상지역의 확대가 이루어졌다. 또한 1987년에는 교통부에 의해 존 30의 정비를 위한 매뉴얼이 발행되었다.

- 본엘프에 관한 교통법규기준 및 도로설계기준(1976)

- Zone 30 매뉴얼(1987)
- 본엘프 법의 개정(1988)

네덜란드 도로교통법 RVV(Reglement Verkeersregels en Verkeerstekens) 1966 제88조

- 보행자는 본엘프로 정해진 도로 내에서 도로폭원 전부를 사용할 수 있다.
- 본엘프에서 운전자는 사람의 보행속도보다 빨리 운전해서는 안 된다.
- 본엘프에서 운전자는 보행자를 방해해서는 안 되며, 보행자도 불필요하게 운전자를 방해해서는 안 된다.
- 본엘프 내에서 이륜차 이상의 차량은 정해진 주차구역 이외의 구역에 주차해서는 안 된다.

---

(4) 덴마크

덴마크도 1976년에 2개의 지구도로형태(Quiet Road Areas, Rest and Play Areas)가 교통억제방안으로 도로교통법에 등장하였다. 또한 도로설계기준에는 과속방지턱과 시케인(차도굴곡 및 차도굴절) 등의 설계사례가 정해졌다. 또한 1993년에는 덴마크의 국내사례는 물론 유럽의 각국에서 시행된 사례를 포함한 Traffic Calming 지침서가 발간되었다(Road Directorate, 1993).

- 도로교통법 제40항(1976) : 교통억제수단의 합법화
- 도로설계기준(1979)
- Traffic Calming 지침서 (1993)

(5) 미국과 캐나다

영국과 마찬가지로 미국에서도 과속방지턱에 관한 연구가 진행되어 1993년 미국 교통공학회인 ITE(Institute of Traffic Engineers)에서 과속방지턱에 관한 지침서가 발행되었고 1999년에는 Traffic Calming 지침서가 출판되었다(ITE, 1999). 또한 캐나다에서는 1998년 주거지의 Traffic Calming 지침서가 발행되었다(TAC, 1998).

- ITE 과속방지턱 설계지침(1993)
- ITE Traffic Calming 지침서(1999)
- 캐나다 주거지 Traffic Calming 지침서(1998)

2. 최고속도 Zone 30 규제

1976년 서독에서는 네덜란드의 본엘프의 성공에 착안하여 교통의 정온화(Verke-hrsberuhigung)로 불리는 새로운 교통정책이 시행되었다. 당시 주택단지에서의 자동차의 제한속도가 50 km/h였던 것을 30 km/h로 억제하는 템포 30(Tempo 30)이라는 교통억제정책이 시행된 것이다. 당시 서독에서는 30개 지구에서 대규모의 실험을 시행하여 성공하였고, 덴마크에서도 Quiet Road 또는 Rest and Play Area로 불리는 주택지도로에 제안되어 실행되게 되었다. 그 후 1980년대에 유럽의 각 국가에서는 면적인 지역을 대상으로 한 제한속도규제를 30 km/h로 적용하였고 여러 가지 물리적인 형태의 설계를 적용하여 교통억제의 시도가 계속적으로 확산되었다.

(1) 네덜란드의 Zone 30(30 kph speed limit zones)

네덜란드에서의 존 30은 주거지역 내의 교통사고감소, 쾌적한 주거환경보전, 안전하고 사용하기 용이한 공공 서비스를 주요목적으로 하여 차량통행 제한속도를 30 km/h를 면(面)적으로 규제하는 것이다.

1983년의 도로교통법(RVV) 개정내용에 존 30이 규정되었고 그 후 운용방법에 대하여 매뉴얼이 교통성에 의해 발간되었다. 이 매뉴얼에 의한 존 30의 설정기준을 요약하면 다음과 같다.

존 30 규제는 모든 주택지구를 적용할 수 있다. 주택지구는 통상 간선도로 또는 국지도로에 의해 구획되어 주택, 학교, 근린상점 등으로 구성되며 대상지역의 위치 및 범위는 다음과 같다.

- 일용품을 구매하는 상점 및 학교 등에 도보나 자전거로 통행할 수 있는 지역(어린이와 노인, 교통약자의 일상교통을 안전하게 확보함)
- 주요 버스정류장의 도보로 용이하게 접근할 수 있는 범위에 있을 것(대중교통의 편리성에 악영향을 미치지 않음)
- 50 km/h 규제구역과 접속되는 부분을 최소화함(50 km/h 규제의 존과 혼동하지 않도록 경계를 명확히 함)
- 보조간선도로의 교통량이 400대/h 이하가 되도록 존을 설정(범위를 크게 하면 교통밀도가 커져 통과교통이 많아짐)
- 배달차나 소방차, 구급차 등의 진입에 지장을 초래하지 않도록 함

(계속)

또한 주변의 간선도로와의 관련에도 유의하여 존 30을 도입함으로써, 주변 간선도로가 어느 정도 증가할 것인가, 혹은 간선도로로 둘러싸인 지구의 주거환경에 대한 영향 등도 Zone 설정에 고려하여야 한다.

(2) 독일의 Zone 30

독일의 존 30도 주거지 등의 지구를 대상으로 하고 있으며 통상 50~60 km/h 로 제한하고 있는 일반가로의 속도를 30 km/h로 저감시키는 규제를 지역적으로 시행하는 것이다. 독일에서는 존 30에 대해 시범사업을 대규모로 실시하여 자동차 의 주행속도, 교통량, 교통사고, 환경에 대한 영향 등을 종합적이고도 상세하게 사 전사후평가를 실시하였으며 효과의 지속성도 검증하였다.

그 결과 자동차의 통행을 극단적으로 제한하지 않았고 노상주차장도 증가하였 으며 비용측면에서도 저렴하여 사회적 평가가 좋았다. 아울러 자전거 및 대중교통 에 대한 존 30의 본격적인 실시는 1990년 1월에 발효된 "도로교통규칙(StVO) 및 도로교통규칙 중 일반행정규칙(VwV-StVO)"에 의해서이다. 동 규칙 제45조에는 존의 설정을 다음과 같이 기술하고 있다.

- 존 30은 가능한 한 도시계획과 조화될 수 있어야 한다.
- 구역의 넓이는 운전자가 속도제한을 이해할 수 있는 범위로 하며, 구역을 통과한 후 최 대 1 km 이내의 거리에 속도제한 50 km/h 이상의 도로에 연결될 수 있도록 한다.
- 구역 내의 도로는 운전자가 저속주행을 하도록 외형적인 인상을 가지도록 설계하여야 한다. 도로의 주행노면폭은 6 m 이하이어야 하며 그 이상인 경우는 차선, 노상주차장 등의 노면표시에 의해 폭원을 줄일 수 있다. 구역 내를 통과하는 버스노선은 허용되지 않으며 예외적으로 필요한 경우는 도로폭원을 6.5 m까지 확장할 수 있다.

(3) 영국의 Zone 20(20 mph speed limit zones)

영국에서는 독일과 네덜란드의 사례를 바탕으로 1990년에 국가의 보조사업으 로 Zone 20 규제가 국가보조사업으로 채택되었다(20 mph Speed Limit Zones 1990. 특징적인 점은 다음과 같다.

- 독일 등의 존 30과는 다르게 20마일 규제를 할 경우에는 존 20뿐만 아니라 물리적인 시설물의 설치가 포함된다.
- 표식은 Zone 입구에 있으면 좋고, 물리적 시설물별로 설치할 필요는 없다.
- Zone의 설정방법은 Zone 내부의 모든 도로가 Zone(존)의 경계로부터 1 km 이내로 하는 기준이 있지만 Zone의 크기에 대해서는 규정이 없다.

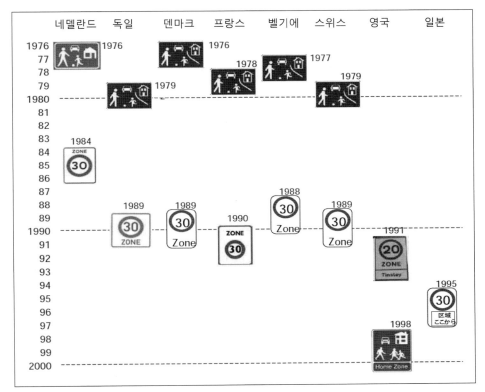

그림 2.11 **외국의 지구교통관리를 위한 법 개정연보**

자료 : 生活道路におけるゾーン対策推進調査研究検討委員会, 生活道路におけるゾーン対策推進
　　　調査研究報告書, 2011.

(4) 덴마크

1976년 덴마크의 도로교통법 제40항에 규정된 2개 유형의 도로는 각각 "Rest and Play Areas"와 "Quiet Road Areas"로 불린다.

- **Rest and Play Areas** : 지선도로 등 교통기능보다 연도주민의 휴식과 놀이의 장(場)으로서의 기능을 중시하고, 네덜란드의 본엘프와 비슷한 성격을 갖는다.
- **Quiet Road Areas** : 장(場)으로서의 기능을 가지면서 교통기능을 우선하는 도로로, 일본의 커뮤니티도로와 비슷하다.

차의 제한속도는 30 km/h이며, 피크 시 교통의 상한은 신시가지 200대/시, 기성시가지 300대/시이다. 연도세대수는 신시가지 400세대, 기성시가지 600세대이다.

3. 국내 교통정온화 관련법과 지침

교통정온화사업 관련근거는 시설설치에 관한 규정으로 도로교통법의 적용을, 각 시설의 기준 및 도로의 관리운영 등은 주로 도로법의 적용을, 안전 및 기타 관련사항은 교통안전법과 하위규칙·규정에 적용을 받고 있다.

최근 보행안전 및 편의증진에 관한 법률제정에 따라 보행안전과 쾌적한 보행환경조성을 위한 관련계획 및 사업의 구체적인 법적근거를 마련하여 시행하고 있다.

표 2.2 **교통정온화 관련법규내용**

관련법규	내용
도로교통법	도로에서 일어나는 교통상의 모든 위험과 장애를 방지·제거하여 안전하고 원활한 교통상황을 확보하기 위해 어린이 보호구역설치, 보행자 통행방법, 차량의 통행금지 및 제한, 신호기 등 시설설치기준, 보행자안전 등을 규정함
도로법	도로망의 정비와 적절한 도로관리를 위하여 도로에 관한 계획의 수립, 노선의 지정 또는 인정, 관리, 시설기준, 보전 및 비용에 관한 사항을 규정함
도로의 구조·시설기준에 관한 규칙	도로를 신설하거나 개량하는 경우 그 도로의 구조 및 시설에 적용되는 최소한의 기준을 규정
교통안전법	교통안전에 관한 시책의 기본을 규정함으로써 그 종합적·계획적인 추진을 도모하여 공공복리의 증진에 기여
교통약자의 이동편의증진법	교통약자가 안전하고 편리하게 이동할 수 있도록 교통수단·여객시설 및 도로에 이동편의시설을 확충하고 보행환경을 개선하여 인간 중심의 교통체계를 구축함으로써 이들의 사회참여와 복지증진에 이바지함

(계속)

관련법규	내용
보행안전 및 편의증진에 관한 법률	보행자가 안전하고 편리하게 걸을 수 있는 쾌적한 보행환경을 조성하여 각종 위험으로부터 국민의 생명과 신체를 보호하고, 국민 삶의 질을 향상시킴으로써 공공의 복리증진에 이바지함을 목적으로 함
주차장법	주차장의 설치, 정비 및 관리에 관하여 필요한 사항을 정함으로써 자동차교통을 원활하게 하여 공중의 편의를 도모
도로표지규칙	도로표지의 종류·규격 등 도로표지에 관하여 필요한 사항을 정함으로써 원활한 도로교통과 도로이용자의 편의를 도모
보행자 전용도로 계획 및 시설기준에 관한 지침	도심형 보행자 전용도로, 주거형 보행자 전용도로 등을 지정하고, 그에 따른 도로의 포장 및 식재, 가로시설물 등을 규정
어린이 보호구역의 지정 및 관리에 관한 규칙	어린이 보호구역을 지정·관리하는 절차 및 기준 등에 관하여 필요한 사항을 규정
도시관리계획 수립지침	국토의 계획 및 이용에 관한 법률의 규정에 의하여 도시관리계획의 수립기준 및 도시관리 계획도서와 이를 보조하는 계획설명서의 작성기준 및 방법을 정함을 목적으로 도시기반시설로서 도로 및 주차장 등에 대한 설치규정을 정함
자전거 이용시설의 구조·시설기준에 관한 규칙	도시관리계획 수립지침에 의거 자전거 이용시설의 구조 및 시설기준 등을 규정
보도계획 및 설치지침	보행자의 안전, 자동차의 원활한 통행의 확보, 기반시설로서의 도로변 서비스 등 보도의 효율성을 제고하기 위해 보도의 설치기준을 정함
가로망 계획수립에 관한 지침	가로망의 구성 및 기능을 정의하고 기능별 도로의 폭원 및 차로수 등을 규정함
도시계획시설의 결정·구조 및 설치기준에 관한 규칙	국토의 계획 및 이용에 관한 법률에 의거 도시계획시설의 결정·구조 및 설치의 기준과 동법 시행령에 의거한 도시기반시설의 세분 및 범위에 관한 사항을 규정함
교통안전시설 등 설치·관리지침	도로에서 일어나는 교통상의 위험을 방지하고 원활한 교통소통과 안전을 확보하기 위하여 교통안전시설 및 교통정보센터의 설치·관리를 효율적으로 수행하기 위하여 관련사항을 규정
각 지자체법 및 조례	보행권확보와 보행환경을 개선하는 규정으로 안전하고 편리하고 자유로운 이동을 보장하는 걷고 싶은 보행환경을 조성하여 시민의 보행권확보

지구교통계획의
국내외 사례

The Domestic and International Cases of
Site Transportation Planning

03 지구교통계획의 국내외 사례

The Domestic and International Cases of Site Transportation Planning

---

1 국내 자치구 교통개선사업

1. 자치구 5개년 교통개선계획

서울시에서는 1990년대에 간선도로 정체가 심해짐에 따라 통과교통의 이면도로이용이 증가하고 이면도로의 불법주차로 인하여 보행이용환경이 크게 악화됨에 따라 자치구 교통개선사업(Transportation Improvement Program : TIP)을 도입하게 되었다[8]. 여기서 자치구 5개년 교통개선사업은 자치구 차원에서 시행가능한 교통개선사업으로 단·중기(5년 이내) 교통개선계획 및 연차별 투자계획을 수립하는 실천계획 위주 교통개선계획이라고 정의하고 있다.

TIP 사업은 상향식(Bottom-up) 계획체계를 전제로 하여 자치구가 중심이 되어 자치구의 교통실정과 문제점을 진단하고 적절한 개선안을 수립, 집행해 나갈 수 있도록 행정, 재정적(Matching Fund) 또는 법적으로 보장하는 효율적인 상향식 계획체계라고 할 수 있다.

반면 지구 교통개선사업(Site Transportation Management : STM)은 간선도로보다는 이면도로 위주의 교통개선사업으로 이면도로의 도로기능체계 정립은 물론 지구 내 도로공간에 안전성과 쾌적성을 부여하는 생활환경개선 차원의 "우리동네 교통정비사업"으로서, 지금까지 소통 위주의 교통정책에서 등한시된 보행, 자전거 등 녹색교통수단의 안전성과 편리성제고를 도모하는 한편 주차공간확보, 소통증진 등을 병행하는 교통개선사업이다.

---

8 자치구 5개년 교통개선사업은 서울시정개발연구원의 "자치구 5개년 교통개선계획 도입방안연구, 1993.12"에서 처음 연구되었으며, 1994년 이후 각 자치구마다 이 사업을 추진하기 위하여 처음으로 교통전문직을 채용하게 되었다.

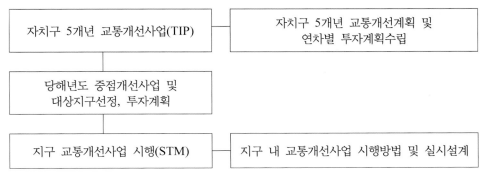

그림 3.1 **지구 교통개선사업(TIP)의 위상**

　즉, STM은 교통체계의 기능성과 효율성보다는 안전성, 편리성, 쾌적성을 보다 중시한 계획으로 구성되며, 특히 도심과 부도심의 업무, 상업공간과 외곽의 거주 생활공간으로서의 환경, 조경, 미관 등 지구특성이 고려된다.

　STM의 내용으로는 지구 내의 도로정비 및 교통운영개선, 주차시설 및 주차운영개선, 보행환경개선, 대중교통 이용개선, 자전거 통행환경개선 등의 내용이 포함된다.

표 3.1 **자치구 5개년 교통개선사업(TIP)의 주요사업내용**

개선분야		개선내용
도로정비 및 소통개선	지구 내 이면도로의 정비	• 기능별 체계정립 : 집·분산도로, 생활도로, 지구도로기능의 확립 • 기능에 부합되는 설계 • 시설정비 및 운영기법도입 : 교통시설보강 및 정비, 안전표지 및 표식정비 등
	가로정비 및 확충	• 간선도로와의 연계정비 : 간선도로망과의 연계도로 진출입구 정비, 개선안건의 등 • 도로관리개선 : 도로표지판, 차선, 안전표지, 구조개선 등 • 교통소통개선 : 일방통행제, 병목구간해소 등
교통안전 증진	교통안전 시설개선	• 보차분리시설 : 보차구분시설 및 구획선설치 등 • 교차로 부근 교통안전시설 확충
	교통안전 지구설정	• 주거지 교통안전증진 : 과속방지시설, 교통진정지구 도입, 속도규제 도입 등 • 학교지역 교통안전증진 : School Zone 설정, 차량진입제한 등

(계속)

개선분야		개선내용
대중교통 이용증진	대중교통 접근성제고	• 역세권을 중심으로 한 보행 및 자전거이용 루트정비 및 개발 • 지하철과 버스정류장 환승체계정비
	버스 이용 증진방안	• 시내버스 및 마을버스 정류장개선 • 지역순환버스 및 마을버스 노선조정 • 버스전용차선제 확대검토 • 버스안내체계 정비 • 버스차고지 확보
보행 및 자전거통행 환경개선	보행환경 개선	• 보행공간의 확보 : 노상적치개선, 동선확보 등 • 주요시설 접근성향상을 위해 보행자우선 동선체계개발 • 보행자전용몰 설치 • 보행자 안내체계 구축
자전거통행 환경의 개선		• 자전거이용로 개설 • 자전거보관소 설치 • 자전거도로 안내체계구축 및 홍보표
주차시설 정비 및 주차운영 방법개선	주차시설 정비	• 각 지구 내 이면도로 주차구획선 정비 • 블록단위의 공공주차공간 확보 • 사업지 주차시설의 정비 • 주차시설의 확충 : 공공공지활용, 주차시설의 입체화 등
	주차운영 방법개선	• 거주자 우선주차제 도입 • 노상주차장 유료화 검토 • 조업주차지역 선정 • 주차장 안내시스템 도입 • 주차관리 전담기구 설치

표 3.2 지구 교통개선사업(STM)의 주요사업내용

개선분야	개선내용
도로정비 및 소통개선	• 지구 내 이면도로정비 　- 기능별 체계정립 : 집·분산도로, 생활도로, 지구도로기능의 확립 　- 기능에 부합되는 설계 　- 시설정비 및 운영기법도입 : 교통시설보강 및 정비, 안전표지 및 표지정비 • 가로정비 및 확충 　- 간선도로와의 연계정비 : 간선도로망과의 연계도로 진출입정비, 개선안 건의 　- 도로관리개선 : 도로표지판, 차선, 안전표시, 구조개선 등 　- 교통소통개선 : 일방통행제, 병목구간해소

(계속)

개선분야	개선내용

교통안전 증진	• 교통안전시설 개선
	  – 보차분리시설 : 보차구분시설 및 구획선설치
	  – 교차로 부근 교통안전시설 확충
	• 교통안전지구 설정
	  – 주거지 교통안전증진 : 과속방지시설, 교통진정지구 도입, 속도규제도입
	  – 학교지역 교통안전증진 : School Zone 설정, 차량진입제한

대중교통 이용증진	• 대중교통 접근성제고
	  – 역세권을 중심으로 한 보행 및 자전거이용 루트정비 및 개발
	  – 지하철과 버스정류장 환승체계정비

보행 및 자전거통행 환경개선	• 보행환경개선
	  – 보행공간의 확보 : 노상적치물 정비, 동선확보
	  – 보행자전용몰 설치
	  – 주요시설 접근성향상을 위해 보행자우선 동선체계개발
	• 자전거 통행환경의 개선
	  – 자전거이용로 개설

주차시설정비 및 주차운영 방법개선	• 주차시설정비
	  – 각 지구 내 이면도로 주차구획선 정비
	  – 블록단위의 공공주차공간 확보
	  – 주차시설의 확충 : 공공공지활용, 주차시설의 입체화
	• 주차운영방법개선
	  – 거주자 우선주차제 도입
	  – 노상주차장 유료화 검토
	  – 조업주차지역 선정

교통개선사업은 교통체계의 기능성과 효율성보다는 안전성, 편리성, 쾌적성을 보다 중시한 계획으로 주거공간의 환경, 조경, 미관 등 지구특성을 고려함으로써 지역주민의 생활 속에 보다 근접한 사업추진이 가능함과 동시에, 지역주민의 의사반영을 중요한 과정으로 포함하고 있는 자치구 교통사업의 주요부분으로 자리 잡고 있다.

강남구 지구 교통개선사업은 1995년 2개 지구(학동공원, 역삼초등학교), 1996년 3개 지구(도산공원, 휘문고교, 도곡초등학교), 1997년 7개 지구(신사, 신사전화국, 영동고교, 영동시장, 강남우체국, 주택공사, 역삼시장) 등 총 12개 지구를 대상으로 시행하였으며, 1998 지구 교통개선사업은 "지구 교통개선사업(STM) 확대시행계획"(96. 8. 1)에 의거하여 대상지구가 8개 지구(국기원, 충현교회, 청담초등학교, 관세청, 동현아파트, 강남구청, 상록회관, 강남경찰서)로 선정되어 계획을 수립하였다.

(1) 사업의 목표

지구 교통개선사업의 궁극적인 목표는 교통환경을 개선하는 것으로 보행환경개선 및 녹색교통 활성화, 차량소통증진, 노상주차장 정비, 안전시설물 확충 등이 구체적인 사업의 목표가 된다. 이러한 구체적인 사업의 목표를 정리하면 다음과 같다.

표 3.3 **지구 교통개선사업의 시행목표**

구분	시행목표	
안전성 측면	• 보행자 안전확보 • 통과차량억제 • 긴급차량 접근강화	• 교통사고감소 • 차량의 저속주행유도
편리성 측면	• 차량소통증진 • 보행자 편의증진 • 대중교통이용 편의제공	• 주차공간확보 • 외부차량 장기주차 최소화 • 간선도로기능 보조
쾌적성 측면	• 녹색교통 활성화 • 각종 교통공해감소 • 매력적인 장소조성	• 자동차 수요감소 • 쾌적한 주거환경제공
사회·경제성 측면	• 지역경제 활성화 • 지역주민 참여유도	• 재산권향상 • 도로중심의 community 형성

(2) 시행사례

① 도산공원지구

기본방향	사업내용
• 상업 및 특화거리로 지정, 지역활성화에 주력 • 지구특성상 안전사고예방을 도모 • 협소한 상업지도로의 소방 및 소통기능회복 • 주거지 내 통과차량억제, 쾌적한 주거환경조성 • 각종 안전시설확충 및 안내체계구축	• 보행공간확보, 도로의 일부구간 재포장 • 지구 내 도로 중 2,055 m(전체의 24%) 구간 일방통행(안전시설물, 과속방지시설 설치) • 노상주차장 정비(기존 주차면의 2.2배 증가) • 거주자 우선주차제 시행

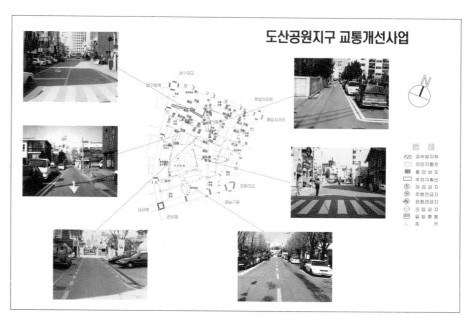

그림 3.2 도산공원지구 교통개선사업

② 도곡초등학교지구

기본방향	사업내용
• 도곡초등학교를 중심으로 어린이 보호구역 지정 • 밀집주거지역 이면도로의 무질서한 불법주차로 상실된 소방, 안전기능회복에 주력 • 지역주민의 주차공급방안 모색 • 어린이 교통안전사고 요인제거 및 놀이공간확보 • 각종 안전시설확충 및 안내체계구축	• 보도 및 보도변에 가드펜스 설치 • 도로상 녹색아스콘 포장구간설치 • 전체도로의 27%에 이르는 2,255 m에 일방통행지정·운영

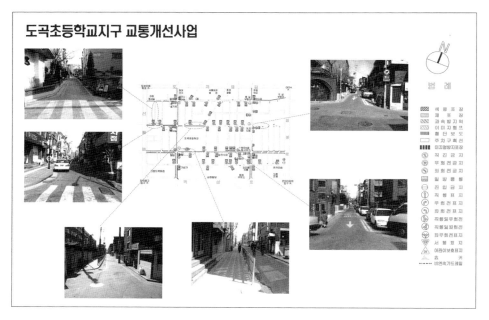

그림 3.3 도곡초등학교지구 교통개선사업

2. 덕수궁길의 보행자중심 녹화거리 조성사업

- 사업구간 : 덕수궁길(서울특별시 중구 정동, 대한문~경향신문사 간)
- 사업규모 : 연장 900 m, 폭 9~20 m
- 주관기관 : 서울특별시 환경관리실 조경과
- 개략 공사비 : 약 25억 원

(1) 계획의 목표 및 목적

• 시민의 삶의 질 향상과 문화도시로서의 이미지를 창출하고 주변의 공원, 역사, 문화시설을 연계한 푸르름이 있는 보행자중심의 녹화거리를 조성
• 차량통행을 억제하고 보행자의 통행과 활동이 우선하는 가로공간을 계획
• 통로의 역할뿐만 아니라 쾌적한 길을 걸으면서 정취를 즐기는 장소로 계획
• 덕수궁길 가로체계의 기능적 요구를 만족시키면서 장소성을 고려한 개성 있는 공간을 조성

(2) 교통현황

• 내부 가로망
  - 덕수궁길(동서 간 도로) : 폭 15 m, 양방향 2차선, 보도(편측 2~3 m)
  - 남북 간 도로 : 폭 8~15 m, 일방통행, 보도(편측) 1.5 m
• 주말에 결혼식 및 교회 예배참석차량에 의해 대단히 혼잡하며, 보행의 안전과 쾌적성이 저해되고 있음
• 퇴근 시 경향신문사 앞은 상습적인 정체구간임
• 주말에 대한문 주변은 결혼기념사진 촬영차량에 의해 매우 혼잡한 상황임

(3) 설계방향

• 쾌적하고 매력적이며 독특한 장소성을 갖는 가로경관을 조성하여 이용자의 접근을 자연스럽게 유도
• 가로수와 식재대를 적절하게 계획하여 대상지 및 주변지역으로 녹지체계를 형성
• 가급적 자동차의 통과를 억제하고 자동차진입 시에는 과속을 하지 못하도록 설계
• 도로의 설계는 보행자의 활동이 차량통행보다 우선한다는 인식을 주도록 특별히 배려
• 보행자의 안전을 위하여 적절한 도로시설물을 배치하며, 모든 보도는 신체장애인, 노약자 등 보행약자가 어려움 없이 다닐 수 있도록 무장애(barrier free) 보도로 설계

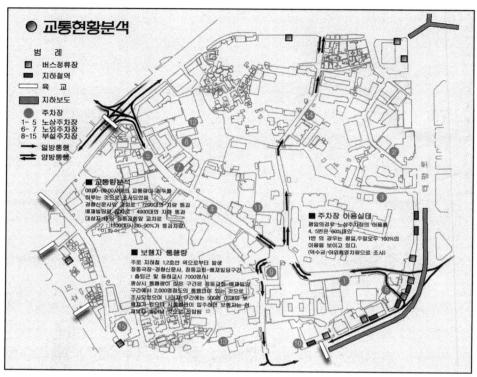

그림 3.4 **주차 및 교통동선현황도**

- 가로시설물들은 구조와 기능, 미관의 필수적인 3요소를 적절히 조화시키면서 재료를 세심하게 배려하여 질 높은 가로경관을 조성
- 여러 기능의 가로시설물들을 보차공존도로 내에서 적절하게 배치하여 조화롭고 리듬 있는 가로환경을 꾸미도록 하며 안전성과 식별성을 확보하는 데 기여하도록 고려
- 자동차통행을 억제하고, 보행자의 안전성과 쾌적성을 향상시키기 위해서 교통량의 억제, 주행속도의 제한, 주정차의 억제기법들을 도입
  - 주행속도제한 : 설계속도 20 km/h
  - 교통량의 억제 : 과속방지턱, 미니로터리(Round about), crank, 굴곡, 이미지 험프 등의 기법을 장소에 따라 적절히 활용
  - 주·정차의 억제 : 보도턱 높임, 볼라드 설치, 차도폭축소 등

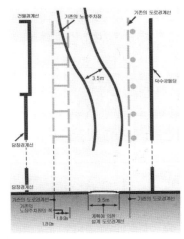 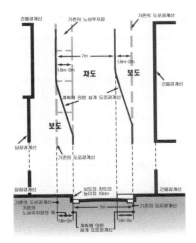

(a) 도로선형 설계개념 (일방통행)   (b) 도로선형 설계개념 (양방통행)

그림 3.5 **도로선형 설계개념**

- 도로의 선형
  - 대한문 옆에서 중앙광장에 이르는 구간은 일방통행으로 보도폭이 비교적 넓어서, 시각적으로 부드럽고 온화하며, 보행자공간의 독특한 이미지를 줄 수 있고, 녹도로서의 효과를 높일 수 있는 굴곡형 가로로 함
  - 정동교회에서 경향신문사 사이의 경사진 도로는 양방통행으로 보도의 폭이 비교적 협소하므로 기존의 주차장 부분을 보도로 이용하여 전체적으로 완만한 굴절형 가로로 설계
- 차도의 폭
  - 대한문에서 중앙광장까지 일방통행구간은 3.5 m 폭으로 불법주차 또는 이중차선의 생성을 방지, 나머지 양방통행구간은 7 m 폭으로 설계
- 보도의 폭
  - 아침, 저녁 또는 여름, 겨울 등 주변 건물 및 담장에 의해 생기는 그림자 패턴에 의해 보도폭을 결정
  - 일차적으로 겨울철 그림자가 지지 않는 곳을 우선적으로 넓히고, 그 공간을 휴식공간으로 조성
  - 주변이 단조로운 건물 및 담장이 있는 곳은 소폭으로 조성
  - 주요광장 부근은 폭을 넓힘

- 미니로터리(Round-about)
  - 중앙광장에는 불필요한 통과교통을 억제하고 차량속도의 감속을 위해 미니로터리를 도입
  - 원의 지름은 13 m로 하며 주위에 5 m의 폭으로 차도를 조성
  - 원의 주위에는 차량으로부터 눈에 잘 띄도록 주변에 볼라드를 설치
  - 미니로터리의 중앙에는 상징물로서 시계탑과 주위에 바닥분수를 조성
- 험프(hump)
  - 원형 험프는 높이(H) : 10~12 cm, 길이(L) : 4~5 m, 경사부의 구배는 10% 전후로 설계
  - 차량진행부에는 주행속도를 억제할 필요가 있는 곳에 약 50 cm 간격으로 험프와 이미지 험프를 설치
  - 가능하면 건널목과 험프를 같이 이용하도록 하며, 이때 보도와 험프의 높이를 같도록 하여 장애인 또는 휠체어가 쉽게 다닐 수 있도록 함
  - 험프가 연석에서 연석까지 횡방향으로 같은 높이로 연결될 때에는 물이 고이지 않도록 그 부근에 배수구를 설치

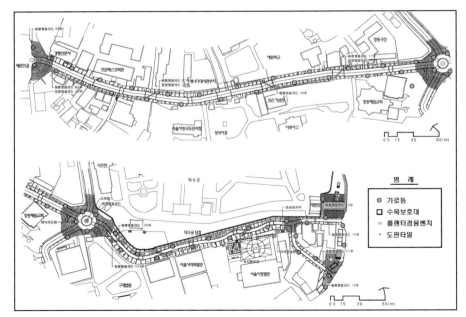

그림 3.6 **덕수궁길 시설물배치도**

그림 3.7 덕수궁길조성 후 현황 : 보행우선구역 사업

2 보행우선구역 사업

보행우선구역의 지정 및 설치는 『교통약자의 이동편의 증진법(제18조, 제19조)』에 법적 근거를 두고 있으며, 보행우선구역 시범사업으로 5개년도('07~'11년)에 걸쳐 추진되었다.

2012년에는 정규사업으로 전환되어 현재 총 26개소에 대한 사업이 추진되었다. 각 연차별 사업시행현황을 살펴보면, 1차년도(2007년)은 총 9개소에 대한 설계도면제공이 이루어진 것을 비롯하여, 2차년도 6개소, 3차년도 3개소가 시행되었다.

- **1차년도 사업** : 2007년 시행 9개소 – 서울 영등포구, 울산중구, 남구, 북구, 아산시, 밀양시, 진주시, 순천시, 서귀포시
- **2차년도 사업** : 2008년 시행 6개소 – 서울 마포구, 인천 남동구, 대전서구, 광주시 서구, 진천군, 경남 거제시(장평)

- **3차년도 사업** : 2009년 시행 3개소 – 서울구로구, 대구동구, 전북 전주시
- **4차년도 사업** : 2010년 시행 3개소 – 춘천시, 원주시, 무주군
- **5차년도 사업** : 2011년 시행 2개소 – 광주 광산구, 경남 거제시(하청)

1. 충남 아산시 온천동 일원

(1) 효과평가결과

사업시행으로 인한 감소로 인하여 평가가 좋아지는 항목으로는 주행속도, 불법주차, 교통량이 있으며 이들을 살펴본 결과, 주행속도는 33.1 km/h에서 25.8 km/h로 7.3 km/h의 감소가 있었고 불법주차는 0.385 대/km에서 0.121 대/km로, 교통량은 628 대/시에서 475 대/시로 감소하는 것으로 나타났다.

사업시행으로 보행공간이 0.34 m^{2}에서 0.37 m^{2}로, 보행량이 279 인/시에서 301 인/시로 미미하게 증가하였다.

그림 3.8 **충남 아산시 온천동 일원 사업지구**

(2) 결과요약

충남 아산시는 보행우선구역 사업으로 인한 보도확장, 안전시설물 설치, 시케인 등으로 평점이 17.2점 증가해 58.6점으로 평가된다.

표 3.4 **충남 아산시 평가항목결과**

구분	현황			평가 및 점수				증감 (B - A)
	연장 (m)	시행 전	시행 후	시행 전		시행 후		
				평가(A)	점수	평가(B)	점수	
교통사고(건/km)	859	4	–	–	–	–	–	–
보행관련 교통사고(건/km)	859	1	–	–	–	–	–	–
주행속도(km/h)	–	33.1	25.8	33.1	2	25.8	4	▼ 7.3
보행공간(m²)	10,655	3,666	3,950	0.34	3	0.37	4	▲ 0.03
보행량(인/시)	–	279	301	279	3	301	3	▲ 23
교통약자 이동가능도로	859	629	629	0.7	2	0.7	2	–
불법주차(대/m)	859	331	104	0.385	0	0.121	2	▼ 0.264
교통량(대/시)	–	628	475	628	2	475	2	▼ 153
합계					12		17	
100점 환산점수					41.4		58.6	▲ 17.2

(3) 우선구역 사업시행 전·후 사진비교

그림 3.9 **사업시행 후-1(충남 아산)**

그림 3.10 **사업시행 후-2(충남 아산)**

2. 제주 서귀포시 정방동 일원

(1) 효과평가결과

사업시행으로 인한 감소로 인하여 평가가 좋아지는 항목으로는 주행속도, 불법주차, 교통량이 있으며 이들을 살펴본 결과, 주행속도는 25.0 km/h에서 17.3 km/h로, 불법주차는 0.283 대/km에서 0.086 대/km로, 교통량은 151 대/시에서 87 대/시로 감소하는 것으로 나타난다.

사업시행으로 평가가 좋아지는 항목으로는 보행공간, 보행량, 교통약자 이동가능도로가 있으며 이들을 살펴본 결과, 보행공간이 0.35 m²에서 0.70 m²로, 보행량은 128인/시에서 289인/시로, 교통약자 이동가능도로는 전구간 이동가능한 것으로 나타난다.

그림 3.11 **제주 서귀포시 일원 사업지구**

(2) 결과요약

제주 서귀포시는 효과평가결과, 41.4점이 상승하였으며, 개선 시 교통시설뿐만 아니라 구역 내 간판정비와 식재설치 등의 환경도 개선하여 지역특성인 관광객 수요증가 등의 효과가 나타난다.

표 3.5 제주 서귀포시 평가항목결과

구분	제주 서귀포시 정방동 일원						
	현황			평가 및 점수			증감 (B-A)
	연장 (m)	시행 전	시행 후	시행 전		시행 후	
				평가(A)	점수	평가(B)	점수	
교통사고(건/km)	925	3	–	–	–	–	–	–
보행관련 교통사고(건/km)	925	1	–	–	–	–	–	–
주행속도(km/h)	–	25.0	17.3	25.0	4	17.3	5	▼ 7.7
보행공간(m²)	10,337	3,595	7,192	0.35	4	0.70	5	▲ 0.35
보행량(인/시)	–	128	341	128	1	341	3	▲ 213
교통약자 이동가능도로	925	176	925	0.2	0	1.0	4	▲ 0.8
불법주차(대/m)	925	262	80	0.283	1	0.086	4	▼ 0.197
교통량(대/시)	–	151	87	151	3	87	4	▼ 64
합계					13		25	
100점 환산점수					44.8		86.2	▲ 41.4

(3) 보행우선구역 사업시행 전·후 사진비교

그림 3.12 사업시행 후-1(제주 서귀포)

그림 3.13 사업시행 전-2(제주 서귀포)

3. 전북 전주시 팔달로 일원

(1) 효과평가결과

사업시행으로 인한 감소로 인하여 평가가 좋아지는 항목으로는 주행속도, 불법주차, 교통량이 있으며 이들을 살펴본 결과, 주행속도는 19.2 km/h에서 18.6 km/h로, 불법주차는 0.693 대/km에서 0.070 대/km로, 교통량은 487 대/시에서 701 대/시로 감소하는 것으로 나타난다.

사업시행으로 보행공간은 보도신설로 0.50 m^{2}의 보행공간이 신설되었으며, 보행량은 558 인/시에서 787 인/시로, 교통약자 이동가능도로도 보도신설로 인해 전 구간 가능한 것으로 나타났다.

그림 3.14 **전북 전주시 일원 사업지구**

(2) 결과요약

전북 전주시의 효과평가결과, 보도를 신설하여 차도와 분리하였고, 일방통행으로 교통흐름을 개선하여 교통량의 감소효과가 크게 나타났으며, 그로 인한 불법주차의 감소효과도 크게 나타나 48.3점이 상승한 82.8점으로 평가된다.

표 3.6 **전북 전주시 평가항목결과**

구분	현황			평가 및 점수				증감 (B-A)
	연장 (m)	시행 전	시행 후	시행 전		시행 후		
				평가(A)	점수	평가(B)	점수	
교통사고(건/km)	287	2	–	–	–	–	–	–
보행관련 교통사고(건/km)	287	0	–	–	–	–	–	–
주행속도(km/h)	–	19.2	18.6	19.2	5	18.6	5	▼ 0.6
보행공간(m^2)	2,296	0	1,148	0.00	0	0.50	4	▲ 0.50
보행량(인/시)	–	558	787	558	4	787	4	▲ 229
교통약자 이동가능도로	287	0	287	0.0	0	1.0	4	▲ 1.0
불법주차(대/m)	287	199	20	0.693	0	0.070	5	▼ 0.624
교통량(대/시)	–	487	701	487	1	701	2	▼ 214
합 계					10		24	
100점 환산점수					34.5		82.8	▲ 48.3

(3) 보행우선구역 사업시행 전 · 후 사진비교

그림 3.15 **사업시행 전 – 1(전북 전주)**

그림 3.16 **사업시행 전 – 2(전북 전주)**

4. 서울 구로구 구로디지털단지 일원

(1) 효과평가결과

사업시행으로 인한 감소로 인하여 평가가 좋아지는 항목으로는 주행속도, 불법 주차, 교통량이 있으며 이들을 살펴본 결과, 주행속도는 23.4 km/h에서 15.7 km/h 로, 불법주차는 0.065 대/km에서 0.036 대/km로, 교통량은 427 대/시에서 289 대/ 시로 감소하는 것으로 나타난다.

사업시행으로 인한 증가로 인하여 보행공간이 0.27 m^{2}에서 0.57 m^{2}로 약 2배 증가하였으며, 보행량은 1,067 인/시에서 1,627 인/시로, 교통약자 이동가능도로는 0.4에서 1.1로 증가하는 것으로 나타난다.

그림 3.17 **서울 구로구 일원 사업지구**

(2) 결과요약

서울 구로구의 효과평가결과, 보도신설 및 확폭으로 보행공간과 교통약자 이동 가능도로가 증가하였으며, 시간제 차량진입금지 등으로 인한 개선으로 31.1점이 상승한 89.7점으로 평가된다.

표 3.7 서울 구로구 평가항목결과

구분	현황			평가 및 점수				증감 (B−A)
	연장 (m)	시행전	시행후	시행 전		시행 후		
				평가(A)	점수	평가(B)	점수	
교통사고(건/km)	909	15	−	−	−	−	−	−
보행관련 교통사고(건/km)	909	10	−	−	−	−	−	−
주행속도(km/h)	−	23 .4	15.7	23.4	5	15.7	5	▼ 7.7
보행공간(m^2)	10,515	2,878	6,030	0.27	1	0.57	5	▲ 0.30
보행량(인/시)	−	1,067	1,624	1,067	4	1,624	5	▲ 557
교통약자 이동가능도로	909	356	995	0.4	0	1.1	4	▲ 0.7
불법주차(대/m)	909	59	33	0.065	5	0.036	5	▼ 0.029
교통량(대/시)	−	427	289	427	2	289	2	▼ 138
합계					17		25	
100점 환산점수					58.6		89.7	▲ 31.1

(3) 보행우선구역 사업시행 전·후 사진비교

그림 3.18 사업시행 전-1(서울 구로)

그림 3.19 사업시행 전-2(서울 구로)

3 보행환경 개선사업

1. 이태원 안전한 보행환경 개선사업 추진현황

(1) 추진배경

이태원 세계음식문화거리의 방문자를 위한 안전한 보행여건을 조성하여 보다 많은 방문자를 유도하여 지역의 경제활성화에 기여하기 위하여 추진되었으며, 추진근거는 다음과 같다.

- 2013년 안전한 보행환경 시범사업 대상지 선정통보(안전행정부 안전개선과, 2012.10.31)
- 보행전용거리(차없는 거리) 시행계획(교통행정과, 2013.04.15)
- "차없는 거리" 지정(서울지방경찰청 교통관리과, 2013.09.16)

(2) 사업개요

- **위치** : 이태원로 27가길(용산구 이태원 세계음식거리 일대)
- **공사범위**
  - 세계음식거리(main) : 이태원로 27가길(폭 6~8 m, 연장 300 m)
  - 세계음식거리(sub) : 7개 연결로 보·차 혼용구역(폭 3~8 m, 연장 210 m)
- 사업내용
  - 토목분야

    도로정비 B=3~6 m, L=510 m, A=28a

    하수도정비 D=450~600 mm, L=200 m(굴착 68 m, 비굴착 132 m)

    지중화(한전·통신) 및 쉼터, 계단조성 1식 등
  - 교통분야

    차없는 거리 지정(운영) : 이태원로 27가길 등 460 m
- 사업기간 : 2013.03~10월
- 사 업 비 : 1,200백만 원
  - 국비 600백만 원, 시비 300백만 원, 구비 300백만 원
  - 공사비 1,151백만 원, 설계비 49백만 원

(3) 추진경위

- **2012.10.31** : 2013년 안전한 보행환경 시범사업선정(국비 : 6억 원 지원)
- **2013.03.25** : 이태원 특화거리(안전한 보행환경 개선사업) 실시설계용역 착수
- **2013.04.26** : 주민설명회 개최
  - 개선방향에 대한 의견수렴
- **2013.05.08** : 지역상인(1~2구간 영업주) 간담회개최
- **2013.05.10** : 안전행정부 현장점검(자문회의)
  - 추진현황점검 및 사업방향자문
- **2013.05.28** : 안전한 보행환경 개선사업 자문회의개최
- **2013.07~10.** : 공사발주 및 준공
- **2013.07.31** : 이태원 세계음식거리 구간 차없는 거리 지정요청(경찰협의)
- **2013.09.16** : 교통안전시설 개선설치통보(서울지방경찰청)
- **2013.10.10** : 세계음식거리 준공식(구청장 참석)
- **2013.10.22** : 차없는 거리(보행전용거리) 운영계획수립
- **2013.10.22** : 보행전용거리 운영관련협의 및 안내문설치
  - 플래카드 3개소, 홍보문배포(500부), 특구연합회 협의
- **2013.10.23** : 차없는거리 관련 교통안전시설(표지판, 노면표시) 설치
  - 보행전용거리 안내판(바리케이트 4개) 설치
- **2013.10.25~10.27** : 보행전용거리 시범운영
- **2013.11.08** : 보행전용거리(이태원 특화거리) 준공
- **2013.12.12** : 보행환경 개선지구 지정고시(서울시고시 제2013-414호)

(4) 차없는 거리지정 및 운영계획

- **도로명** : 이태원로 27가길, 이태원로 23길 등 5개 도로
- **구간** : 총연장 460 m
  - Main 도로 : 이태원로 27가길 300 m
  - Sub 도로 : 이태원로 23길 등 이면도로 4개소 160 m
- **시행일시** : 2013.11.01(금), 16 : 00부터
- **통제방법** : "차없는 거리" 안내판(바리케이트)을 통한 도로구간 차량통제

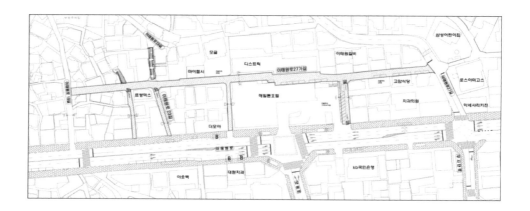

- **운영시간** : 금·토·일요일, 16 : 00~24 : 00
- **운영방법** : 지역주민(상인) 자율운영
  - 이태원 관광특구 연합회(회장 주종호)에서 자율적 운영·관리
  - 차량통제 및 주민안내와 내 집·내 점포 앞 자율청소
  - 차량통행제한 안내판관리 등
  ※ 시범운영[2013.10.25(금)~10.27(일)]을 통한 자발적 참여유도
- **차없는 거리 확대방안 향후검토**
  - 차없는 거리 시행 후 지역의 상권활성화 등 효과분석과 지역상인 다수의 요청이 있을 경우 차없는 거리 운영시간대 확대(평일) 검토

▲ 차없는 거리 안내판(이동식 바리케이트) 설치(4개 지점)

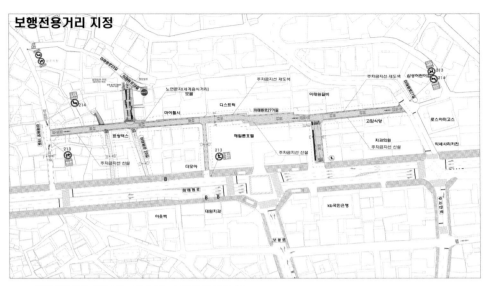

보행전용거리 지정

▲ 교통안전시설 설치(노면표시, 교통안전표지)

이태원 세계음식 보행전용거리 운영현황

• 보행전용거리 운영실적 : 2013.10.26~2014.02.20 현재
  - 운영시간 : 매주 금·토·일, 16 : 00~24 : 00(총 17주 운영)
  - 운영방법 : 이태원 관광특구 연합회 자율운영
• 사업효과 : 세계음식거리의 도로정비와 보행전용거리(차량통제)로 조성되어
  방문객증가와 매출향상으로 지역상인의 호응도가 높다.

4 일본의 생활도로의 존 대책

일본에서는 1996년에 시작된 커뮤니티 존 사업을 시작으로부터 오랜 기간이 경과하면서 생활도로대책은 새로운 시대에 접어들고 있다. 이전의 커뮤니티도로의 선(線)적인 정비에서 면(面)적인 존 단위의 대책을 시행하게 되고, 도로관리와 교통관리의 연계, 시민참가와 같은 개념을 도입하여 지구교통안전을 중점을 두고 커뮤니티 존 사업을 시행하여 이제 완전하게 정착되었다고 볼 수 있다.

최근에는 역 주변의 상업지구, 중심시가지, 관광지 등에서 지역활성화를 위한 마을 만들기와 교통약자를 위한 대책 등을 시행하고 있는 경우가 많다. 그리고 지역 활력을 창출하기 위해서 보행자나 자전거가 안심하고 원활히 지구 내 이동이 가능한 환경을 조성하고 교통안전대책을 마련하여 효과적인 정비가 필요하다.

따라서 일본에서의 면적인 교통안전대책과 각종 시책을 적용한 개념이나 유의점을 소개하고, 실시사례를 소개하고자 한다[9].

1. 중심시가지의 생활도로대책의 사례

역 주변 등 중심시가지에서는 상가가 밀집하여 무질서한 불법주차나 방치자전거가 넘쳐나 보행자나 자전거 등의 안전하고 쾌적한 통행이 저해되는 등 도로교통환경에 관련된 문제가 발생되는 경우가 적지 않다. 이 때문에 중심시가지에 있어서 보행자 등을 위한 교통안전대책을 실시하는 것이 필요하다.

(1) 에히메현 마츠야마시 반초·야사카 지구로

① 지구의 과제

마츠야마시의 중심시가지에서는 '21세기 마치츠꾸리 기본구상'에 근거하여, 종합적인 마치츠꾸리가 이루어졌으며, 그의 일환으로 생활도로의 존 대책이 수립되었다.

마츠야마시의 중심상가 보행공간이 좁고 마츠야마성과 로프웨이·리프트 이용객 수가 매년 감소하고 있다. 로프웨이 대로의 교통부문의 과제는 마츠야마시 북부 방면으로의 통과교통량이 많고 자전거통행이 많아서 특히 통근, 통학시간대에 있어서의 자전거와 통과차량의 상충이 많다.

② 사회실험의 내용

이러한 과제에 대해서 2003년에 '로프웨이 대로 즐거운 보행자몰' 사회실험이 실시되었다. 이 사회실험의 내용은 **표 3.8**에 정리하였다.

---

9 정병두, 권영인 외 역(2013), 지구교통계획 매뉴얼-생활도로 존 대책, 계명대학교 출판부, 제3부 TPO편 시책의 중심시가지와 밀집주거지의 적용사례소개를 요약발췌함

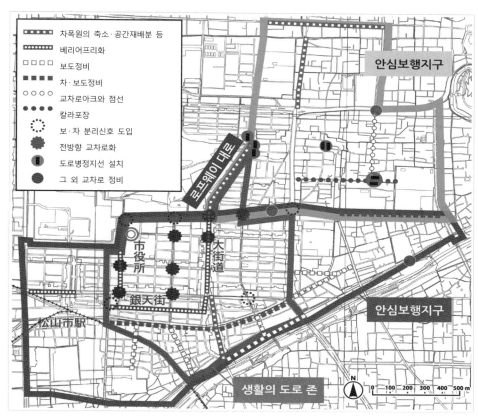

그림 3.20 로프웨이 대로의 위치

표 3.8 **로프웨이 도로의 과제와 사회실험의 내용**

로프웨이 도로의 과제	해결책	사회실험의 내용
보행자가 회유가능한 공간의 부족 (난립하는 전주와 표지, 자전거, 보행자교통의 충돌 등)	회유성이 높은 보행공간의 창출(전 선 지중화, 보도의 확대, 방치자전 거의 철거, 베리어프리화 등)	• 차도부를 축소하여 보행공간을 확대하 고 보행자의 증가 를 도모함
자전거를 거치할 수 있는 공간의 부족 (설치개소, 용량의 부족)	편리성이 높은 주륜장확보(목적지 근접한 장소에 주륜장정비 등)	• 차도의 평면선형을 슬라롬화하고 통행 차량의 속도억제를 도모함
관광객의 감소 (마츠야마성 입구경관이 취약)	마츠야마성 입구에 상응한 경관정 비(외관 및 도로경관정비 등)	• 관광지, 교통거점에 서 순환버스를 운 행하고 상점가, 관
자동차이용객의 의존도가 높음 (공공교통의 편리성이 나쁘다)	편리성의 높은 공공교통의 확보와 근린상점가와의 연속성(트랜짓몰, 버스 운행대수의 증가 등)	광지에의 통행집중 을 도모함

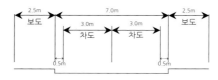

그림 3.21 **실험 전의 단면구성**

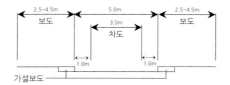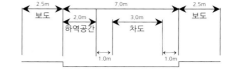

그림 3.22 **실험 중의 단면구성**

사진 3.23 **실험 전과 실험 중의 모습**

실험 전의 단면구성은 그림 3.22와 같은 단면구성의 양방통행도로에서 보도는 2.5 m였다. 보도 상에는 전주가 있고, 자전거교통량이나 자전거를 세워두는 일이 많기 때문에 쾌적한 보행환경이 확보되어 있지 않았다. 실험에 있어서의 주된 도로형상의 변경은 2차선의 차도를 1차선화하여 보행공간을 확대하는 것과 차도의 선형을 시케인으로 하여 속도억제를 도모하는 것, 자전거의 주행공간을 확보하는 것, 하역공간을 마련하는 것 4가지이다.

③ 사회실험에 의한 평가

실시된 조사는 교통량조사(자동차, 자전거, 보행자), 주행속도조사, 지체도조사, 자전거 주차대수조사(임시주륜장, 방치자전거 주차)의 4개의 실측조사와 이용자 앙케이트 조사(안전성, 쾌적성, 문제점, 실험의 평가 등) 및 관광객 수 조사(마츠야 마성 관람자 수)이다.

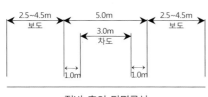

정비 후의 단면구성

그림 3.24 **정비 후의 단면**

그림 3.25 **정비 후의 모습**

조사결과, 통과교통량이나 자동차 주행속도가 억제되고 보행환경의 개선에 의해서 통행자 수는 증가하였다. 한편 자동차고객의 감소에 의한 매상의 영향을 지적하는 상점가나 시케인에 의해서 버스가 통행하기 어렵다는 과제도 밝혀졌다. 이 실험결과에 근거하여, 자동차고객용 주차장과 하역공간확보에 대한 지역주민과의 협의와 사회실험에 의해 슬라롬형 시케인의 굴절폭이 완화되어 그림 3.24와 같이 정비되었다.

④ 대응체제

마츠야마시 중심시가지의 마치츠꾸리 방침은 1998년에 수립된 '언덕 위의 구름을 축으로 한 21세기의 마을 만들기 기본구상'에 근거한다. 이 구상은 거리 전체를 지붕이 없는 「필드 박물관 구상」의 실현을 목표로 하고 있다.

이 구상은 「마츠야마성 센터존」을 중심으로 하여 도우고 온천 등 중요한 시설·사적이 집중하는 6개의 서브센터존을 설정하고, 이것들을 둘러싼 회랑형의 동선을 구성하여, 네트워크화를 도모하는 것이다.

교통규제를 위해 2003년에 '보고, 걷고, 살아가는 마을조성 교통특구'의 인정을 받았으며, 교통규제와 종합적인 마치츠꾸리를 위해 '교통 등 종합적 마을 만들기 협의회'를 발족하였다. 구상을 실현하기 위해서 생활도로구역과 안심보행구역을 지정하였으며, 사회실험도 하였다.

2003년에는 중심시가지에 도우고 온천이나 JR 마츠야마역을 포함한 약 450 ha를 대상으로 한 중심시가지 활성화 기본계획이 책정되어 마을 만들기 교부금으로 다양한 사업이 추진되었다.

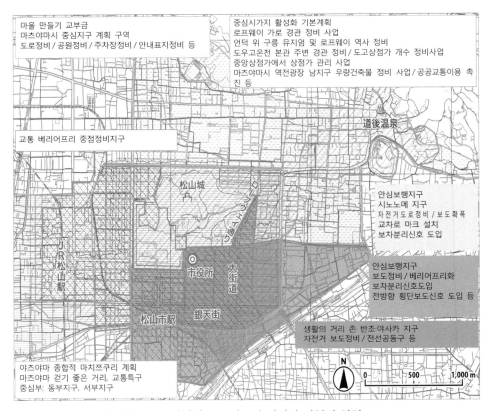

마을 만들기 교부금
마츠야마시 중심지구 계획 구역
도로정비 / 공원정비 / 주차장정비 / 안내표지정비 등

중심시가지 활성화 기본계획
로프웨이 가로 경관 정비 사업
언덕 위 구릉 뮤지엄 및 로프웨이 역사 정비
도우고온천 본관 주변 경관 정비 / 도고상점가 개수 정비사업
중앙상점가에서 상점가 관리 사업
마츠야마시 역전광장 남지구 우량건축물 정비 사업 / 공공교통이용 촉진 등

교통 베리어프리 중점정비지구

안심보행지구
시노노메 지구
자전거도로정비 / 보도확폭
교차로 마크 설치
보차분리신호 도입

안심보행지구
보도정비 / 베리어프리화
보차분리신호도입
전방향 횡단보도신호 도입 등

생활의 거리 존 반초·야사카 지구
자전거 보도정비 / 전선공동구 등

야츠야마 종합적 마치쯔쿠리 계획
마츠야마 걷기 좋은 거리, 교통특구
중심부: 동부지구, 서부지구

그림 3.26 **마츠야마시 반쵸우 · 야사카쵸우 지구의 정비와 사업의 위치도**

2. 밀집주거지의 생활도로대책

밀집주거지의 생활도로는 폭 4 m 미만의 매우 좁은 도로가 대부분이고, 도로선형도 직선이 아니기 때문에 주행속도도 억제되어 통과교통이 유입하기 어렵다. 좁은 도로에서는 자동차와 마주치는 보행자나 자전거는 큰 회피가 필요한 경우도 있다. 전주 등 도로상의 설치물이 장애물이 되는 경우도 많다.

(1) 도쿄도 세타가야구 다이시도 지구

① 지구의 경위와 과제

다이시도 2, 3가 지구는 지진재해 시 위험한 지역이다. 1980년 방재마을조성의 모델지구의 지정을 받아 마을조성협의회가 주체가 되어 주민참가형의 방재마을조성이 시작되었다. 마치츠꾸리는 소방활동과 피난활동의 원활화를 위해서 폭 6 m의 주요구획도로를 설정하였다. 또한 폭 6 m 이상의 주요생활도로의 정비는 보행자의 안전확보와 통과교통의 억제를 위해서 마을조성협의회에 의하여 1995년 지구 마을조성계획이 수립되었다.

　그 후, 2003년 지구 내에 대규모 개발의 움직임이 있어서 「철거지 주변 마을조성계획」의 수립을 계기로 생활도로구역의 지정을 받았다. 그리고 현지 마을조성협의회·단체와 전문가나 행정이 멤버가 되어 「생활도로 연구회」가 설립되었다.

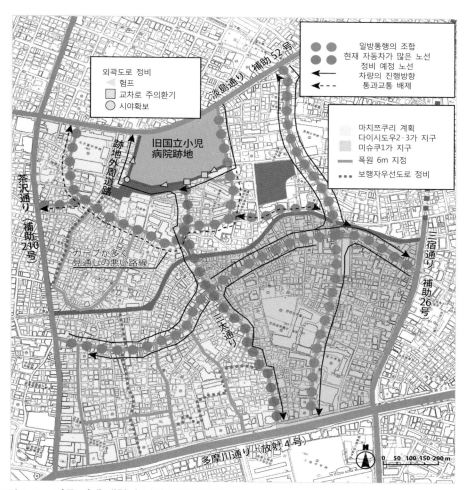

그림 3.27 **지구 전체 계획과 외곽도로의 정비**

03

② 존 전체의 계획수립

생활의 가로 존의 지정을 받은 지구는 개발지구와 그 주변뿐이지만, 「생활도로 연구회」에서는 외곽도로가 되는 간선도로를 존 경계로 지구교통계획의 검토를 시작하였다. 연구회에서는 전문가에 의한 스터디 그룹과 타 사례의 견학에 의해 지구교통에 대해 학습하고, 설문조사 등 지역특징과 과제를 파악하였다.

그 결과 좁은 도로가 주행속도억제나 통과교통을 억제할 수 있다는 것으로 인식하고 개선해야 할 곳은 개선한다고 하여 교통안전이나 방재상의 문제는 집중적으로 개선·보수해 나가는 것으로 하였다.

③ 면정비사업에 있어서의 정비사례

2006년 안전하고 쾌적한 보행공간과 방재기능을 할 수 있는 철거지 외곽도로가 정비되었다. 일방통행으로 6 m 편측에 2 m의 보도를 확보하고, 주택측의 환경빈 터에는 4 m 보행공간이 확보되었다. 차도부는 대형소방차의 통행이 가능하도록 회전반경 6.2 m의 궤적폭을 확보하고 있다.

험프는 폭 3 m의 차도폭 좁힘과 함께 설치되었다. 설치위치는 100 m를 넘는 직선구간의 중간지점 2개소, 교차로 앞 한 개소이다. 신설도로이기 때문에 사회실험을 거치지 않고 설치되었지만, 공용 후 4년간 험프에 대한 불평은 없다. 고무제의 활꼴 험프가 설치되어 있다.

그림 3.28 **일방통행화에 의한 보도확보**   그림 3.29 **교차로 바로 앞 험프**

그림 3.30 방재상의 배려(대형차량)　　　그림 3.31 방재상의 배려(일시 피난장소)

보행환경 개선사업 수행절차

The Performance Procedure of
Pedestrian Environment Improvement Projects

1. 보행환경 개선지구
2. 보행자전용길

04 보행환경 개선사업 수행절차
The Performance Procedure of Pedestrian Environment Improvement Projects

1 보행환경 개선지구

1. 개선사업 추진방안[10]

보행자중심의 안전하고 쾌적한 보행공간을 조성하기 위해 자동차 통행억제, 교통약자배려, 보행위험요소 제거, 지구특성별 환경 및 경관조성을 통하여 보행환경 개선을 도모한다.

> 제9조(보행환경 개선지구의 지정)
> ① 특별시장 등은 다음 각 호에서 정하는 구역을 보행환경 개선지구로 지정할 수 있다.
>   1. 보행자통행량이 많은 구역
>   2. 노인·임산부·어린이·장애인 등의 통행빈도가 높은 구역
>   3. 역사적 의의를 갖는 전통과 문화가 형성되어 있는 구역
>   4. 그 밖에 보행환경을 우선적으로 개선할 필요가 있다고 인정되는 구역

(1) 기본목표

보행권확보를 위하여 보행개선지구에서 추구되어야 할 기본목표로 '안전성, 이동의 편리성, 접근성, 편의성, 쾌적성, 장소성'을 설정한다.

① 안전성

보행자가 보행공간에서 교통사고, 범죄발생 등 위험으로부터 생명과 신체의 안전을 보호받으며 걸을 수 있는 정도

---

10 행정안전부(2013) 보행업무편람의 제5장 보행환경 개선지구지정 및 추진방안의 내용을 발췌하여 정리함

② 이동의 편리성

보행자가 보행공간에서 이동 시 보행장애요소로부터 방해를 받지 않고 편리함을 느끼는 정도

③ 접근성

보행자가 보행동선 및 연결정도에 따라 목적지까지 도달하는 데 느끼는 거리의 체감정도

④ 편의성

보행자가 보행공간을 이용함에 있어 편의시설설치로 인하여 느낄 수 있는 편한 정도

⑤ 쾌적성

보행자가 보행환경의 청결정도에서 느끼는 쾌적함의 정도

⑥ 장소성

보행자가 보행공간에서 다른 장소와 구분하여 느낄 수 있는 정체성의 정도

(2) 기본방향

- 면단위평가 및 계획체계마련
- 보행환경별 유형분류 및 보행환경 개선계획안 수립
- 지속적인 유지 및 관리가 가능한 평가시스템 구축

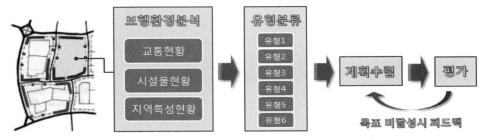

그림 4.1 **보행환경 개선지구 기본방향**

(3) 추진방안

항목		내용	비고
보행환경 개선지구의 지정 (제9조)	지구 후보지 선정	1) 보행자통행량이 많은 구역 2) 노인, 임산부, 어린이, 장애인등 통행빈도 높은 구역 3) 역사적 의의를 갖는 전통과 문화가 형성되어 있는 구역 4) 그 밖에 보행환경을 우선적 개선이 필요한 구역	지구 후보지 선정
	지구경계 설정	1) 보조간선도로로 둘러싸인 지역 2) 지역면적 1 km^2 내외 중블록 지역	

항목		내용	비고
보행환경 개선사업의 시행 (제10조)	보행환경 조사	• 보행환경조사 및 지구 내 보행환경평가 – 교통 및 시설물조사, 지역특성조사 실시 – 지구선정기준을 검토하고, 사업우선순위를 결정함	보행환경 수준등급표
	유형분류	1) 유형 1 : 생활안전(보행환경개선)지구 2) 유형 2 : 보행유발(보행환경개선)지구 3) 유형 3 : 농어촌중심(보행환경개선)지구 4) 유형 4 : 교통약자(보행환경개선)지구 5) 유형 5 : 대중교통(보행환경개선)지구 6) 유형 6 : 전통문화(보행환경개선)지구	두 개 이상의 유형중복 지정가능
	보행환경 개선지구 계획방향	• 지구유형별+도로유형별 계획안 – 지구유형별 계획방향 : 보행환경 개선지구 강화정도 – 도로유형별 계획방향 : 속도 및 통행제한 기법차이	표준 보행환경 개선사업 계획(안)
	유형별 세부계획	• 유형별 문제점 및 중점정비방향에 맞춘 세부추진계획 – 시설측면, 제도측면	

항목		내용	비고
보행환경 개선사업의 평가 (제11조)	평가목표	• 보행환경 개선사업의 효과파악 • 향후 사업개선방향 제시	
	평가내용	1) 보행환경개선을 위한 각종 시설물의 효과 2) 보행의 안전성·편리성 및 쾌적성 등에 대한 개선정도 3) 보행환경 개선사업이 지역경제 활성화에 미치는 영향 4) 보행환경 개선지구를 통행하는 보행자와 운전자의 만족도 5) 그 밖에 사업자체의 효과	
	평가방법	• Before & After 비교분석방법 • B/C 분석방법　　　• 주민만족도조사	

항목		내용	비고
보행환경 개선사업의 관리(제12조)	유지관리 내용	• 시설물 유지관리　　• 보행환경 개선지구관리	
	유지관리	• 관리대장작성　　• 정기적인 보행환경평가	

(4) 지구 및 사업추진절차

보행환경 개선지구 및 사업추진절차		
절차	주체	내용
보행환경 개선지구의 지정	• 특별시장 등	• 지정기준에 따라 지정
보행환경 개선지구 고시 등	• 특별시장 등	• 공보고시, 인터넷 홈페이지를 이용 알림
보행환경 개선사업 계획(안) 수립	• 특별시장 등	• 사업범위, 현황, 문제점, 개선사업목표 및 기본설계, 대안평가 등 사업계획수립
관계행정기관 협의	• 특별시장 등 • 관할지방경찰청 장 또는 경찰서장 • 관계행정기관	
지역주민 및 관계 전문가 의견청취	• 특별시장 등 • 지역주민 • 관계전문가	• 해당 자치단체의 게시판과 인터넷 홈페이지에 공고 • 14일 이상 일반인이 열람가능 • 공청회개최(필요시) • 의견제출자에 대한 검토결과통보
보행환경개선사업 확정고시	• 특별시장 등	
보행환경 개선사업 시행	• 특별시장 등	• 국가에서 개선사업의 시행에 필요한 경비의 일부를 보조할 수 있음
보행환경 개선사업 계획의 변경	• 특별시장 등	• 계획 여건이 변경되거나 그 밖의 사유가 있는 경우 개선사업계획의 변경가능
보행환경 개선지구의 관리	• 특별시장 등	• 관리대장작성 등
보행환경 개선지구 지정의 해제	• 특별시장 등	• 지정목적이 달성되었거나 상실된 경우 지구지정을 해제 • 해제 시 공보고시, 인터넷 홈페이지에 알림

2. 지구지정

(1) 지구후보지 검토기준

『보행안전 및 편의증진에 관한 법률』제9조(보행환경 개선지구의 지정)에 근거하여 선정하며, 보행안전 및 편의증진 기본계획수립 시 지구지정(안)을 참고한다.

① 보행자통행량이 많은 구역

- **보행유발시설 밀집구역** : 보행유발시설이란 학교, 교회, 공원, 도서관, 시장, 마트, 관공서 등 일평균 200인 이상 보행을 유발하는 시설
- 보행량이 상대적으로 높은 주요도로의 첨두시 보행량 150인/시 이상인 구역
- 도로용량편람 내 보행서비스 수준 D, E, F에 해당하는 보도가 위치한 구역

② 노인·임산부·어린이·장애인 등 교통약자의 통행빈도가 높은 구역

- **교통약자 이용시설이 위치한 구역** : 학교, 장애인학교, 노인정, 유치원 등

③ 역사적 의의를 갖는 전통과 문화가 형성되어 있는 구역

- 등록문화재, 시민단체에서 인정한 역사적 건물이 존재하는 구역

표 4.1 **도로용량편람 보행서비스 수준**

LOS 수준	보행 교통류율 (인/분/m)	점유공간 (m²/인)	밀도 (인/m²)	속도 (m/분)	보행상태
A	≤ 20	≥ 3.3	≤ 0.3	≥ 75	• 충분 보행공간확보 보행속도 자유로운 선택가능 • 타 보행자의 추월이 자유로움
B	≤ 32	≥ 2.0	≤ 0.5	≥ 72	• 정상적 보행속도유지 • 보행공간 통과가능
C	≤ 46	≥ 1.4	≤ 0.7	≥ 69	• 각자의 보행속도유지 • 추월 시 약간의 접촉발생 • 접촉을 피하기 위해 보행속도와 방향을 가끔 바꿈
D	≤ 70	≥ 0.9	≤ 1.1	≥ 62	• 이동 시 제한을 받아 보행속도감소 • 추월 시 충돌할 위험이 있음
E	≤ 106	≥ 0.38	≤ 2.6	≥ 40	• 보행속도를 임의대로 선택할 수 없음 • 다른 보행자를 추월, 역행, 통과 어려움
F	-	〈 0.38	〉 2.6	〈 40	• 보행자도로의 허용한계점 도달상태 • 보행공간의 마비상태

④ 그 밖에 보행환경을 우선적으로 개선할 필요가 있다고 인정되는 구역

- 보행관련 불편민원신고 3건/6개월 이상 발생하는 보도가 위치한 구역
- **보행자 관련 교통사고 잦은 지점이 위치한 구역** : 무단횡단 교통사고 3년간 4건 이상 발생지역, 노인 및 어린이 등 교통약자 보행교통사고 연간 3건 이상 발생지역
- 도시 내 보행 및 대중교통수단 분담률이 높은 구역
- 보도정비이력이 낮은 구역

(2) 보행환경 개선지구고시

지구의 명칭, 목적 및 필요성, 소재지, 지정구간, 규정(법적근거) 등 지구지정 관련사항이 포함된 보행안전 및 편의증진 기본계획 내용을 근거로 관계기관과 협의 및 심의를 실시한다. 그리고 보행환경 개선지구를 지정하는 경우, 공보고시, 인터넷 홈페이지를 이용하여 알린다.

3. 보행환경 개선사업계획(안) 수립

(1) 사업계획 수립절차

(2) 사업계획수립을 위한 보행환경 조사항목

대표성, 실측가능성, 조사용이성 등을 감안 28개의 조사항목을 선정하고 다음 **표 4.2**와 같이 조사항목별 제시된 방법을 이용하여 자료를 수집하도록 하며, 이를 평가 시 활용하도록 한다.

표 4.2 사업계획수립 및 평가를 위한 조사항목의 조사내용 및 방법

조사내용			조사방법	비고
교통현황조사	교통량	보행	첨두시 보행자 통행량	현장관측	• 주중 하루, 주말 하루씩 총 2일 조사 • 07 : 00(오전)~19 : 00(오후) 총 12시간 조사 • 진행방향별 5분 단위로 보행량조사 실시 • 조사 후 도면작성(첨두 보행자 교통량 150인/시 이상)
		차량	첨두시 자동차 교통량	현장관측	• 주중 하루, 주말 하루씩 총 2일 조사 • 07 : 00(오전)~19 : 00(오후) 총 12시간 조사 • 교통방향별 15분 단위로 교통량조사 • 차종별 구분(승용차, 트럭 : 소형/중대형, 버스 : 소형/대형) • 조사 후 도면작성(첨두 교통량 200대/시 이상 발생구간)
	속도	주행속도	차량의 주행속도	현장관측	• 주중 하루, 주말 하루씩 총 2일 조사 • 주중(08 : 00~10 : 00, 12 : 00~14 : 00, 17 : 00~19 : 00), 주말(10 : 00~12 : 00, 12 : 00~14 : 00, 17 : 00~19 : 00) • 구간별 차량소통상태를 대표할 수 있는 지점에서 speed건을 이용하여 지점속도측정 • 가로의 특성을 대표하기 어렵다고 판단될 경우에는 구간을 나누어 조사하도록 하며, 일반적인 차량과 다른 행태(급감속, 정지 등)를 보이는 차량은 대상에서 제외함 • 통계적 유의도를 고려하여 각 구간별 30개 이상을 조사함 • 구간별 평균속도, 표준편차, 최대속도, 85분위 속도산출
	보행자사고		3년간 보행자 교통사고 건수 사망자 수	교통사고 자료조사	• 3년간 자료취득 후 연도별 사고현황 도면표시(보행자 사고다발지점 또는 구간표시)

(계속)

	조사내용		조사방법	비고
교통현황조사	불법주차	지구 내 도로변 불법 주차대수	현장조사, 건물대장 및 토지대상 참고	• 적법, 불법으로 구분하여 주차대수조사 후 가로변 위치 및 정도 도면표시 및 수치기입 • 주중 하루, 주말 하루씩 총 2일 조사 • 08 : 00(오전)~20 : 00(오후) 중 12 : 00를 기준으로 오전, 오후 각 1시간씩 조사 (보호구역 내 주차위반 적용시간)
	민원발생	보행환경 개선요구정도	지자체 협조	• 6개월 단위 민원신고 접수내용(가로수 식재부족, 쓰레기 적치문제 등) 및 건수조사 후 도면작성
	네트워크	시설로의 보행접근정도	공간분석 프로그램	• 각 개별 필지에서 보행초점(인구유발시설, 교통약자 이용시설, 주요교통시설)로의 이동거리조사 후 우회도11 작성
시설물조사	보도현황	유효보도폭	현장조사	• 전체 보도폭에서 보행장애물 폭원 제외한 폭원
		보행장애물	현장조사	• 100 m당 보행장애물(불법적치물 및 불법노점상) 개수 • 유동적인 보행장애물 주중 하루, 주말 하루씩 총 2일 조사
		전체도로대비 보도연장	지자체 협조, 현장조사	• 전체 도로연장 및 보도연장
		보차분리형태	현장조사	• 조사 후 도면작성(보행전용/보차혼용, 양쪽보도/한쪽보도로 구분하여 구간별 표시)
		보도정비 이력수준	문헌조사	• 문헌조사(지자체 자료활용 보도정비 이력조사)
	휴게·녹지공간	휴게·녹지 공간확보정도	현장조사	• 보차분리보도(보행전용/보도블럭설치) 내(가로변) 수목식재정도, 만남의 장소 등 보행밀집지점 내 휴게공간여부 조사
	보행자시설	횡단보도 간격	현장조사	• 조사 후 도면작성(가로별 횡단보도 위치표시 및 설치간격표시, 기준 : 200 m)
	조명시설	조명시설 설치수준	현장조사	• 조사단위당 조명시설 설치여부확인 후 도면작성
	편의시설	편의시설 설치수준	현장조사	• 100 m당 편의시설개소 수 조사 • 벤치, 화장실, 휴지통, 음수대, 공중전화, 키오스크, 우체통 등으로 구분하여 조사실시 • 조사 후 도면작성

(계속)

---

11 우회도 : 각 개별 필지에서 보행초점으로 이동 시 직선거리에 비하여 실제 보행경로를 따라 이동할 경우, 어느 정도 우회해야 하는가를 나타내는 지표이며, 수치를 도면화한 자료임

조사내용			조사방법	비고
시설물조사	안전시설	속도저감시설 설치수준	현장조사	• 과속방지턱, 차로폭 좁힘, 지그재그 형태의 도로, 고원식 교차로, 고원식 횡단보도, 노면요철포장, 미니로터리, 도로유색포장 조사 • 사고다발지점 내 속도저감시설 설치정도파악
		안전시설물 설치수준	현장조사	• 보차분리보도(보행전용/보도블럭설치) 내 안전펜스설치 보도현황조사(보도연장길이 활용) • 조사 후 도면작성(위치표시)
	교통약자시설	교통약자 보조시설 설치여부	현장조사	• 조사단위 내 계단이 위치한 보행로, 지하보도(지하철 및 지하도), 육교보행약자 보조시설(엘리베이터, 에스컬레이터, 휠체어 리프트 등) 설치여부조사, 도면작성
		유도·점자블록 설치상태	현장조사	• 보차분리보도(보행전용/보도블록설치) 내 유도·점자블록 설치된 보도조사(보도연장길이 활용) • 조사 후 도면작성(위치표시)
지역특성조사	이용자인구	구역 내 거주자 인구수	통계자료 지자체 협조	• 동단위조사
	지역여건	토지이용현황	도시 계획도	• 지역·지구·구역현황
		보행환경 개선지구 관련계획	문헌조사 지자체 협조	• 조사방법 : 문헌조사(지정후보지 내 교통, 주차 등 관련계획 참고, 지자체 협조)
		시설 입지 / 보행유발시설 현황	지자체 협조, 건축물 대장 활용	• 수도권정비계획법 시행령 제3조(인구집중 유발시설의 종류 등) 참고하여 보행유발시설 개소 수 조사(학교, 교회, 공원, 도서관, 시장, 마트, 관공서 등 일평균 200인 이상 보행을 유발하는 시설) 후 도면작성(위치표시)
		교통약자 이용시설 현황	지자체 협조, 건축물대장	• 「어린이·노인·장애인 보호구역 통합지침」보호구역 지정대상 시설 참고하여 개소 수 조사 후 도면작성
		주요 교통시설 현황	웹지도 활용	• 지하철역·철도역, 버스정류장, 택시정류장, 기타 교통시설로 분류하여 개소 수 조사
		문화, 전통, 관광명소현황	지자체 협조	• 등록문화재 혹은 시민단체에서 인정한 역사적 건물 및 만남의 장소 개소 수 조사 및 필요시 위치표시 도면작성

(3) 보행환경 조사결과의 분석

'교통 및 시설물평가표'에 의하여 평가된 점수의 합산 최고점수는 100점이며, '지역특성평가표'로 인한 가산점 각 항목별 1~10점을 합산하여 보행환경 수준평가와 지구유형분류에 활용한다.

- 조사항목이 비계량적인 항목은 '상, 중, 하'로, 계량화가 가능한 항목은 5점 척도로 점수화하여 평가하도록 함
- 구간단위로 조사된 기초조사항목을 '비율' 개념으로 변경하여 면단위평가가 가능하도록 함
- 각 항목별 조건을 제시, 조건에 부합하는 정도에 따라 점수를 높게 부여함
- 각 항목별 가산가능한 점수는 1~10점임

보행환경 개선지구 수준등급표는 '교통 및 시설물평가표'와 '지역특성평가표'의 가산점을 합산한 점수에 따라 보행환경수준을 A~F 등급으로 분류한다.

- 보행환경수준별 보행환경 개선사업 진행우선순위는 A < B < C < D < E < F임
  - A : 10~19점　　- B : 20~39점
  - C : 40~59점　　- D : 60~79점
  - E : 80~99점　　- F : 100점 이상

표 4.3 **지역특성평가표**

평가내용	가산항목		지표	조건	점수
편의성	시설입지	인구유발 시설현황	인구유발 시설의 수(개)	인구유발시설이 많이 위치한 경우	1~10
안전성		교통약자 이용시설현황	교통약자 이용시설의 수(개)	교통약자 이용시설이 많이 위치한 경우	1~10
접근성		주요 교통시설현황	교통시설의 수(개)	교통시설이 많이 위치한 경우	1~10
장소성	문화, 전통, 관광명소현황		특징적 건축물, 시설물 수(개)	지역문화, 전통의 특징적 건축물, 시설물이 많이 위치한 경우	1~10

04

표 4.4 **교통 및 시설물평가표**

구분	평가항목	평가지표	세부평가기준					점수
안전성	첨두시 자동차 교통량	첨두시 자동차교통량 200대/시 이상 도로의 비율	100% 이하	80% 이하	60% 이하	40% 이하	20% 이하	/6
			6	5	4	3	2	
	차량의 주행속도	지점별 85분위 속도(km/h)가 30 km/h 이상인 도로의 비율	100% 이하	80% 이하	60% 이하	40% 이하	20% 이하	/4
			4	3	2	1	0	
	보행자 교통사고 발생건수	4건 이상/3년간 교통사고가 발생한 도로의 비율	100% 이하	80% 이하	60% 이하	40% 이하	20% 이하	/8
			8	6	4	2	0	
	보행자 교통사고 사망자수	1명 이상/3년간 보행자 교통사고 사망자발생한 도로의 비율	100% 이하	80% 이하	60% 이하	40% 이하	20% 이하	/8
			8	6	4	2	0	
	보차분리 형태	보행전용·보도설치비율	20% 이하	40% 이하	60% 이하	80% 이하	100% 이하	/6
			6	5	4	3	2	
	속도저감시설 설치수준	속도저감시설 설치수준	하		중		상	/4
			4		2		0	
	안전시설물 설치수준	보차분리보도 내 펜스 설치비율	20% 이하	40% 이하	60% 이하	80% 이하	100% 이하	/3
			3	2.5	2	1	0	
	조명시설 설치수준	조명시설 설치수준	하		중		상	/3
			3		2		1	
	불법주차	전체 도로연장 대비 불법주차가 차지하는 길이의 비율	100% 이하	80% 이하	60% 이하	40% 이하	20% 이하	/5
			5	4	3	2	1	
이동 편리성	첨두시 보행자 교통량	첨두시 보행자교통량 150인/시 이상 보도의 비율	100% 이하	80% 이하	60% 이하	40% 이하	20% 이하	/8
			8	6	4	2	0	
	유효보도폭	유효보도폭 미확보(1.5 m 이하) 보도의 비율	100% 이하	80% 이하	60% 이하	40% 이하	20% 이하	/5
			5	4	3	2	1	
	보행장애물	보행장애물의 정도	상		중		하	/4
			4		2		0	

(계속)

구분	평가항목	평가지표	세부평가기준					점수
이동 편리성	보도정비 이력수준	보도정비 이력수준	하		중		상	/4
			4		2		0	
	교통약자 보조시설 설치여부	구역 내 계단에 교통 약자 보조시설이 설치 된 비율	20% 이하	40% 이하	60% 이하	80% 이하	100% 이하	/2
			2	1.5	1	0.5	0	
	유도·점자 블록 설치상태	보차분리보도 내 유도 ·점자블록 설치비율	20% 이하	40% 이하	60% 이하	80% 이하	100% 이하	/2
			2	1.5	1	0.5	0	
	전체 도로 대비 보도연장	구역 내 전체 도로연장 대비 보도연장의 비율	20% 이하	40% 이하	60% 이하	80% 이하	100% 이하	/3
			3	2.5	2	1	0	
접근성	시설로 보행접근 정도	우회 정도	상		중		하	/3
			3		2		1	
	횡단보도의 간격	구역 내 횡단보도설치 간격 200 m 이상 비율	100% 이하	80% 이하	60% 이하	40% 이하	20% 이하	/2
			2	1.5	1	0.5	0	
편의성	휴게·녹지 공간	휴게·녹지공간의 확 보정도	하		중		상	/3
			3		2		1	
	편의시설 설치수준	편의시설이 3개/100 m 이상 설치된 비율	20% 이하	40% 이하	60% 이하	80% 이하	100% 이하	/2
			2	1.5	1	0.5	0	
쾌적성	보행환경 개선요구 정도	보행관련 민원발생 3 건/6개월 이상 발생하 는 보도의 비율	100% 이하	80% 이하	60% 이하	40% 이하	20% 이하	/5
			5	4	3	2	1	
보행환경 개선사업의 추진역량		추진역량	상		중		하	/5
			5		3		0	
관련계획 연계성		계획연계성	상		중		하	/5
			5		3		0	
총 점								/100

(4) 보행환경 개선지구 유형분류

① 유형 1 생활안전(보행환경개선)지구

주민의 일상생활(통학, 통근, 놀이)이 이루어지는 구역으로, 주민의 보행안전 및 보행공간확보를 주목적으로 하는 일단의 지구, 토지이용현황(주거지역)

② 유형 2 보행유발(보행환경개선)지구

보행통행이 빈번하고, 반복적 이동구역으로, 보행이동편의 개선을 위한 토지이용현황(상업지역, 업무지역), 보행밀집지역(보행유발시설 설치지역)

③ 유형 3 농어촌중심(보행환경개선)지구

타 지역 대비 안전성, 편의성, 쾌적성 등 전반적으로 보행환경이 열악한 구역으로, 기본적 보행권확보를 주목적으로 하는 일단의 지구, 지방부마을 통과구간, 낙후지역, 농어촌지역

④ 유형 4 교통약자(보행환경개선)지구

교통약자보호를 위한 제도 및 시설설치가 중점적으로 필요한 일단의 지구, 보호구역(교통약자)

표 4.5 **유형분류를 위한 참고지표**

평가 내용	가산항목		유형별 참고지표					
			유형 1	유형 2	유형 3	유형 4	유형 5	유형 6
일반 현황	용도지역	비계량적	●	●	●	●	●	○
	토지이용현황	비계량적	●	●	○	○	○	○
편의성	시설 입지	보행유발 시설현황	보행유발 시설의 수(개)		●			
안전성		교통약자 이용시설현황	교통약자 이용시설의 수(개)				●	
접근성		주요 교통시설현황	교통시설의 수(개)					●
장소성		문화, 전통, 관광명소현황	특징적 건축물, 시설물 수(개)					

○ : 권장고려항목, ● : 필수고려항목

⑤ **유형 5 대중교통(보행환경개선)지구**

타 교통수단과의 연계를 위하여 보행동선개선 및 편의성증진을 주목적으로 하는 일단의 지구, 대중교통 결절지역(지하철역, 버스정류장 등)

⑥ **유형 6 전통문화(보행환경개선)지구**

지역특색강화를 위하여 미관·쾌적성증진을 주목적으로 하는 일단의 지구, 문화재·관광·휴양지지구를 유형별로 분류하는 것은 보행환경별 상이하게 나타나는 문제점에 따라 효율적으로 보행환경을 개선하기 위해서 용도지역, 토지이용현황, 지역특성평가표를 검토하여 유형을 분류한다.

- **인구유발시설 현황** : 유형 2(인구유발시설 입지지역) 분류를 위한 지표
- **교통약자시설 현황** : 유형 4(교통약자시설 입지지역) 분류를 위한 지표
- **주요교통시설 현황** : 유형 5(지하철역, 버스정류장 등 교통시설이 많이 위치한 지역) 분류를 위한 지표
- **문화, 전통, 관광명소현황** : 유형 6(지역을 대표하는 장소나 문화, 전통이 위치한 지역) 분류를 위한 지표

(5) 사업계획(안)수립

보행환경 조사항목에 따라 조사자료를 분석하여 이를 개선하는 방향으로 계획을 수립하고, 사업계획은 지구유형별 및 도로유형별 특성을 고려한다.

- 조사자료분석을 통한 문제점분석, 사고현황도(Collision Diagram) 작성분석[12], 시설개선방안 제시 등
- 시설물 설치기준은 용도에 맞는 시설물로 설치함

① **유형 1 생활안전(보행환경개선)지구**

- 주민의 일상생활(통학, 통근, 놀이)이 이루어지는 구역으로, 주민의 보행안전 및 보행공간확보를 주목적으로 하는 일단의 지구
- 계획방향 : 안전성 집중강화, 이동편리성·편의성·쾌적성확보

---

12 3년간 보행사고현황을 보행환경 개선지구에 표시하여 위험지점 및 위험구간분석(도로교통공단 사고 DB 활용)

표 4.6 **유형 1 추진계획**

구분	제도적 방안	시설적 방안	비고
차량주행 속도 및 통행제한	• 30 km/h 최고속도제한 • 대형차량 통행금지(*)	• 속도저감시설(*) (과속방지턱 : 이미지 험프, 사다리꼴 험프 등, 차도폭 좁힘 : 초커, 포트 등, 지그재그 형태의 도로 : 시케인)	
보행자 시설설치		• 보행자대피섬 • 볼라드 • 방호울타리 • 점자블록 재정비 • 보행자 횡단시설설치	(*) 도로 유형 기준에 따름
보행로 및 보행공간확보	• 지하도 및 육교 지양 • 보차분리(*)	• 보행로연결 • 경사도 • 보행로정비(노면함몰·파손) • 주차금지표지 • 보행광장	
불법주·정차 문제	• 불법주·정차단속		
방범시설설치		• 방범용 CCTV 설치 • 가로조명	
보행경관조성		• 수목 등 식재 • 휴게 및 녹지공간	

② 유형 2 보행유발(보행환경개선)지구

- 보행자의 통행이 빈번하고, 반복적 이동이 이루어지는 구역으로, 보행이동편의 개선을 주목적으로 하는 일단의 지구
- 계획방향 : 이동편리성·쾌적성 집중강화, 접근성·편의성·장소성확보

표 4.7 **유형 2 추진계획**

구분	제도적 방안	시설적 방안	비고
차량주행속도 및 통행제한	• 30 km/h 최고속도 제한(*) • 대형차량 통행금지(*)	• 속도저감시설(*)	(*) 도로 유형 기준에 따름
보행자 시설설치		• 볼라드(*)　　　　• 방호울타리 • 보행자 횡단시설설치 • 점자블록 재정비	
보행로 및 보행공간확보	• 시차별 주차규제 • 불법노점상규제 • 지하도 및 육교 지양 • 보차혼용(*)	• 보행로연결　　　　• 경사도 • 보행장애물제거(시야차단시설 등) • 보도신설 • 보행로정비(노면함몰·파손) • 불법적치물정비　　• 보행광장	
불법주·정차문제	• 불법 주·정차단속	• 주차금지표지	
방범시설설치		• 가로조명	
보행경관조성		• 수목 등 식재 • 휴게 및 녹지공간 • 옥외 광고물 및 간판정비 • 보도패턴 및 컬러정비	

③ 유형 3 농어촌중심(보행환경개선)지구

- 타 지역 대비 안전성, 편의성, 쾌적성 등 전반적으로 보행환경이 열악한 구역으로, 기본적 보행권확보를 주목적으로 하는 일단의 지구
- 계획방향 : 안전성·이동편리성·쾌적성 집중강화, 편의성확보

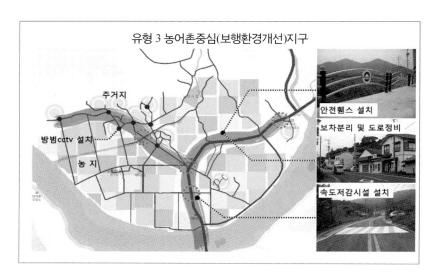

유형 3 농어촌중심(보행환경개선)지구

표 4.8 **유형 3 추진계획**

구분	제도적 방안	시설적 방안	비고
차량주행속도 및 통행제한	• 30 km/h 최고속도 제한(*) • 대형차량 통행금지(*)	• 속도저감시설(*)	(*) 도로 유형 기준에 따름
보행자 시설설치		• 보행자대피섬 • 볼라드 • 방호울타리 • 보행자 횡단시설설치 • 점자블록 재정비	
보행로 및 보행공간확보	• 보차분리(*) • 지하도 및 육교 지양	• 보행장애물제거(시야차단시설 등) • 보도신설 • 불법적치물정비 • 보행로연결 • 경사도 • 보행광장 • 보행로정비(노면함몰·파손)	

(계속)

구분	제도적 방안	시설적 방안	비고
불법주·정차 문제	• 시차별 주차규제 • 불법주·정차단속	• 주차단속 CCTV • 전광판설치 • 주차금지표지	(*) 도로 유형 기준에 따름
방범시설설치		• 방범용 CCTV 설치 • 가로조명	
보행경관조성		• 수목 등 식재 • 쓰레기정비 • 휴게 및 녹지공간	

④ 유형 4 교통약자(보행환경개선)지구

• 교통약자보호를 위한 제도 및 시설설치가 중점적으로 필요한 일단의 지구
• 계획방향 : 안전성·이동편리성 집중강화, 접근성확보

표 4.9 **유형 4 추진계획**

구분	제도적 방안	시설적 방안	비고
차량주행 속도 및 통행제한	• 통과교통제한 • 30 km/h 최고속도 제한 • 대형차량 통행금지 • 일방통행 • 차량진입 및 진행방향규제	• 속도저감시설(*)	(*) 도로 유형 기준에 따름

(계속)

구분	제도적 방안	시설적 방안	비고
보행자 시설설치	• 신호주기 재조정(일반인 초당 1.2 m, 노인 0.8 m 고려) • 보행자전용도로	• 볼라드　　　• 방호울타리 • 보행자 횡단시설설치 • 점자블록 재정비 • 보행자대피섬　• 턱 낮추기 • 완만한 경사로설치 • 점자블록신설　• 음향안내시설 등	(*) 도로 유형 기준에 따름
보행로 및 보행공간확보	• 보차분리 • 지하도 및 육교 지양 • 불법노점상규제	• 보행로연결　　• 경사도 • 보행로정비(노면함몰·파손) • 보행장애물제거(시야차단시설 등) • 보도신설 • 도로변의 돌출물제거	
불법주·정차 문제	• 불법 주·정차단속 • 시차별 주차규제	• 주차금지표지 • 주차단속 CCTV • 전광판설치	
방범시설설치	• 아동안전지킴이 확대	• 가로조명 • 방범용 CCTV 설치	
보행경관조성		• 수목 등 식재 • 휴게 및 녹지공간 • 교통표지판 시인성증진	

⑤ 유형 5 대중교통(보행환경개선)지구

• 타 교통수단과의 연계를 위하여 보행동선개선 및 편의성증진을 주목적으로 하는 일단의 지구
• 계획방향 : 이동편리성·접근성·쾌적성 집중 강화, 안전성·편의성확보

유형 5 대중교통(보행환경개선)지구

표 4.10 유형 5 추진계획

구분	제도적 방안	시설적 방안	비고
차량주행속도 및 통행제한	• 통과교통제한(*) • 자동차 속도제한(*)	• 속도저감시설(*)	(*) 도로 유형 기준에 따름
보행자 시설설치		• 대중교통 알림시설개선 • 버스 및 택시정류장정비 • 보행자대피섬 • 볼라드 • 방호울타리 • 보행자 횡단시설설치	
보행로 및 보행공간확보	• 불법노점상규제 • 보차분리(*) • 지하도 및 육교 지양	• 보행장애물제거(시야차단시설 등) • 유효보도폭확보(버스베이설치 시) • 보도신설 • 보행로연결 • 대중교통 접근보행로 • 수직이동시설 • 입체보행로	
불법주·정차 문제	• 불법주·정차단속 • 대중교통 전용도로 • 도로변 주차금지	• 주차단속 CCTV • 전광판설치 • 주차금지표지	
방범시설설치		• 가로조명 • 방범용 CCTV 설치	
보행경관조성		• 수목 등 식재 • 휴게 및 녹지공간 • 보행자 안내표지판설치	

⑥ 유형 6 전통문화(보행환경개선)지구

• 도시기능회복 및 지역특색강화를 위하여 미관·쾌적성증진을 주목적으로 하는 일단의 지구

• 계획방향 : 편의성·쾌적성·장소성 집중강화, 접근성확보

표 4.11 유형 6 추진계획

구분	제도적 방안	시설적 방안	비고
차량주행속도 및 통행제한	• 통과교통제한(*) • 자동차 속도제한(*)	• 속도저감시설(*)	
보행자 시설설치		• 보행자대피섬　　• 볼라드 • 방호울타리　　• 보행자 횡단시설설치	
보행로 및 보행공간확보	• 불법노점상규제 • 보차분리(*) • 지하도 및 육교 지양	• 보행장애물제거(시야차단시설 등) • 보도신설 • 불법적치물정비 • 보행광장 • 보행로연결 • 탐방로정비	(*) 도로 유형 기준에 따름
불법주·정차 문제	• 시차별 주차규제 • 불법주·정차단속	• 주차단속 CCTV • 전광판설치 • 주차금지표지	
방범시설설치		• 방범용 CCTV 설치 • 가로조명	
편의시설설치		• 편의시설 및 안내시설설치	
보행경관조성	• 디자인 가이드라인	• 수목 등 식재 • 휴게 및 녹지공간 • 스트리트퍼니처 • 보도패턴 및 컬러 • 주변간판정비 • 보도시설물 디자인	

(5) 도로유형별 계획(안)

도로유형(기준 : 도로폭)에 따라 차량규제(속도 및 통행) 및 도로이용형태(보차분리/보차공존/보행전용)를 다르게 적용한다.

표 4.12 도로유형별 계획(안)

유형	도로폭	도로이용형태	추진방향	세부정비방안
유형 1	3 m 미만	보행전용	• 차량통행차단	• 노면컬러포장 • 진입부 볼라드설치
유형 2	3~6 m 미만	보차공존	• 속도규제 • 일방통행 • 물리적 시설강화 • 노면표시	• 30 km/h 속도제한 • 일방통행제 • 차로폭축소 • 지그재그선형 • 볼라드설치 • 이미지험프 • 노면마킹, 요철포장
유형 3	6 m 이상	보차분리	• 속도규제 • 통행규제 • 보도확보	• 30 km/h 속도제한 • 대형차량 진입금지 • 진입구 도로폭축소

표 4.13 도로유형 2의 적용가능기법

구분	주거지		상업지	
	교통규제	물리적 장치	교통규제	물리적 장치
통과교통 문제	30 km/h 최고속도제한 ○	통행차단 ○ 폭좁힘 △ – 미니로터리 △	30 km/h 최고속도제한	통행차단 ○ 폭좁힘 △ 시케인 △ 미니로터리 △
차량속도 문제	30 km/h 최고속도제한 ○	소형험프 ○ 교차점입구험프 ○ 대형험프 △ 이미지험프 △ 통행차단 △ 폭좁힘 △ 교차점전면험프 △ 미니로터리 △	30 km/h 최고속도제한	소형험프 ○ 교차점입구험프 ○ 대형험프 △ 이미지험프 △ 통행차단 △ 폭좁힘 △ 교차점전면험프 △ 미니로터리 △

(계속)

구분	주거지				상업지			
	교통규제		물리적 장치		교통규제		물리적 장치	
보행환경 문제	최고속도제한	○	통행차단	○	최고속도제한	○	통행차단	○
	대형차통행금지	○	교차점입구험프	○	대형차통행금지	○	교차점입구험프	○
	주차규제	○	교차점전면험프	△	–		교차점전면험프	△
	일방통행규제	○	대형험프	△	–		대형험프	△
	횡단보도	△	폭좁힘	△	횡단보도	△	폭좁힘	△
화물차 통행문제	대형차량 통행금지	○	통행차단	△	대형차량 통행금지	△	통행차단	△
불법주 정차문제	주차규제	○	주정차공간	△	주차규제	○	주정차공간	△

○ : 적극적 적용, △ : 상황에 따라 적용

4. 개선사업평가

보행서비스의 질적 향상과 지속가능한 보행환경을 유지하기 위하여 성과중심의 정책과 사업관리가 필요하며, 보행환경 개선사업을 시행하였을 때 완료한 날부터 2년 이내 평가를 실시한다. 그리고 평가를 완료한 날부터 1개월 이내에 평가결과를 시장 또는 군수는 도지사를 거쳐 행정안전부장관과 국토해양부장관에게 보고한다.

사업시행 전 평가계획을 미리 수립하도록 하며, 평가지표는 개략적 사업효과파악을 위해 정량적, 정성적 개선정도를 기준으로 평가하도록 한다.

(1) 정량적 평가

• Before & After 분석 : 교통사고발생 정도 및 보행시설물 개선사항, 시설물 및 기법의 효과, 지역경제 활성화 정도
• B/C 분석방법 : 보행환경 개선사업의 경제성

(2) 정성적 평가

• 주민만족도 설문조사 : 정량적 평가분석이 어려운 항목에 대한 효과분석 및 사업에 대한 전반적 만족도, 불만족사항

표 4.14 **교통사고 발생정도 및 보행시설물 개선평가항목**

No.		평가항목	유효결과
1	차량주행속도	지점별 85분위 속도(km/h)가 30 km/h 이상인 도로의 비율	감소
2	보행자교통사고 발생건수	도시 내 평균 교통사고 발생건수보다 많은 교통사고가 발생한 도로의 비율	감소
3	보행자교통사고 사망자 수	1명 이상 보행자교통사고 사망자 발생한 도로의 비율	감소
4	보차분리형태	보행전용·보도설치비율	증가
5	불법주차	전체 도로연장 대비 불법주차가 차지하는 길이의 비율	감소
6	유효보도폭	유효보도폭 미확보(1.5 m 이하) 보도의 비율	감소
7	전체 도로 대비 보도연장	구역 내 전체 도로연장 대비 보도연장의 비율	증가
8	시설로의 보행 접근정도	우회정도	감소
9	휴게·녹지공간	휴게·녹지공간의 확보정도	증가
10	보행환경 개선요구정도	보행관련 민원발생 3건/6개월 이상 발생하는 보도의 비율	감소

표 4.15 **보행환경개선을 위한 각종 시설물 및 기법의 효과**

No.	시설명		설치효과	측정지표
1	속도 저감 시설	고원식 교차로	통과 시 불쾌감을 주고 시각적으로 사전에 인지하게 하여 속도감소효과가 나타남	평균 차량 속도감소율(%)
2		지그재그 도로	운전자에게 핸들조작을 강요하여 속도감소효과가 나타남	평균 차량 속도감소율(%)
3			차도폭 좁힘, 자동차 진입억제용 말뚝과 조합하여 주차공간을 없애는 효과 있음	불법주정차 건수감소율(%)
4		차도폭 좁힘	시각적, 물리적으로 차량이 속도를 내어 지나가기 어렵게 하여 속도감소효과가 나타남	평균 차량 속도감소율(%)
5			주차공간을 없애는 효과 있음	불법주정차 건수감소율(%)
6		노면요철포장	시각적 효과, 진동 및 소음에 의해 속도를 감소시키는 효과 있음	평균 차량 속도감소율(%)
7		과속방지턱	통과 시 불쾌감을 주고 시각적으로 사전에 인지하게 하여 속도감소효과가 나타남	평균 차량 속도감소율(%)

(계속)

No.	시설명		설치효과	측정지표
8	횡단시설	고원식 횡단보도	통과 시 불쾌감을 주고 시각적으로 사전에 인지하게 하여 속도감소효과가 나타남	평균 차량 속도감소율(%)
9	기타시설	볼라드	주차공간을 없애는 효과 있음	불법주정차 건수감소율(%)
10	교통규제	최고속도규제	규제속도 이상 주행할 수 없음	평균 차량 속도감소율(%)
11		일방통행규제	목적지에 도달하기 위해 돌아가야 하는 경우가 많아 위반할 여지가 많음	역방향 주행차량비율(%)
12		주정차금지	노상불법주차 문제를 해결할 수 있음	불법주정차 건수감소율(%)
13		통행제한	직접적 조사가 불가능하므로 통행제한위반 차량비율을 조사함	통행제한 위반차량 비율(%)

2 보행자전용길

보행안전 및 편의증진에 관한 법률 제16조(보행자전용길의 지정 등)에 따라 특별시장 등은 보행자길 중에서 보행자의 안전과 쾌적한 보행환경을 확보하기 위하여 특별히 필요하다고 인정되는 경우 보행자전용길로 지정할 수 있다.

보행자전용길의 목적을 달성하기 어렵거나 보행자의 안전을 위하여 필요할 때에는 지방경찰청장 또는 경찰서장에게 그 도로의 일정구간에 「도로교통법」 제28조 제1항에 따라 보행자전용도로를 설치하여 줄 것을 요청할 수 있다.

1. 대상지 선정기준

(1) 보행자전용길 선정 시 기본원칙은 자원훼손을 최소화하고 기존 보행자전용길 존재 시 정비 및 복원을 중심으로 선정한다.

① 안전성 측면
• 종·횡단경사가 완만한 곳

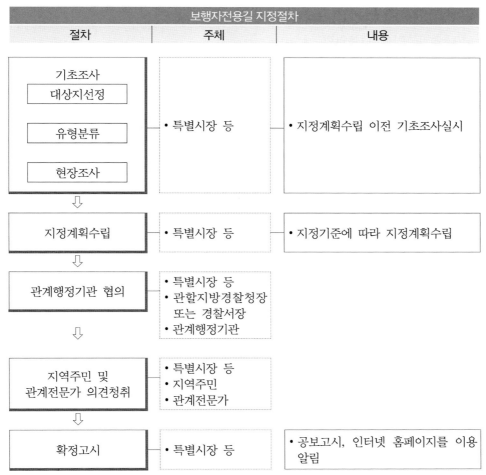

보행자전용길 지정절차		
절차	주체	내용
기초조사 대상지선정 유형분류 현장조사	• 특별시장 등	• 지정계획수립 이전 기초조사실시
지정계획수립	• 특별시장 등	• 지정기준에 따라 지정계획수립
관계행정기관 협의	• 특별시장 등 • 관할지방경찰청장 또는 경찰서장 • 관계행정기관	
지역주민 및 관계전문가 의견청취	• 특별시장 등 • 지역주민 • 관계전문가	
확정고시	• 특별시장 등	• 공보고시, 인터넷 홈페이지를 이용 알림

그림 4.2 **보행자전용길 지정절차**

- 토양붕괴 및 자연재해로부터 안전한 곳
- 다른 시설과 마찰이 최소화된 곳

② 보행성 측면

- 보행이 가능한 곳
- 보행자전용길 미관이 우수한 곳

③ 자원성 측면

- 역사적, 경관적 보존이 필요한 곳

④ **이용편리성 측면**

- 대중교통이용이 용이한 곳
- 숙박시설 등 관광서비스가 근접한 곳

⑤ **지역성 측면**

- 지역생활에 지장을 초래하지 않고 지역경제 활성화에 도움을 주는 곳

⑥ **환경성 측면**

- 환경성 측면만큼은 희귀식물 및 보호종, 자생지보호종의 서식지, 보호대상습지, 하천 등 보존가치가 있거나 생태적으로 보호해야 할 지역은 우회해야 함

(2) 반면에 보행자전용길(그 밖의 사유로 차마의 운전자가 보행자전용길을 이용하도록 할 필요가 있다고 인정하는 경우) 선정 시 기본원칙은 정책방향과의 부합성, 보행환경, 교통환경, 대중교통환경 등을 고려함

2. 유형분류

(1) 보행자전용길 유형은 특정주제와 보행특성에 따라 역사문화형, 예술문화형, 생활문화형, 생태문화형 등의 유형으로 구분한다.

① **역사문화형**

지역의 역사적 자원과 특색을 느낄 수 있고 이용자가 향유할 수 있는 길이며 역사적 가치를 계승하고 보전해야 할 가치가 있는 유형의 길

② **예술문화형**

문화적 가치가 높고 민족고유의 전통이 살아 숨 쉬는 길을 말하며 문화적 의의와 배경을 지니고 있는 유형의 길

③ **생활문화형**

지역에서 가까이 찾아볼 수 있는 오솔길, 마을길, 골목길 등을 말하며 생활 속 깊이 자리 잡은 친숙하고 아름다운 유형의 길

④ 생태문화형

숲길, 강변길, 둘레길 등을 말하며 생태가치와 보존가치가 높고 주변경관이 아름다운 유형의 길

(2) 반면에 보행자전용길(구간을 지정하거나 시간대를 정하여 허용해야 하는 보행자전용길) 유형은 주변 개발여건과 보행통행의 특성에 따라 상업형, 주거형, 안전형, 문화형 4가지 유형으로 구분한다.

3. 현장여건조사

(1) 보행자전용길 조성계획의 원칙과 요건을 검토하고 대상지역의 자연, 인문, 사회현황을 조사하고, 기존의 유사시설(산책로, 탐방로 등)과 도보 가능여부를 조사하고 보행자전용길 등의 조성여건을 종합분석한다.
(2) 해당지역의 토지소유현황과 법·제도적 개발관련 사항(보호구역, 행위제한 등)을 조사한다.
(3) 보행자전용길(구간을 지정하거나 시간대를 정하여 허용해야 하는 보행자전용길)의 현장조사자료는 계획의 적절성 검토와 조성을 위한 기초자료로 활용하며 현장여건 수집자료는 주변개발여건, 보행요소, 교통요소, 대중교통요소 등이다.

4. 보행자전용길 지정계획수립

(1) 보행자전용길 기초조사에 의한 자료를 토대로 지정계획을 수립
(2) 보행자전용길의 기본목표는 지역사회의 경제적, 인문·사회적 측면에 긍정적인 영향과 자연환경보존에 기여해 지속가능한 보행자전용길의 역할을 해야 함
① 보행자전용길의 추진정책방향과 더불어 관련법령, 계획과의 부합성 등을 검토해야 하며 관련법·제도 등 검토를 통한 조성가능지역이어야 함
② 보행환경은 풍요로운 자연을 접촉할 수 있는 지역이어야 함
③ 보행통행에 적합한 형태의 길(구간길이, 폭, 경사 등)이며 보행관련 안전과 편의성확보가 가능한 길임

④ 대중교통수단 이용이 용이하고 주차장확보가 가능한 곳이 좋으며, 교통접근성을 위한 교통기반시설이 기본적으로 갖추어져야 이용활성화 측면에서 유리함

(3) 반면에 보행자전용길(구간을 지정하거나 시간대를 정하여 허용해야 하는 보행자전용길)의 기본목표는 정책목표달성, 안전성, 쾌적성, 연속성, 접근성확보에 중점을 둔다.

① 정책목표달성으로는 현재 추진하고 있는 정책에 부합하고 보행의 환경개선이 필요한가이며, 이를 달성하기 위해 보행자전용길 조성이 적절한가를 검토

② 보행안전성 향상을 위한 세부적인 사항으로는 보행자와 차량과의 시공간적 분리를 통해 보행자의 교통사고건수 감소, 교통상충수 감소 등임

③ 보행쾌적성 향상을 위한 세부적인 사항으로는 보행교통류율, 점유공간, 보행밀도, 보행통행속도 등을 분석함으로써 보행서비스 수준을 향상하는 사항과 포장, 보행안전시설, 보행편의시설 등 보행관련 각종시설을 개선하는 사항 등임

④ 보행연속성 향상을 위해서는 건축물이나 장애물 등으로 인해 보행로단절을 개선하여 보행연속성을 확보하는 사항 등임

⑤ 보행접근성 향상을 위한 대중교통 접근체계 개선사항으로는 지하철과 시내버스 노선 및 운영체계, 환승체계개선 등임, 승용차 접근체계 개선사항으로는 공영주차장 확보 등임

05

지구교통관리
수법

The Site Transportation Management Methods

05 지구교통관리 수법
The Site Transportation Management Methods

1 지구교통 컨트롤의 구체적인 수법

지구교통관리의 목표를 달성하기 위한 수단으로 교통정온화 기법은 1) 주행속도의 억제, 2) 교통량의 억제, 3) 노상주차대책, 4) 보행환경의 개선 등을 목표로 하고 있다.

이미 제2장에서 살펴본 바와 같이 유럽과 미국에서는 1990년대에 들어서 Traffic Calming이 생활도로정비의 주된 개념으로 정착되어 왔고, 일본에서도 이미 오래전 1974년부터 생활 존 규제를 시작하였고 지구교통관리를 위해 종합적인 교통안전시책, 커뮤니티 존 형성을 주목하면서 1996년부터 커뮤니티 존 사업이 시작되었고, 근년 생활도로의 존 대책에 이르기까지 널리 전개되고 있다.

이러한 지구교통관리의 목적은 크게 다음의 네 가지로 구별될 수 있다

- **자동차 주행속도의 억제** : 주행로를 사행(蛇行)시켜 운전자에게 강한 핸들조작을 하게하고 물리적인 쇼크를 주거나, 시각적으로 운전자가 속도를 내기 힘든 구조로 하는 등 교차점이나 진입로 상에서 운전자의 주행속도를 억제하기 위해 주의를 환기시키는 수법이라 할 수 있다.
- **교통량의 억제** : 대형차의 통행을 금지하거나 일방통행, 지정방향의 진행금지를 조합하여 지구에 용무가 없는 자동차의 통과교통을 억제한다. 그리고 만약 진입하였더라도 되돌아가야 되는 도로망체계로 하는 등 진입하기 힘든 구조로 하여, 주행속도의 억제수법에도 간접적인 효과가 있다.
- **노상주차대책** : 불법노상주차가 많고 일반차량의 통행을 저해하는 도로는 주차금지로 하고, 지구주민의 불편이 없는 곳에 노외주차공간을 마련한다. 주정차공간

은 공간적, 시간적으로 한정하거나 관리하는 시스템을 구축할 필요가 있다.

- **보행환경의 개선** : 보행자중심의 안전하고 쾌적한 보행공간을 조성하기 위해 자동차통행을 억제하고, 교통약자배려, 보행위험요소의 제거, 지구특성에 맞는 보행환경 및 경관을 개선한다.

1. 주행속도억제를 위한 방법

보차공존도로에는 자동차의 주행속도를 반드시 억제하도록 적용되고 있는데 일반적으로 주행속도를 억제하는 방법으로는 사행(蛇行)운전으로 속도를 저하시키

표 5.1 교통억제를 위한 방법의 분류

목표		방법	수법
주행 속도의 억제	도로구간	교통규제	최고속도규제(30 km/h)
		사행시킴	Crank형의 차도, Slalom형의 차도, Fort
		노면을 凹凸로 함	험프, 굴곡포장, 럼블스트립, 凹凸포장
		차도 좁힘	Choker
		포장에 변화를 줌	이미지험프, 이미지폴트, 컬러포장, 조합블록포장
		교통지도	도로사인, 점멸경고신호
	교차점	교통규제	일시정지규제, 신호
		사행시킴	미니로터리, 비정형교차점
		노면의 블록포장개량	교차점의 블록포장, 조합블록포장, 컬러포장
		주의환기	경계표시
통과 교통의 억제	도로구간 및 도로망	통행규제	대형차 통행금지, 보행전용도로규제(시간대)
		통과경로 우회, 차단	• 일방통행규제의 조합, 통행방향의 조합 • 교차점의 경사차단, 직진차단, 통행차단
		진입구턱	지구진입부의 억제(험프, Choker)
		통과시간의 증가	자동차의 각종 속도억제수법
주차대책	도로구간	교통규제	주차금지, 주정차금지노측대
		주·정차 가능공간 없앰	• 차도폭의 축소(보도확장) • 보도걸침 주차방지(단차, 안전책), 볼라드
		주·정차공간의 한정	노측교호주차방식
		주·정차관리	시간제한 주차구간규제(파킹미터, 파킹티켓)

자료 : 日本土木學会 編, 地区交通計劃, 国民科学社, 1992

는 방법, 고속으로 주행하는 운전자에게 속도에 대한 주의를 환기시키는 방법, 시각적으로 빨리 달리지 못하도록 하는 방법, 속도규제를 위한 표지 등이 있다.

- **사행** : Crank, Slalom, 부분식재, Fort, 미니로터리
- **쇼크효과** : Hump, 교차점 Hump, Rumble strip, 굴절포장
- **시각효과** : Chocker, Image Hump, Image Fort, Hump 포장, 컬러포장, 조합 블록포장, 교차점 포장개량, 감속스트립, 점멸경고신호, 생활도로 사인
- **교통규제** : 최고속도규제

(1) 사행(蛇行)

차량운행대(帶)의 모양에 따라 Crank와 Slalom으로 분류되며 대부분 Crank형을 채용하고 있고, 기본적으로 노상주차를 인정하는 유럽에서는 Crank 내에 주차구획을 엇갈리게 배치하는 경우가 많고 보차도가 분리되지 않은 도로에서는 식수대 등을 배치함으로써 사행시키는 사례가 많다. 또한 교차점 내에 교통섬을 만들어 직진으로 교차점을 통과하지 못하게 하여 속도를 억제하는 「미니로터리」가 있다.

(2) 쇼크효과

차도포장을 부분적으로 높여서 요철을 두거나 볼록하게 함으로써 고속주행을 할 경우 차체나 운전자에게 쇼크를 줄 수 있도록 하는 방법으로 대표적인 예는 Hump이며, 「횡단형 Hump」와 교차점 전체를 높이는 「교차로 Hump」가 있다.

Hump만큼 노면에 굴곡을 두어 적은 진동을 주는 방법으로 Rumble strip과 요철포장이 있는데, 두 가지 모두 엄밀하게 구분할 수 없지만 일반적으로 굴곡부분이 띠 모양으로 침목을 펼친 것을 럼블 스트립(Rumble strip)이라 한다.

(3) 시각효과

시각효과가 가장 큰 것은 Choker로서 차도의 일부 혹은 전체를 고의적으로 좁게 하여 속도를 내지 못하도록 하고 있는데, Chocker만큼 효과를 기대할 수 있을지 모르겠지만 시각적으로 속도를 억제하는 방법으로서 Image hump와 Image fort가 있다.

컬러포장, 조합블록포장은 곧바로 보행자전용도로인 것처럼 보이게 함으로써

신중한 운전을 유도하는 수법으로서 교차로 내에 설치하여 교차로의 진입속도를 억제하는 사례가 많다.

그 외에도 생활도로 사인은 간선도로로부터 입구부 등에 설치, 보행자나 거주자 우선지구(보행자우선도로)라는 곳을 운전자에게 알림으로써 시각적으로 주행속도를 억제하는 수법으로 활용되고 있다.

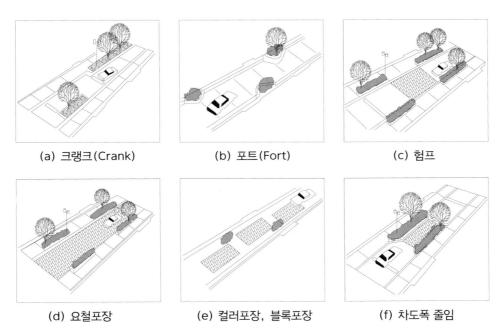

| (a) 크랭크(Crank) | (b) 포트(Fort) | (c) 험프 |

| (d) 요철포장 | (e) 컬러포장, 블록포장 | (f) 차도폭 줄임 |

그림 5.1 **도로구간에서의 주행속도 억제방법**

| (a) 성토포장 | (b) 조합블록포장 | (c) 로터리교차점 |

그림 5.2 **교차점에서의 주의주행을 위한 방법**

2. 통과교통을 억제시키기 위한 수법

용무가 없는 차량을 진입하지 못하게 함으로써 교통량을 억제하기 위한 수법으로는 다음과 같은 것이 있다.

- **지구진입부시설** : Hump, Image hump, Choker
- **차단** : 경사차단, 직진차단, 통행차단
- **시각효과** : 컬러포장, 조합컬러포장, 부분식재
- **방향지정규제** : 일방통행규제, 교차점 방향지정
- **통행규제** : 대형차 통행금지, 시간통행규제

(1) 지구진입부시설

주택지구의 진입부에 Hump를 설치함으로써 운전자들이 들어서면서 용무가 없는 자동차진입과 통과교통을 억제할 수 있는 것을 기대할 수 있다. Hump, Image hump, Choker 등이 있다.

유럽에서는 주거전용구역 등 주요진입로에 커다랗게 Gateway를 설치하여 구역경계를 명시하고 운전자에게 특정구역에 진입하였다는 것을 알리고 있다.

(2) 시각효과

보행자전용도로와 같이 보이게 함으로써 불필요한 자동차가 진입하는 것을 억제하는 방법으로서 컬러포장, 조합블록포장, 부분식재 등이 해당되며, 이들 수법을 서로 조합함으로써 억제효과를 한층 높일 수 있다고 본다.

(3) 차단

물리적으로 자동차의 통행을 규제하는 방법으로 다음과 같은 시설이 있다.

- **경사차단** : 교차점차도부를 대각선 모양으로 차단하고 직진할 수 없도록 함
- **통행차단** : 말하자면 Cul de sac처럼 통과교통을 억제할 수 있음
- **직진차단** : 교차점에 분리대를 만들어 직진할 수 없도록 하고 있음

(4) 교통규제

일방통행이나 교차점에서의 방향지정 등으로 통과교통을 배제할 수 있으며, 이 수법은 생활 존 규제로서 많이 활용되고 있는데 이렇게 함으로써 자동차통행이 가능한 도로가 T자형이나 U자형이 되기 때문에 TU 교통규제라고 불리는 경우도 있다.

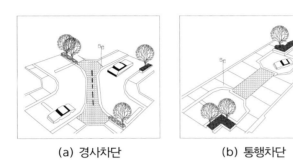

| (a) 경사차단 | (b) 통행차단 | (c) 직진차단 |

그림 5.3 **통과교통의 억제수법**

3. 노상주차대책

생활도로에 있어서 보행자 및 주거지 생활공간에 불법주차를 하지 못하도록 주차가능공간을 될 수 있으면 줄이고, 인근 주택을 방문하는 서비스용 차나 주민의 차가 피해를 받지 않도록 최대한 주정차공간을 한정하는 방법이 적용되고 있다.

- **주차공간을 없앰** : 차도 choker, 볼라드
- **주·정차공간을 한정** : 노상교호주차, 지정 노상주차공간
- **노상주차장의 이용촉진** : 노상주차장, 주차장 안내시스템
- **교통규제** : 주차금지, 정차금지

주변의 토지이용 등을 고려하여 주정차 수요가 거의 없는 곳에서는 주·정차공간을 없애고 장시간 무단주차를 배제할 수 있도록 차도의 폭원을 부분적으로 혹은 전 구간에 걸쳐 최소한도까지 좁게 함으로써 주정차공간을 없애는 「차도 choker」가 가장 일반적인 수법으로 생활도로에 이용되고 있다.

또한 주·정차 수요에 맞추어 최소한의 주·정차공간을 한정하는 방법으로 Crank공간 내 주차공간을 두는 것이 대표적이며 노상교호주차 Crank도 있다.

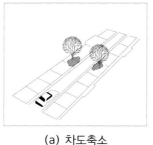 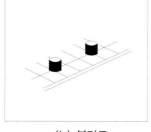 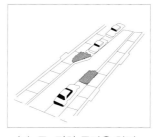

(a) 차도축소   (b) 볼라드   (c) 주·정차 공간을 한정

그림 5.4 **노상주차의 억제수법**

2 교통억제개념을 도입한 생활도로계획

1. 가로공간의 설계개념

(1) 가로공간의 구조타입

가로공간의 구조타입은 보차도 분리여부에 따라 「보차분리형」, 「노면공유형」으로 크게 나뉘고, 일반적인 지구교통의 컨트롤 수법으로 「소프트분리형」이 대체적으로 많이 도입되고 있다. 교통억제측면에서 보면 「보차분리형」, 「소프트분리형」, 「노면공유형」의 순으로 효과가 있지만, 차량통행보다는 보행자나 주민생활공간의 기능이 상대적으로 중시되고 있다. 3가지 구조 타입별로 특징을 살펴보면 다음과 같다.

① 보차분리형

단차를 두고 보·차를 완전히 분리하기 위해서는 충분한 보도폭원이 어느 정도 필요하다.

② 소프트분리형

보차도는 분리되어 있다고 하지만 자동차교통을 억제하기 위하여 다양한 형태의 규제방식이 도입되고 있는데, 면적(面的)인 교통억제로는 가장 다양한 용도로 이용되기도 하는 도로구조이다. 예를 들면, 노측 교호주차방식의 도로와 커뮤니티

도로가 이 범주에 속한다고 볼 수 있다.

③ 노면공유형

보차도가 분리되지 않은 채 보행자와 자동차가 노면공유형태의 도로로서 2가지 타입이 있으며 설계방침을 살펴보면 다음과 같다.

- (타입 A)는 기본적으로 주거단지 내에서 볼 수 있는 보도와 차도의 구분이 없는 도로이고, 원칙적으로 교통억제수법을 도입할 필요성은 없지만 경우에 따라 Fort나 Hump 등을 이용하여 속도억제를 하고 있다.
- (타입 B)는 본엘프 타입의 도로로서 보·차 공유됨과 동시에 주민의 생활공간으로서 놀이공간 및 가로환경공간을 만들 수 있고, 특히 도로에서 통행방향의 선적요소를 없애는 것과 같은 디자인이 중요하게 된다.

표 5.2 가로공간의 구조타입

구조타입	이미지 형태	설계의 요점
보차분리 타입		• 단차, 안전책, 식수대 등에 의한 보차분리 • 차도에서 횡단, 자전거통행 정도의 안전성을 확보함 • 자동차의 억제방법은 교차점부에 한정됨
소프트분리 타입		• 보행자공간을 만들고 있지만 자동차속도의 억제에 의해 차도의 횡단, 보행, 자동통행의 안전을 확보함 • 분리는 볼라드, 포장변화 등으로 단차를 줄이고 일체화함 • 보행공간에는 생활기능장치를 도입
노면공유 타입	A	• 보차분리를 하지 않음, 자동차억제수법이 필요한 경우에는 Fort, Hump 등으로 속도억제를 실시함
	B	• 보차분리를 하지 않음, 통행보다는 생활기능을 중시하고 입구부에 불필요한 자동차진입을 억제토록 함

자료 : 住区內街路硏究会, 人と車[おりあい]の道づくり- 住区內街路計劃考, 鹿島出版会, 1993

(2) 교통억제를 위한 가로공간의 설계방법

생활도로는 제1장에서 제시된 바와 같이, 상업지역에서는 상품의 반출입(조업구간)과 쇼핑객의 편익을 위한 도로이며 주거지역에서는 주민의 생활편익을 위주로 한 도로로서 산책로, 통학로, 통근로, 업무통행로, 대중교통시설로의 접근로 등이 해당된다. 즉, 보행자와 자전거교통량이 많은 도로로서 도로기능의 위계상 집산도로와 국지도로를 대상으로 한다.

여기서 가로공간의 설계는 각 구간별로 요구되는 기능, 즉 가로구조타입에 대응하여 구성할 수 있는데 크게 자동차계도로와 보행자계도로 및 생활계도로를 중심으로 살펴보기로 한다.

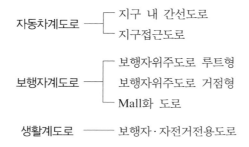

① 자동차계도로의 설계방침

자동차계도로를 구성하는 지구 내 간선도로와 지구접근도로는 일반적으로 보차도분리를 원칙으로 해야 한다. 그리고 지구 내 간선도로는 지구의 상징과 골격이되는 가로이기 때문에 상가 등을 위한 주정차공간이 필요하게 되고 버스의 접근을 위한 버스 베이(Bay) 및 버스 우선통행로의 공간이 확보되어야 한다.

실제로는 통과교통을 배제하는 것은 어렵고 폭이 넓은 보도를 만들고 가로수나 모뉴멘트를 설치하여 심볼성을 추구할 필요가 있다. 그리고 지구접근도로는 통과교통을 배제해야 할 필요가 있으며 이를 위해서 경우에 따라서는 소프트분리형의 도로구조를 도입하거나 루프형을 형성하는 등에 관한 연구가 필요하게 된다.

② 보행자계도로의 설계방침

보행자계도로 가운데 보행자 위주의 도로에서 루프형은 역이나 상점가를 연계하는 보행자동선에 대응해야 하고, 이를 위해서 자동차통행을 어느 정도 허용하지만 보행자를 우선하는 도로로 한다.

다시 말하면 주로 폭이 넓은 가로에서는 소프트분리형으로 하고 폭원이 좁은 경우에는 노면공유형(타입 A)의 교통억제수법을 적용하고 있다. 반면 보행자계 도로의 거점형은 보행자가 집중하는 학교, 공원 등 자동차통행을 필요한 곳에 적용하는 것으로 루프형과 거의 같은 형태의 설계방법이 이용되고 있다. 단지 보행자를 우선으로 하기 위하여 장소에 따라서는 광장과 같은 디자인도 필요하게 될 것이다.

보행 Mall 도로는 상점가를 연결하는 것과 같은 도로로서, 필요에 따라서는 여러 형태의 몰(Full mall, Semi mall, Transit mall)이 있으나 실제 자동차통행을 금지하는 경우라 할지라도 긴급차의 진입이나 대형차에 의한 상품반입 등을 고려하면서 소프트분리형이나 노면공유형의 타입 B와 같은 도로구조가 될 수 있다.

③ 생활계도로의 설계방침

보행자 위주의 가로로서 교통의 집산기능이 충족된다면 차량 및 보행교통이 극히 한정되는 것이 보통이며, 이 경우 교통억제수법을 실시하지 않더라도 현실적으로는 지구 내에서 보행자와 자동차가 노면을 공유할 수밖에 없다.

단지 보행자우선지구의 입구부에 있어서는 자동차진입을 방지하기 위한 Hump나 Choker 등으로 지구입구부에 억제수법을 도입할 필요가 있으며, 보다 적극적으로 도입할 경우 노면공유형 B를 적용하는 경우가 많다.

2. 커뮤니티도로의 설계

(1) 도입개념

이미 제2장 일본사례에서 살펴본 바와 같이 1980년 8월 일본 오사카시 아베노구 나카이케쵸(阿倍野區長池町)에 처음 도입된 보차공존도로는 커뮤니티도로라 불리고 있다. 연장 약 200 m, 폭원 10 m으로 그림 5.7에서 보여준 바와 같이 보차도를 분리하여 10 m 폭원 가운데 차도폭원은 최소한 3 m를 확보하고 일방통행으로 규제하였다.

그리고 양측 보도의 폭을 넓게 하거나 좁혀서 차도를 지그재그 형태로 설계하였는데 차도의 굴곡부에는 운전자의 주의를 환기시키고 노면표시를 설치하여 차량 주행속도를 저감시킬 수 있도록 하였다.

　　기존 지구 내 도로는 일반적으로 보행자, 자동차 등이 혼재되어 있는데 이를 해결하기 위해 폭원이 넓은 도로라면 보차도를 분리하여 보행자와 차량 상충을 최소화할 수 있지만 대부분 도로폭이 6~8 m로써 보차도를 분리하는 것은 곤란하고 보도를 설치한다 해도 충분한 폭원을 확보할 수가 없다.

(a) 정비 전

(b) 정비 후

그림 5.5 **커뮤니티도로의 정비 전후의 상황비교**

표 5.3 **지구 내 도로의 설계기준**

도로타입	도로단면 ( )은 최소치	배치도 – 기본개념도	피크시 교통량	최대 주택수	설계요소		
					R min	S max	$H_k H_w$ min
			대/시	호/구획	m	%	m
비거주형 주구 내 간선도로			1,400	2,000 3,000	75 (65)	6 (10)	1,000 400
거주형 주구 내 간선도로			600	1,000 1,500	85	6 (10)	850 400

(계속)

도로타입	도로단면 ( )은 최소치	배치도－기본개념도	피크시 교통량 대/시	최대 주택수 호/구획	R min m	S max %	$H_k H_w$ min m
					설계요소		
구획도로 타입 1			250	400 600	25 (12)	8 (12)	400 250
구획도로 타입 2			120	200 300	12	8 (12)	400 250
차량진입 가능 지구도로 타입 1			60	100	12	8 (12)	400 250
지구도로 타입 2			–	30	12	8 (12)	400 250
지구도로 타입 3			–	10	12	8 (12)	50 20

자료 : 天野光三 外, 步車共存道路の計劃·手法, 都市文化社, 1998(原著는 RAS-E)

따라서 보차공존도로 설계 시 최대과제는 어떻게 자동차의 주행속도를 저하시킬 것인가 하는 점인데, 대부분 차도를 지그재그 형태로 하거나 노면에 험프를 설치할 수 있지만, 최근 일반적으로 외국에서 속도를 줄이기 위해 도입된 것이 이러한 커뮤니티도로라고 할 수 있다.

(2) 설계기준작성을 위한 실험(일본의 사례분석)

실제지구 내 도로에서 차가 직선으로 주행하는 경우와 주차차량을 피해서 사행하는 경우에 대하여 주행속도를 조사한 일본의 분석사례를 소개하면 다음과 같다.

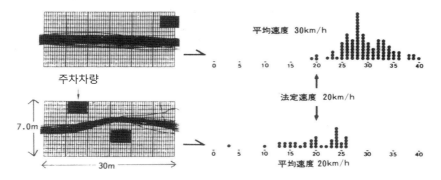

그림 5.6 자동차의 주행궤적과 평균주행속도

자료 : 天野光三外, 步車共存道路の計劃·手法, 都市文化社, 1998

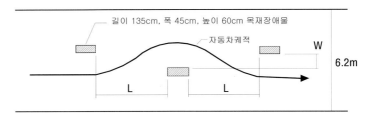

그림 5.7 보차공존도로의 기본설계 패턴

　실험결과에 의하면 주차차량이 존재하고 있더라도 거의 직선적으로 주행할 때 보다 핸들을 조작하여 사행할 수밖에 없는 경우 평균속도가 10 km/h 정도가 저하되는 것을 알 수 있다. 이를 토대로 보차공존도로의 구체적인 설계기준을 마련하기 위하여 기본 패턴에 따라 6종류의 설계안을 작성하고 조사·분석한 내용은 그림 5.8과 같다.

　실험에서는 5대의 승용차를 이용하여 각 설계안별로 2회식 주행하여 20개의 샘플 데이터를 구하였으며, 상기의 각 설계안과 유동상황과의 조합별로 자동차 주행속도의 평균치 V를 표시하면 표 5.4와 같다. W가 적은 차도의 굴절이 강한 설계안(5, 6)이 굴절이 적은 설계안(1~4)보다 전반적으로 주행속도가 저감되고 속도억제효과가 큰 점을 알 수 있다.

표 5.4 **실험설계**

설계안 번호	1	2	3	4	5	6
장애물 간격 W(m)	2.0	2.0	2.0	2.0	1.0	1.0
직선부 길이 Lo(m)	15.0	.5	1.0	1.0	1.0	15.0
백선상의 원주의 유무	무	유	유	무	무	유

설계안 1

주차차량이 있고 자전거와 자동차가 교행하는 경우

설계안 6

2명이 나란히 지나는 보행자와 자동차가 통행할 경우

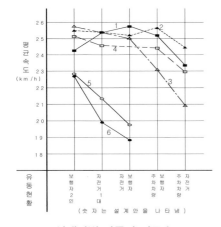

그림 5.8 **설계안별 자동차 평균속도**

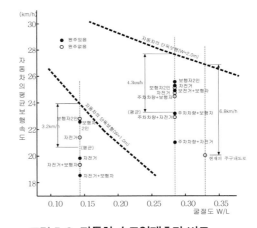

그림 5.9 **자동차 속도억제효과 비교**

특히 자전거통행량이 많고 보차도를 구분하고 있는 경우에는 자동차를 피할 수 있도록 차도폭원에 약간의 여유를 주고 보도에 여유공간을 두는 것이 좋은 것으로 나타났다. 더욱이 직선부의 길이 L_o를 길게 하면 자동차는 보행자가 노측으로 통행하게 되고 자동차는 속도를 내어 주행하는 경향이 있기 때문에 가능하면 적게 하는 것이 바람직한 것으로 분석되었다.

(3) 시케인 설치효과에 대한 분석

차의 주행속도를 저감시키는 구조로서 커뮤니티도로 상에 물리적 시설로 많이 활용되고 있는 시케인은 그림 5.10과 같이 형태에 따라 Crank형과 Slalom형이 있다.

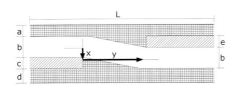

그림 5.10 Crank형과 Slalom형 시케인

조사의 개요
- 조사장소 : 수원시 남문 이면도로
- 도로상황 : 폭원 8 m, 연장 12 0m
  (일방통행)
- 조사방법 : 속도측정기 및 비디오 촬영
  등에 의한 속도측정

위치도

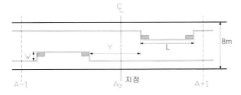

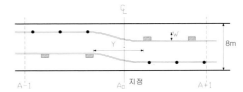

그림 5.11 시케인의 조사형태

표준 시케인의 경우 주행궤적이 차도 내에서 효과가 있는지 없는지 쉽게 검토할 수 있으며, 이미 일본을 비롯한 독일, 네덜란드 등 외국에서는 실험치와 경험치 등을 위해 설계지침 등을 마련하고 있다. 국내에서는 아직 구체적인 실험조사의 사례가 없으므로 이 매뉴얼 작성에 즈음하여 수원시 남문 이면도로를 대상으로 조사를 실시한 후, 그의 효과를 분석한 결과는 다음과 같다.

표 5.5 **조사형태별 설치사양**

조사시간	구분	번호	설치사양		
			W	L	Y
08 : 00∼08 : 40	Crank	C – 1	2.0	4.0	5.0
08 : 50∼09 : 10		C – 2	2.5	5.0	5.0
09 : 20∼09 : 40		C – 3	2.0	4.0	7.0
10 : 30∼10 : 50		C – 4	2.5	5.0	7.0
11 : 00∼11 : 20		C – 5	3.0	5.0	7.0
11 : 30∼11 : 50	Slalom	S – 1	2.0	–	5.0
12 : 00∼12 : 20		S – 2	2.5	–	5.0
12 : 30∼12 : 50		S – 3	2.0	–	7.0
13 : 00∼13 : 20		S – 4	2.5	–	7.0

그림 5.12 **조사모습**

분석결과 시케인 설치 전에 각 구간별 평균통행속도는 입구부에서 약 30 km/h를 보이고 있지만 점차 출구 측에 인접할수록 속도가 떨어져 20 km/h까지 이르게 된다.

- **Crank형 시케인** : C – 1∼C – 5 유형별 조사지점의 속도를 측정한 결과 그림 5.11과 같이 Ao 지점에서 최고 12 km/h까지 속도가 저감되고 A – 1과 A+1 지점을 기준으로 보면 W=2.5 m 이상 L=5.0일 때에는 10 km/h 내외의 속도저감 효과가 있는 것으로 나타났다.
- **Slalom형 시케인** : 전반적으로 Clank형보다 주행속도가 비교적 일정하므로 각 지점별로 평균 10 km/h 속도저감효과가 있었다. 특히 S – 4형(W=2.5 m,

$Y=7.0$ m)의 경우 입구에서는 5 km/h 정도 차이가 있지만 점차 Ao에 접근할수록 13 km/h 내외로 속도가 저감되는 것으로 나타났다.

한편 시케인 조사 유효 샘플 차량수는 총 230여 대였으나 향후 지역별로 다양한 교통여건과 보행량 등을 고려하여 커뮤니티도로의 설치유형이 결정되어야 하지만 상기의 시케인 조사결과 약 10~15 km/h의 속도저감을 위해 유효한 설치유형으로는 $W=2.5$ m, $L=5.0$ m, $Y=7.0$ m가 가장 바람직한 것으로 조사·분석되었다(정병두, 오승훈, 2000).

(4) 커뮤니티도로의 설계

커뮤니티도로는 당초 주택지에서 보행자통행을 우선해야 하는 보행자계도로로서 자리를 차지해 왔지만, 실제 통과교통을 배제한다고 해도 어느 정도의 차량통행을 처리해야 하는 필요성이 많다. 따라서 양측에 보도를 엇갈리게 배치하면서속도저감을 위한 여러 제약조건을 감안한 보차도분리형으로는 폭원 8 m 도로의설계형태를 제시할 수 있다.

여기서 $W=1$m, $L=8\sim9$ m, $W/L=0.12$ 정도를 표준으로 하였으나 실제 교통실태조사의 결과에 따르면 보도의 폭원은 적어도 약 1.7 m 정도가 필요하고, 차

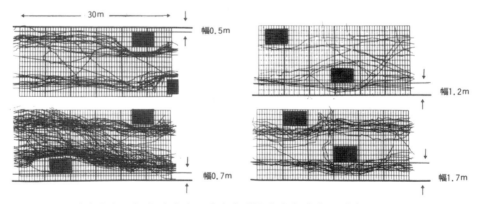

그림 5.13 **주차차량과 노측의 간격이 보행자의 행동궤적에 미치는 영향**

주 : 보행자가 주차차량을 피해서 통행하는 모양을 나타냄. 여기서 주차차량과 노측 간 0.7 m 이하의 경우에는 모두 중앙으로, 1.2 m의 경우에는 중앙보다는 노측으로, 1.7 m의 경우에는 노측으로 통행하는 경향이 뚜렷함을 알 수 있음. 이 결과로부터 보도폭원은 적어도 1.7 m 정도가 필요할 것으로 보임

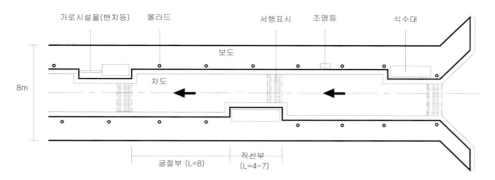

그림 5.14 **폭원 8 m의 커뮤니티도로의 기본설계의 예**

도폭원을 최소한 3 m로 하더라도 아주 좁은 도로에서는 차도를 충분히 굴절시키는 것이 곤란하다. 특히 이를 위해서는 차도와 보행자가 노면을 공유타입에 비해 다소 넓은 도로폭원이 필요한 점을 유념할 필요가 있다.

이를 토대로 폭원 8 m 커뮤니티도로의 기본설계안을 제시하면 그림 5.14와 같다.

3 시민참여와 사회실험

1. 시민참여방안

지구교통대책 입안단계의 시민참여는 광범위한 합의 형성을 도모해 가는 것이 중요하다. 조직체제로서는 위원회, 협의회, 간담회 등이 있으나 워크숍 형식에 의해 참가자 상호의견을 서로 주고받는 방안이 가장 바람직하다.

대책입안 시에는 각종 수법을 이용할 수 있으며, 안내부스의 설치나 선진사례시찰, 견학회 등도 필요에 따라서 선택할 수 있다.

(1) 대책입안단계에서 필요한 시민참여방안

대책입안단계에서 필요한 대표적인 시민참여방안은 아래와 같다.

표 5.6 **대책입안단계에서 필요한 대표적인 시민 커뮤니케이션 방안**

시민참여방안	개요	계획안 작성	계획안 평가
위원회, 협의회, 간담회 등 (회의나 워크숍 형식)	시민, 도로관리자, 경찰, 관계기관, 전문가, 컨설턴트 등 지속적으로 회의나 워크숍 형식으로 다양한 의견을 상호 간 주고받음	○	○
계획설명수법 (교통시뮬레이션, CG, 모형 등)	계획안 내용이나 효과를 구체적으로 이미지화하여 알기 쉽게 설명(교통 시뮬레이션, CG, 모형 등), 참가자의 이해를 촉진함	○	
견학회 (선진사례시찰)	정부담당자와 시민대표자가 함께 선진사례 등을 시찰하여, 대책입안을 검토 이미지를 공유할 수 있음	○	
사회실험	새로운 교통규제나 물리적 디바이스 도입의 유용성을 검증, 평가를 위해 일정기간 실험적으로 실시함		○
안내부스	현지에 계획안과 효과 등을 게시한 부스를 설치하여 시민 이해와 정부와 교류촉진	○	○
설문조사 공공의견수렴	계획안의 내용에 대해 시민에의 설문조사나 공공의견수렴을 통해 평가함	○	○
광고, 설명 (뉴스, 홈페이지 등)	검토 프로세스의 정보제공, 시민에의 참가기회의 촉진, 계획안에 대한 의견모집	○	○

자료 : 정병두, 권영인 외, 지구교통계획 매뉴얼－생활도로의 존 대책, 계명대학교출판부, 2013.

(2) 대책입안단계에서 시민참여방안(계획안의 작성)

① 계획설명수법(시뮬레이션, CG, 모형)

정비내용을 지형도에 표시하는 계획도면의 작성이 계획안의 설명수법으로 가장 일반적이다. 그 외 대책입안의 내용이나 효과를 구체적으로 이미지화할 수 있는 설명수법으로서 교통 시뮬레이션, CG(합성사진, 가상현실), 모형 등을 이용하는 것이 가능하다.

특히 교통시뮬레이션을 활용함으로써 일방통행규제나 험프와 같은 물리적 디바이스에 의한 지구 내외 교통량이나 정체상황에 미치는 영향을 파악하는 것이 가능하며, 이와 같은 설명수법을 이용함으로써 계획안에 대한 시민의 이해도가 증진될 뿐만 아니라 대체안이나 개선, 평가에 관한 논의와 활성화를 기대할 수 있다.

그림 5.15 **CG(포토몽타쥬) 사례**

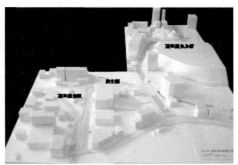

그림 5.16 **가로구역모형**

② 견학회(선진사례시찰 등)

계획안의 입안 전에 존 대책을 실제로 체험하고 구체적인 대책안의 정보수집을 위해 도로관리자나 경찰, 시민이 함께 선진사례를 견학할 수 있다. 견학참가자는 현지의 물리적 디바이스의 설치상황 등을 실제로 확인함으로써 현실적인 계획을 세울 수 있다. 단, 견학목적에 적합한 견학지의 선정이 중요하다.

그림 5.17 **계획검토에 앞서 견학회**
(나가노현 나가노시 미와오기마치 지구)

그림 5.18 **위험인지지점의 상황**
(치바현 후나바시시 나라시노다이, 라쿠엔다이)

③ 안내부스

안내부스란 주로 사회실험 시나 계획검토 시, 정부와 시민의 교류장소를 현지에 설치하는 것으로서 현지에서의 가벼운 의견교환을 실시할 수 있다. 대화를 통해 의식적인 교류를 도모하고 시민에 대한 이해촉진이나 오해의 해소를 기대할 수 있다. 더욱이 지금까지의 계획안에 대한 검토에 참가할 수 없었던 시민이나 관심을

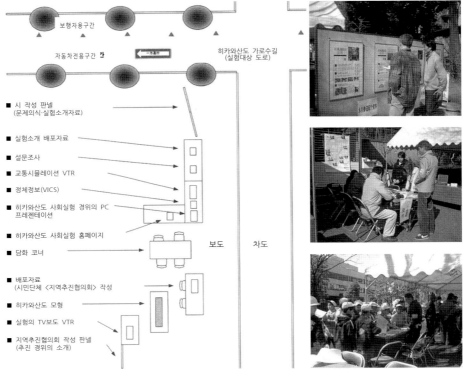

그림 5. 19 **안내부스의 설치사례**

가지고 있지 않던 시민들로 하여금 가볍게 들를 수 있는 장소를 제공함으로써 계획단계부터 광범위한 정보제공을 도모할 수 있는 방안으로서 유용하다.

2. 사회실험

사회실험이란 새로운 교통규제나 물리적 디바이스의 도입에 의해 큰 영향을 미칠 가능성이 높은 지구를 대상으로, 장소나 기간을 한정하여 사전에 대책을 시행·평가하는 방안이다. 일본에서는 시민, 도로관리자, 경찰 등이 대책도입의 유효성을 사회실험에 의해 사전에 검증·평가하는 것이 일반화되어 있다. 따라서 최근 발간된 일본의 지구교통계획 매뉴얼 – 생활도로의 존 대책(2013)에서 제시된 사회실험의 유형, 사회실험사례 등에 대하여 소개하고자 한다.

(1) 사회실험의 목적

사회실험이란 새로운 시책의 전개나 원활한 사업집행을 위해 사회적으로 큰 영향을 줄 가능성이 있는 시책의 도입에 앞서, 장소나 기간을 한정하여 시책을 시행해보고 평가하는 일이다. 지구가 안고 있는 과제의 해결을 위해 관계자나 시민이 시책을 도입해야 할지 아닐지에 대한 판단 자료를 사전에 얻을 수 있음과 동시에, 계획 프로세스 안에 피드백 절차를 적극적으로 도입하는 방안이다.

사회실험에서는 보행자, 자전거 우선, 물리적 디바이스의 통행체험, 대형차량 통행검증, 관광지의 교통원활화, 자전거 이용환경의 향상 등 지구과제를 해결하기 위한 테마에 대해 검증하는 것이 필요하지만 주된 목적은 아래와 같다.

- 새로운 교통규제나 물리적 디바이스의 도입의 유효성을 평가·검증
- 시민이나 관계자의 계획안에 대한 인지·이해촉진
- 관계자로부터의 의견, 평가결과의 피드백
- 보다 많은 사람 간의 원활한 합의형성(불특정 다수 시민의 참가)

존 대책 계획 시에는 험프 등의 물리적 디바이스 설치나 일방통행과 같은 교통규제, 지구 전체나 가로부에 큰 영향을 미치는 구조를 도입하는 경우가 많으므로 사회실험에 의해 불특정 다수의 시민을 참가시킴으로써 계획내용을 평가·검증하는 것이 중요하다.

(2) 사회실험유형

① 단기간실시 유형

수 시간부터 며칠에 걸쳐 이벤트성으로 사회실험을 실시한다. 이 유형의 경우 간편한 현장시공에 의해 계획내용을 가설적으로 재현하게 된다. 이 유형은 대상지구 내외에의 영향을 최소화하며 신속하게 설치·철거할 수 있는 것이 특징이며 참가자의 현지체험이나 계획안의 검증을 실시하는 경우에 적절하다.

실험내용은 다음과 같은 검증을 실시하는 경우가 많다.

- 소방차나 버스 등 통행이 예상되는 대형차의 통행검증
- 휠체어나 자전거에 의한 통행검증
- 실험차량에 탑승하여 험프나 초크 등의 물리적 디바이스의 통행체험 등

차도폭 좁힘 설치장소　● 차도폭 좁힘 설치지점　■ 차도폭원 3 m 지점　➡ 자동차 주행속도 측정지점

그림 5.20　**초크 설치의 사회실험(도쿄도 분쿄구 센다기 지구)**

② 장기간실시 유형

　1개월부터 수 개월의 장기간에 걸쳐 사회실험을 실시하는 유형이다. 이 유형으로 설치하는 물리적 디바이스는 본격시공에 가까운 형태로 설치하는 것과 동시에 일반차량이 여느 때와 같이 통행할 수 있는 환경에서 사회실험을 실시하기 때문

그림 5.21　**일방통행화의 사회실험**　　그림 5.22　**험프 설치의 사회실험**

에 실제 설치 시와 거의 유사한 상태를 재현하게 된다. 실험이 장기간에 걸쳐 이루어지므로 보다 많은 시민이 일상생활 속에서 확인하거나 체험하거나 할 수 있어 효과의 지속성도 검증할 수 있는 이점이 있다.

그림 5.21은 양방통행구간을 일방통행화하여 보행자공간을 확보한 사회실험이고, 그림 5.22는 3개월간 험프를 지속적으로 설치하여 효과의 지속성이나 연도의 영향을 검증하는 사회실험을 보여주고 있다.

(3) 사회실험의 순서

사회실험의 실시순서는 지구과제의 명확화, 실험테마의 설정을 통한 기획입안, 실시체제, 도로관리자나 경찰과의 조정, 시민과의 합의형성을 바탕으로 한 계획의 책정, 실험의 실시, 결과의 평가공표의 순으로 이루어진다. 실험결과에 따라 본격도입, 실험지속, 도입취소여부 등을 결정하기 위해 적절한 피드백을 실시하고 계획안의 내용을 검증/변경하며 진행시켜 나가는 것이 필요하다.

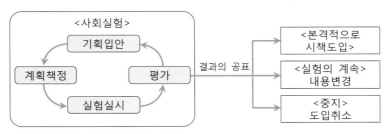

그림 5.23 **사회실험의 순서**

(4) 실험에 수반되는 교통규제

사회실험과 관계있는 교통규제 대응은 다음 3가지가 있다.

표 5.7 **사회실험과 관계되는 교통규제**

경찰서장 규제	도로교통법 5조에 의해 적용기간이 1개월을 초과하지 않을 경우 경찰서장은 교통규제를 실시하는 것이 가능하며 단기간의 실험을 시행하는 경우에 대응이 가능하다. 단, 대상이 되는 규제는 아래 13가지 종류에 해당한다. ■ 경찰서장 규제의 대상 • 통행금지　　　• 일시정지

(계속)

경찰서장 규제	• 보행자용도로 • 횡단금지(보행자) • 최고속도 • 고령운전자 등 표식자동차의 정차가능 혹은 주차가능 • 횡단 등의 금지(차량) • 추월금지 • 서행	• 주정차금지 • 주차금지 • 주정차 혹은 주차가능 • 정차 혹은 주차방법의 지정
공안위원회 규제	기간을 미리 한정하여 공안위원회의 규제 그대로를 사회실험에 따라 실시/변경하는 것으로서, 경찰서장 규제의 대상 중 기간이 1개월을 초과하지 않거나 경찰서장 규제에 해당하지 않는 것을 대상으로 한다.	
새로운 교통규제를 실시하지 않음	물리적 디바이스를 본격시공과 같은 수준의 구조로 설치한 사회실험의 경우, 시공에 걸리는 일시적인 시간을 제외하고 새로운 교통규제를 실시하지 않는 경우도 있다. 이 경우는 단기, 장기 중 어느 쪽 유형도 해당될 수 있다. 단, 도로교통법에 근거한 도로사용허가나 경찰협의가 필요한 경우가 있다.	

(5) 유의사항

사회실험실시 시 유의사항은 아래와 같다.

• 광고나 간판 등에 의한 시민, 도로 이용자에의 PR(사전과 실시시의 주지)
• 관계기관과의 조정과 연계(도로관리자/경찰과 조정연계, 자치회/상점가와의 협력)
• 실험결과의 피드백(계획의 검증이나 재검토)

참고로 국토교통성 국토기술정책 종합연구소에서 사회실험에 필요한 가설 험프 등 시설을 대여해 주고 있으며, 사회실험 응모방법, 실시상황 등 자세한 내용은 국토교통성 홈페이지(www.mlit.go.jp)를 참조하기 바란다.

(6) 사회실험사례 : 험프, 초크 설치의 사회실험

분쿄구 하쿠산 센고쿠 지구에는 정비계획책정 시 사회실험에 의해 험프, 초크와 같은 물리적 디바이스를 가설하여 속도, 교통량의 계측, 길가 주민을 대상으로 한 설문조사를 실시하여 그 효과에 대한 검증을 실시하였다.

사회실험결과 주행속도에 있어서는 1) 험프는 통과 전후로 평균 5~9 km/h의 감속효과가 있었다. 또한 후기실험에서는 험프를 연속설치함으로써 개별설치 시

보다 속도억제효과를 확인할 수 있었다. 2) 초크는 통과 전후로 평균 1∼4 km/h 감속의 효과가 있었다. 험프 정도의 속도억제 효과는 없었지만 상호통행노선에 대해 양보효과를 확인할 수 있었다.

가설 초크

가설 험프

사회실험 위치도

그림 5.24 **험프, 초크 설치의 사회실험**

지구교통과
교통규제

The Site Transportation and Transportation Regulations

06 지구교통과 교통규제

The Site Transportation and Transportation Regulations

1. 수법의 종류와 용도

생활도로의 존에 있어서 교통규제는 구역을 대상으로 하는 것은 최고속도 30 km/h 의 구역규제가 있다. 그 외에 일반적으로 도로구간(노선별)에 적용되는 주차금지나 대형차 등 통행금지에 대해서도 필요에 따라서 구역을 대상으로 규제하는 것을 고려할 수 있다.

도로구간을 대상으로 하는 것은 보행자용 도로나 일방통행 등이 있으며, 복수의 대책과 조합함으로서 통과교통을 효과적으로 배제할 수 있다. 교차로를 대상으로 하는 것은 일시정지나 교차로 십자마크 등 안전한 교차로통행을 확보하는 것과 교통의 흐름을 제어하여 통과교통을 억제하는 지정방향 외 진행금지가 있다.

표 6.1 **소프트적 수법의 종류(교통규제)**

대상	수법	개요
구역	최고속도 30 km/h 구역규제	특정구역에 있어서 차의 주행속도를 제한함으로써, 교통사고를 억제하고 교통안전을 확보함. 규제표지는 구역의 입구·출구에 설치함
	주차금지	노상주차를 금지하고 교통의 안전과 원활을 도모함
	대형차 등 통행금지	연도환경보전을 위해서 특정노선 혹은 특정구역에 대하여 일정 기준 이상의 대형차(특히 화물차)의 통행을 금지함. 규제대상이 되는 차량이 출입하는 시설 등의 상황을 근거로 실시함

(계속)

대상	수법	개요
도로구간	보행자용도로	차량통행을 금지하고 보행자통행의 안전을 확보함. 통과교통뿐만 아니라, 주민 등의 차량도 규제대상이 되기 때문에 영향범위 전체의 합의가 필요함
	일방통행	자동차통행의 안전과 원활화를 도모하기 위해서 차량의 진행방향을 지정함. 우회로가 근처에 있는 것을 전제로 함
	주차가능	주차금지 장소 또는 도로좌측단 이외의 장소에 주차할 수 있는 장소를 지정하고 교통안전과 원활을 도모함. 필요성을 충분히 검토해 지정함
	시간제한 주차구역	노외주차장이 정비되어 있지 않은 장소에서 단시간 제한주차구간을 유도하여 교통안전과 원활의 확보를 도모할 뿐 아니라, 주차질서를 확립함. 도로기능에 과다한 영향을 미칠 수 있으므로, 실시에 대해서는 신중하게 대응함
	가로 가장자리 구역의 설치·확폭	가로 가장자리구역을 설치·확폭함으로써 보행자안전을 확보하는 것과 동시에 차도폭이 5.5 m 미만인 경우, 차도중앙선을 제거해 차량의 속도억제를 도모함
	횡단보도	보행자의 횡단장소를 지정하는 것과 동시에 차량에 대해서 보행자가 횡단하는 장소인 것을 알려 횡단보행자 안전을 확보함
교차로	지정방향 외 통행금지	교차로에서 지정한 방향 이외의 진행을 금지하고 교통안전과 원활을 도모함. 일방통행의 역행이나 통행금지의 진입을 막는 것을 목적으로 실시하는 경우도 있음
	일시정지	교차로에서 일시정지해야 할 장소를 지정해 안전확인을 환기시키고 사고감소를 도모함

(a) 감속마크

(b) 통학로(문자표시)

(계속)

(c) 교차로의 컬러포장과 교차로마크   (d) 노면마킹

그림 6.1 **법정 외 표시**

표 6.2 **소프트적 수법의 종류(법정 외 표시)**

대상	수법	개요
도로구간	감속마크	감속이 필요한 구간(급커브, 급내리막, 연속커브, 추돌사고 다발구간 등)의 앞 및 그 필요구간에 연속적인 마크를 표시함. 차량속도를 억제해 교통사고억제를 도모함
	통학로 (문자표시)	차도에 통학로인 것을 문자로 표시함으로써, 차량에 주의주행을 환기시키고 특히 아동에 대한 교통사고의 감소를 도모함
	컬러포장	도로구간과 교차로의 양쪽에서 사용됨. 컬러포장은 생활도로에서는 교차로, 내리막길, 커브, 가로 가장자리구역 등에 설치하고, 보행자, 자전거이용자 등의 안전을 확보하여 정온한 교통환경의 보전을 도모함
교차로	점선라인 (유도선)	원칙적으로 신호기가 없는 교차로 등에서 차도 외측선 등을 교차로 내에 파선으로 연장해서 자동차의 통행부분을 명시하는 경우에 설치함
	교차로 십자마크	중앙선이 없는 도로가 교차하는 +자 형태·T형 교차로에서 도로의 교차가 도로의 상황에 의해 불명확한 경우에 마주보면서 충돌하는 사고를 방지하기 위해서 설치함

(2) 수법의 적용개념

존이나 도로구간별로 교통규제 등의 적용에 있어서는 표 6.3에 나타낸 바와 같이 대로 존이나 도로구간마다 달성해야 할 정비 콘셉트와 도로기능을 감안하여 적절한 수법을 선정한다. 용도와 도로기능에서 교통규제 등 적용의 기본적인 개념은 표 6.4와 같다.

표 6.3 교통규제 등(소프트적 수법)과 용도 및 도로기능(타입)의 관계

분류		용도				도로기능			비고
대상	수법	교통량억제	속도억제	노상주차대책	보행환경개선	타입 I	타입 II	타입 III	
구역	최고속도 30 km/h 규제	●	◎	–	●				원칙 존 전역 출입구에 구역표식을 설치
	주차금지	–	–	◎	●				연도상황 및 도로폭원 감안
	대형차 통행금지	◎	–	–	●				
도로구간	보행자도로	◎	–	●	◎	×	△	△	
	일방통행	◎	–	–	–	△	△	△	속도상승에 배려함
	주차가능(시간제한구간규제 등)	–	–	◎	–	△	△	×	연도상황 및 도로폭원 감안
	가로 가장자리 구역설치·확폭	–	●	●	◎	△	○	△	
	감속마크	–	◎	–	●	○	○	△	법정 외 표시
	통학로 (문자표시)	–	◎	–	●	×	△	△	위와 같음
	횡단보도	–	–	–	◎	○	△	△	
	컬러포장	–	◎	●	◎	○	○	○	법정 외 표시
교차로	지정방향 외 통행금지	◎	–	–	–	△	△	△	어떤 교차로의 상황에도 대응하여 적용함
	일시정지	–	◎	–	●	△	△	△	
	점선라인	–	◎	–	–	△	△	×	법정 외 표시
	교차로 십자마크	–	◎	–	●	×	△	△	위와 같음

※ 용도에 대한 효과 : ◎ 직접적인 효과 있음, ● 간접적인 효과 있음, – 효과 없음
※ 도로기능에 대한 적용 : ○ 적극적으로 적용함, △ 상황에 따라 적용, × 거의 적용 안함

06

표 6.4 **교통규제의 용도 및 도로기능(타입)의 관계**

	용도			
	교통량의 억제	속도의 억제	노상주차대책	보행환경의 개선
타입 I	• 원칙적으로 대형차 등 통행금지로 함 (다만, 노선버스는 제외함)	• 중앙선제거 등에 의해 차도폭을 좁혀 도로 가장자리 구역을 설치 혹은 확폭함	• 노상주차가 많고 일반차량의 통행저해 요인이 되는 도로에서 주차금지로 함 • 근린상가 등 단시간의 노상주차가 많은 도로에서는 시간제한 주차구간을 도입함	• 보행자의 안전을 확보하기 위해서 가로 가장자리 구역을 설치하거나 확폭함 • 횡단보행자의 안전성을 확보하기 위해서 횡단보도를 설치함
타입 II	• 대형차 등 통행금지 • 보행자만을 통행시키는 경우에 있어서 시간대 등을 정해서 보행자용도로로 함 • 일방통행, 지정방향 외 진행금지를 종합통과교통이 어려운 도로망체계로 함	• 타입 I과 교차로에서 일시정지를 도입함 • 타입 II 혹은 III과의 교차로에서 주의주행을 환기하기 위해서 교차로 십자마크를 설치함	• 노상주차가 많은 도로에서는 노외주차 공간과 균형을 맞추고 필요에 따라서 주차금지로 함	• 차 진입이나 노상주차를 억제, 보행자 안전을 확보하기 위해서 가로 가장자리 구역을 설치, 컬러 포장을 실시함 • 아동안전성을 확보하기 위해서 통학로(문자 표시)를 설치함
타입 III	• 대형차 등 통행금지 • 자동차 샛길이 될 것 같은 도로에서 보행자만을 통행시키는 경우에 있어서 시간대 등을 정해서 보행자용도로로 함	• 타입 I과 교차로에서 일시정지를 도입함 • 타입 II 혹은 III과의 교차로에 있어서 주의주행을 환기하기 위해서 교차로 크로스마크를 설치함	• 노상주차가 많은 도로에서는 노외주차 공간과 균형을 맞추고 필요에 따라서 주차금지로 함	

타입 I : 존 내의 발생·집중교통을 외주(外周)도로로 유도하는 존의 골격도로
타입 II : 존 내 통행이 타입 I로 연계되며 각 주거지에 대한 서비스 기능을 갖는 도로
타입 III : 각 주거지에 대한 마지막 서비스 기능을 갖지만, 이용차량은 한정되어 주로 보행자가 이용하는 도로

(3) 존 입구에 있어서 소프트적 수법의 적용

존 입구에 있어서의 소프트적 수법의 적용은 외주의 간선도로로부터의 통과교통을 억제하기 위해서 중요하다. 존 입구에서는 최고속도 30 km/h의 구역규제가 지정되어 있는 경우, 표식「구역 여기부터」,「구역 여기까지」를 설치한다. 도로이

그림 6.2 **존 경계의 표식**

용자의 인식을 높이기 위해서 표식에 존 대책을 실시하고 있는 지구명을 나타내는 간판을 붙이는 것이 바람직하다.

외곽의 간선도로로부터 존에의 유입을 억제하기 위하여 존 입구부의 도로구간에 대형차 등 통행금지를 표시하여 존 내 위험한 대형차 등의 통행을 억제할 수 있다.

존 입구부의 도로구간에 존 내로부터 외주도로에 일방통행이 지정되어 있으면 존으로 차량유입을 억제할 수 있다. 반대로 외주도로 측에 우회전금지나 좌회전금지가 지정되어 있으면 존으로 좌우회전에 의한 차량유입을 억제할 수 있다.

2 교통규제 등(소프트적 수법)

교통규제에 대하여 다음과 같은 수법에 대해 기술한다.

• 최고속도 30 km/h의 구역규제
• 대형차 등 통행금지
• 보행자용도로
• 일방통행
• 주차금지와 주차가능

- 가로 가장자리구역의 설치·확폭
- 일시정지규제와 노면표시

1. 최고속도 30 km/h의 구역규제

(1) 목적

네트워크 형태로서 면적으로 확대되고 있는 복수의 도로에 대해서 최고속도 30 km/h를 지정하는 것으로, 표지는 이하에 나타내는 목적으로 구역(존)의 입·출구에 설치한다.

- 도시에 있어서의 특정의 구역(존)에 있고, 자동차에 의한 생활환경에의 영향을 완화해 그 개선을 목표로 하기 위한 종합적인 교통관리를 실시하고 있는 것을 명시한다.
- 자동차의 주행속도를 제한하는 것으로서 교통사고의 발생을 억제하고, 또 교통사고에 의한 피해를 중요시하고, 자동차교통이 교통약자에게 주는 위협을 경감시켜 교통의 안전을 확보한다.
- 차의 주행속도를 적정화, 균일화하는 것으로 자동차교통이 현지주민에게 주는 소음, 배기가스라고 하는 환경부하를 경감하고, 거기에 어울린 다양한 도로의 이용형태, 가로경관을 창출한다.

(2) 구역규제의 개념

구역규제는 특정의 구역(존) 내의 복수의 생활도로에 대해서 구역(존) 내의 속도를 원칙 30 km/h로 지정(규제)하는 것이다. 구역규제는 구역의 경계부에 구역규제표지를 설치해서 규제기점과 종점을 나타내어 실시한다. 이하에 일본 경찰청에 의한 구역규제에 관한 교통규제기준을 제시하였다.

- 생활도로에 있어서 속도규제에 대해서는 보행자·차량의 통행실태나 교통사고의 발생 상황을 감안하여 주민, 지자체, 도로관리자의 의견을 근거로 하고 속도를 억제해야 할 도로를 선정하고, 이러한 도로에 있어서 최고속도는 30 km/h를 원칙으로 한다.
- 생활도로가 집적하여 존재하는 경우는 구역을 지정하여 규제를 검토한다.

(계속)

- 생활도로에 있어서 구역의 존 경계부에 구역규제표지(구역규제표지)를 좌측의 측구에 설치한다.
- 입구부를 알리기 위해서 존 입구의 우측의 측구에도 아울러 설치할 수 있다.

(3) 실시요건

구역규제표지는 구역(존)의 경계부분인 도로의 입구, 출구부분에 표지를 설치한다. 표지를 어디에 설치할 것인지 위치 등을 연구하고 구역(존)의 입구(게이트 형태)를 강조하는 것으로서, 차의 운전자 이외의 도로이용자에게도 구역(존)을 인식할 수 있도록 한다. 구역(존)을 보다 명확히 하기 위해서는 존 내의 도로 디자인을 외곽도로 디자인과 다르게 하는 것이 바람직하다.

독일에서는 30 km/h의 최고속도규제가 일반적으로 도입되어 있는데 이는 템포30이라고 하는 교통안전운동을 배경으로 하고 있으며, 이유는 28 km/h로 주행하다가 갑자기 급제동을 걸어도 10 m 이내에서 정지할 수 있다고 하는 실험연구결과 때문이다.

그 외 네덜란드 Zone30, 영국 20mph Zone 등이 있으며, 존 출입구에 설치하는 표식은 커뮤니티 존 내부라는 점을 운전자에게 인식시키기 위하여 지구의 명칭이나 심벌마크를 함께 기입하고 있다.

표 6.5 **유럽의 속도교통규제**

구분	내용
독일 Tempo 30	• Tempo30이라는 교통안전운동을 도입하여 1982년부터 도로교통법에서 정하는 바에 따라 운영하고 있음
네덜란드 Zone30	• 1983년 도로교통법(RVV) 개정 시 강제적으로 자동차의 통행 및 속도를 규제하기 위해 Zone30을 규정하고 있음 • Zone30은 본엘프와 구별되어야 하며 도로구조나 운용방법에 대한 별도의 속도규제대책이 수립되어야 함
영국 20mph Zone	• 1990년에 도입하여 속도규제뿐만 아니라 이를 위한 Traffic calming 기법을 사용함으로써 교통속도를 제한하도록 규정하고 있음 • 사전에 18개월의 시행기간을 두고 교통안전상 효과 등을 실증하는 교통실험을 의무화하고, 각 자치단체가 20마일 존을 설정하여 필요한 조치를 함

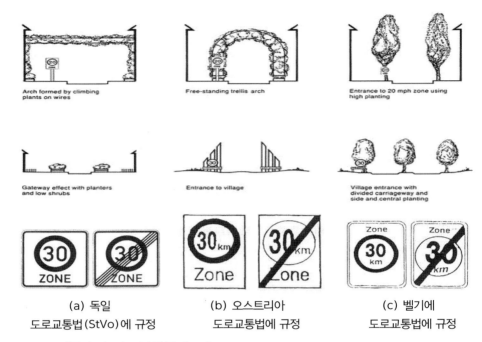

그림 6.3 **외국의 최고속도구역 규제표지**

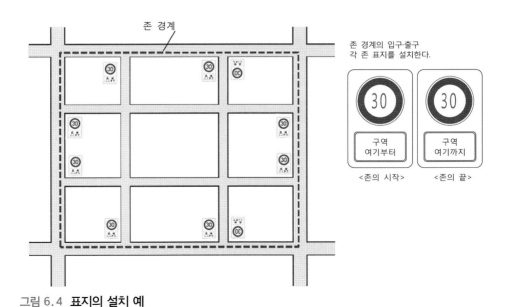

그림 6.4 **표지의 설치 예**

그림 6.5 **30 km/h 최고속도의 표지**

　최고속도 규제표지는 입구에서 보지 못하고 존에 들어가면 운전자는 존 내에 있다는 것을 깨닫지 못하는 경우가 있다. 이러한 상황을 막기 위해서는 존 입구부의 강조나 존 내부의 도로의 디자인의 변경 등을 검토한다.

- 표지와 차도폭 좁힘
- 표지와 험프, 고원식 보도, 고원식 횡단보도
- 노면의 포장의 색, 재질, 모양 패턴을 바꿈
- 도로부속물, 점용물, 가로풍경 등 경관의 이미지를 바꿈

(4) 효과

　종래부터 도로구간 또는 교차로를 대상으로 규제표지 대부분이 이 구역규제표지에 의해서 알릴 수 있어 과잉된 표지를 억제할 수 있다. 물리적 디바이스나 도로 디자인에 의한 심리적 효과를 병용함으로써,「속도억제」,「교통량억제」효과가 더욱 유효하게 된다.

(5) 유의점

　속도규제는 도로폭이나 구조에 의해서 규제준수율이 낮아지는 경우가 있다. 이 때문에 속도를 억제하기 위한 물리적 디바이스의 설치도 함께 검토하게 된다. 규제속도의 준수율을 향상시켜 지역의 안전성을 향상시키기 위해서는 물리적 디바이스의 설치뿐만이 아니라 시민이 참여하면서 분위기를 만들고 교육도 중요하다.

2. 대형차 등 통행금지

(1) 목적

지구환경보전 때문에 특정노선 혹은 특정구역에 대해서 어느 일정기준 이상의 대형차(화물차 등)를 종일 혹은 일정한 시간에 한해서 통행을 금지한다.

(2) 실시요건

- 여기서 말하는 대형차 등이란 차량 총중량 8 t 이상, 최대적재량 5 t 이상, 승차정원 11명 이상의 자동차와 대형 특수자동차를 말한다.
- 대형차 등에 해당하지 않는 트럭의 통행을 금지할 필요가 있는 경우에는 최대적재량을 지정해 트럭의 통행을 금지한다.
- 대형차 등의 진입을 억제하고 싶은 도로에서는 다른 우회로가 확보되는 경우에 종일 대형 트럭의 통행금지규제를 실시한다.
- 일방통행도로에서 차도폭이 확보가능하지 않은 경우에는 대형차 등의 통행금지규제를 실시한다.

(3) 효과

- 진동이나 소음 등에의 영향이 큰 대형차량의 진입이 억제되기 때문에 교통정온화의 효과가 크고 교통공해가 완화되어 환경의 향상에도 연계된다.
- 험프 진입 시 진동 등의 저감을 기대할 수 있다. 차도폭 좁힘, 시케인에 있어 속도억제효과의 높은 모양을 이용할 수 있다.

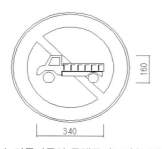

(a) 화물자동차 통행금지표지(203)　　　(b) 차중량제한표지(220)

그림 6.6 **대형차 통행금지표지**

(4) 유의점

- 원칙적으로는 대형차 등이 통행할 수 있는 대체노선을 확보한다.
- 대체노선에 있어서 현저하게 대형차교통의 증가나 소음발생 개소의 확대를 초래하지 않도록 한다.
- 통행금지구간이나 구역에 대형차 등의 차고가 있는 경우나, 트럭에 의한 집배 등으로 통행하는 경우는 별도 경찰서장의 허가를 얻을 필요가 있다.

그림 6.7 **대형차 등 통행금지**

3. 보행자전용도로

(1) 목적

보행자용 도로는 차량의 통행을 금지하여 도로 전체에 있어서 보행자통행의 안전과 원활을 도모하는 것을 목적으로 한다. 여기서 보행자는 도로교통법상의 보행자이며, 소아용 유모차, 신체장애자용 휠체어를 포함한다. 아침, 저녁 등 보행자가 많은 시간대를 지정해 실시할 수도 있다.

(2) 실시요건

- 보행자통행이 많아서 자동차 샛길이 될 것 같은 도로에서 보행자의 안전한 통행을 확보해야 할 도로(학교, 복지시설의 주변 등)에서 차량통행금지 규제를 실시한다.

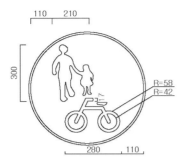

(a) 자전거 및 보행자겸용도로표지(303)　　　　(b) 보행자전용도로표지(321)

그림 6.8 **보행자전용도로 규제표지**

- 아침, 점심, 저녁, 휴일 등 특정시간이나 요일을 지정하고 보행자의 안전한 통행을 확보해야 할 도로(보행자천국, 아케이드, 역 주변 등)에서 차량의 통행금지 규제를 실시한다.
- 보행자의 안전한 통행을 확보함과 동시에 보통 자전거 이외의 차량통행을 금지하는 경우는 보조표지로 「자전거를 제외」를 택한다.

(3) 효과

- 차량진입이 금지되었기 때문에 교통사고나 노상의 불법주차 문제가 해결된다.
- 보행자공간을 확대하여 존 내의 안전성이 확보된다.

(4) 유의점

- 차량통행금지 규제와는 달리 도로전체를 보행자가 통행할 수 있다.
- 보행자용 도로에 차량인 자전거의 통행을 인정할지 아닌지는 교통상황을 토대로 검토할 필요가 있다
- 통학로 등에 있어서 보행자용 도로의 연도에 주차장이나 차고 등이 있는 경우에는 차량의 사용자는 경찰서장의 통행허가증의 교부를 받을 필요가 있다. 허가증을 받지 않은 차량은 현지주민이라도 우회 등을 해야 한다.
- 철도역이나 상업시설 주변의 도로에서 차량의 전면통행금지 규제를 실시하면 노선버스나 택시의 편리성이 현저하게 저하되는 경우에는 자전거 외에 공공교통(노선버스, 택시 등)의 통행을 인정하는 트랜짓으로 하는 것도 고려할 수 있다.

그림 6.9 **보행자용 도로 카나자와시 후랏도버스**

- 일본에서는 보행자와 버스를 대상으로 한 트랜짓몰이 이시카와현 카나자와시 군마현 마에바시시 오키나와현 나하시에서 볼 수 있다.
- 보행자용 도로의 교통규제에 추가적으로 주민이나 상점 등이 규제시간 중에 바리게이트를 설치하는 것도 유효한 방법이다.

4. 일방통행

(1) 목적

폭이 좁고 자동차의 엇갈림이 곤란한 구간이나 보행자의 안전확보가 곤란한 곳에서 통행방향을 한정하여 공간을 창출할 수 있다. 통과교통을 배제하는 효과가 있다.

(2) 실시요건

- 원칙으로 주변우회로가 있어야 하며 우회거리가 극단적으로 길지 않게 배려한다.
- 평행하는 도로의 쌍방을 일방통행으로 하는 경우 방향별의 편성을 충분히 고려해서 지역 내 교통영향을 억제하도록 배려한다.
- 차도폭 좁힘 시케인을 설치하면 자동차의 속도억제효과가 높아지기 때문에 차도폭을 좁힐 수 있는 일방통행과의 조합이 효과적이다.
- 일방통행의 도로끼리가 접속하는 교차로에는 소규모 도류화를 설치한다.

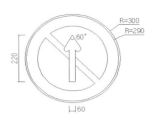

(a) 일방통행표지(326) (b) 진입금지표지(211) (c) 직진금지표지(212)

그림 6.10 **일방통행 관련표지**

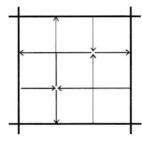

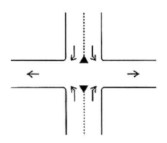

그림 6.11 **일방통행과 도류화**

그림 6.12 **일방통행규제**

(3) 효과

• 일방통행의 경우 교차로에 있어서 종착점(동선이 교착하는 점)이 상호통행의
  경우에 비해서 차량이 큰 폭으로 감소하고 교차로에서의 원활성과 잠재적인
  안전성이 향상한다.

• 일방통행에 의해서 편방향의 차도폭원은 축소가능할 뿐만 아니라, 중앙분리대 등도 불필요해지기 때문에 도로공간을 유효하게 활용하는 것이 가능하다.

(4) 유의점

버스노선의 경우 왕복차로와 복수차로에서 다른 경로에 의한 운행이 될 수 있으므로 영향을 고려할 필요가 있다.

5. 주차금지와 주차가능

(1) 목적

노상의 불법주차차량에 의한 피해를 해소하고 지역에 있어서 교통안전과 원활을 도모하는 것을 목적으로 하며, 질서 있는 주차관리를 실시한다.

(2) 실시요건

교통규제를 실시하는 경우는 정차·주차금지표지(218), 주차금지표지(219) 외에도 주차를 금지하는 도로구간 길 가장자리 또는 연석측면에 설치 주차금지표시(515) 정차·주차금지표시(516)에 의해서 실시할 수 있다.

(3) 효과

주차의 적정화를 도모함으로써 돌출사고를 방지하는 것과 동시에 소방차나 구급차 등 긴급차량의 주행 혹은 소화·구급활동의 저해를 해소한다.

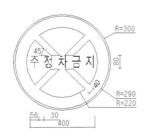
(a) 정차·주차금지표지(218)

(b) 주차금지표지(219)

그림 6.13 **정차·주차금지표지**

그림 6.14 **주차금지 및 주차가능**

(4) 유의점

- 노상주차차량을 존으로부터 배제할 필요가 있는 경우 주차금지구역 규제를 실시한다.
- 상점가와 인접하는 주택지 등에서 외부인의 주차가 노상점거할 우려가 있는 도로에서는 지구실정에 따라 구역이나 구간의 주차금지규제를 실시한다.
- 상점가의 도로 등 불특정 다수의 이용자가 단시간주차하는 도로에서는 노상에 주차공간을 지정하고 시간제한주차 구간규제(주차미터기, 주차발권기)를 실시할 수 있다.
- 볼라드의 설치 등으로 물리적으로 주정차를 배제하는 경우에는 폭원축소에 의한 자동차의 주행이나 보행자에게 영향도 있기 때문에 주민과의 합의형성이 필요하다.

6. 가로 가장자리구역의 설치 · 확폭

(1) 목적

가로 가장자리구역을 설치함으로써 보도가 설치되지 않은 도로에 있어서의 보행자 및 경차량의 통행길을 확보해 교통안전과 원활을 도모한다. 또 가로 가장자리구역을 확폭하여 차도폭이 5.5 m 미만이 되는 경우는 차도중앙선을 지우고 차량속도억제를 도모한다.

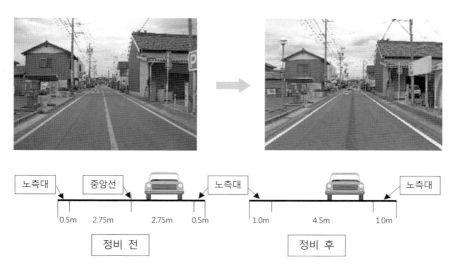

그림 6.15 **노측대 확폭과 중앙선제거의 대책사례**

(2) 실시요건

가로 가장자리구역은 다음 3가지 종류가 있으며 그 가운데 선택은 적용조건이나 폭 구성을 감안 후 결정한다. 보행자의 안전성 향상에는 가로 가장자리구역의 컬러포장화나 포장재의 연구가 유효하다.

- **가로 가장자리구역** : 경차량을 제외한 차량통행을 금지한다. 가로 가장자리구역은 보행자 및 경차량이 통행
- **주정차금지길 가장자리구역** : 위와 같고 주정차를 금지한다. 가로 가장자리구역은 보행자 및 경차량이 통행
- **보행자용 가로 가장자리구역** : 차량의 통행 및 주정차를 금지한다. 가로 가장자리구역은 보행자가 통행

(3) 효과

가로 가장자리 구역을 컬러포장화하거나 포장재를 설치함으로써 운전자에게 보행자공간을 주의환기시킬 수 있다.

그림 6.16 **노측대에 맞게 설치한 보도**　　그림 6.17 **주정차금지 노측대(좌측)**

(4) 유의점

- 노측부분의 점용물건의 이전 등 도로환경의 정비를 실시한다.
- 가로 가장자리구역의 컬러포장화나 포장재는 경관에 배려한 색이나 디자인으로 한다.
- 가로 가장자리구역 확폭과 중앙선제거에 의한 대책을 실시했을 경우, 중앙선 제거에 의해 교차도로의 우선관계가 불명확하게 되기 쉽기 때문에 교차로 십 자마크 등으로 교차로를 명시하거나 교차도로 측에서의 일시정지규제 등을 실 시한다.
- 교차도로의 가로 가장자리구역의 외측선에 맞추어 외곽도로의 보도연결부를 설치하면, 보행자의 차도횡단거리가 짧아져서 보행자안전성이 향상된다. 존 외곽도로의 교차로부에서는 교차도로의 가로 가장자리구역에 맞춘 보도설치 를 실시하는 것이 바람직하다.

7. 일시정지규제와 노면표시

(1) 목적

교차하는 도로의 우선 관계의 명확화와 교차로에서의 주의주행을 환기하고 차량충돌 등의 교통사고방지를 도모하는 것을 목적으로 한다.

(2) 실시요건

- 도로표지(227)를 설치하는 것과 동시에 노면표지에 일시정지(521) 「정지」에

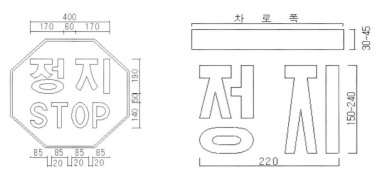

그림 6.18 **일시정지표지와 노면의 일시정지표시**

의해, 일시정지해야 할 것을 표시한다. 위치는 교차로, 횡단보도, 철길건널목 등 차가 일시 정지하여야 할 장소의 2 m 내지 3 m 지점에 설치한다.
- 전 방향 일시정지규제는 원칙으로 실시하지 않는다.
- 폭원에 차이가 있는 도로의 교차로에서는 좁은 도로를 규제한다.
- 폭원이 같은 도로의 교차로에서는 교통량의 적은 도로를 규제한다.
- T자형 교차로의 경우는 부딪치는 방향의 도로를 규제한다.
- 험프나 폭 좁힘 등의 물리적 디바이스를 조합함으로써 준수율이 높아지고 대형사고 방지효과를 기대할 수 있다.
- 좁은 도로 사이의 교차로에서는 교차로 크로스마크에 의해서 도로이용자에게 교차도로라는 것을 알려줘 교통규제의 실효성을 높일 수 있다.

(3) 효과
- 교차로에 있어서 주의주행이 환기되어 정면충돌의 사고를 방지할 수 있다.
- 교차하는 도로의 주종관계를 명확화할 수 있다.

참고로 일본에서 조사된 표시방법 및 일시정지율의 관계를 나타내면 다음 그림 6.19와 같이, 정지선만 하는 것보다 정지선+멈춤을 표시하고, 정지선＋강조표시가 효과가 있고, 정지선＋블럭이 정지율이 가장 높게 나타났다.

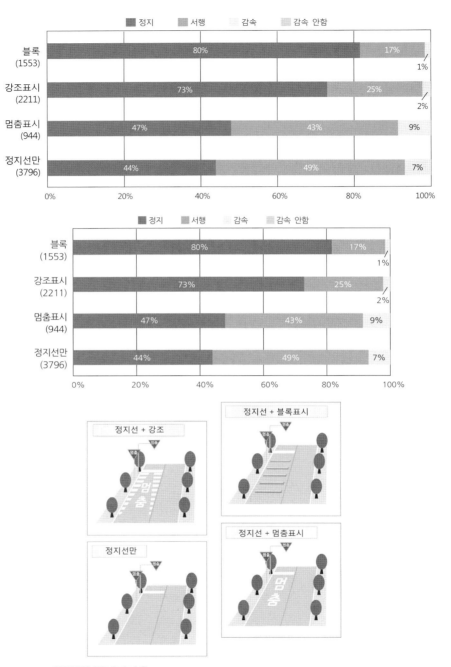

그림 6.19 **표시방법별 일시정지율**

출처 : 郊外部無信号交差点における交通挙動実態の研究, 鹿島寛・横山哲, 土木計画学研究・講
演集 No. 19(2), 1996

물리적 교통콘트롤 수법

The Physical Transportation Control Methods

07 물리적 교통콘트롤 수법
The Physical Transportation Control Methods

1 물리적 수법의 개요

1. 수법의 종류와 용도

물리적 디바이스의 종류는 표 7.1과 같이 분류된다. 도로구간과 교차로를 대상으로 하는 것이 있으며, 각각의 형상 이미지는 그림 7.1과 그림 7.2에 나타내었다. 수법의 대표적인 것으로는 험프나 쵸커(차도폭 좁힘), 시케인 등이 있으며, 포장, 차도선형, 볼라드 등이 주된 구성요소로 되어 있다.

도로구간에서 배치 패턴은 험프나 초커와 같이 단독으로 배치하는 「점배치」와 시케인과 같이 연속한 구간을 대상으로 배치하는 「선배치」가 있다. 「선배치」는 연속적으로 속도를 저감시키는 효과가 있다. 「점배치」도 연속적으로 배치하여 「선배치」와 같은 효과를 기대할 수 있다.

표 7.1 **물리적 디바이스의 종류**

대상	수법	개요
도로구간	험프	차도노면에 설치된 凸부 중간부에 평평한 부분이 있는 사다리꼴 험프와 그렇지 않는 활꼴 험프가 있다. 어느 것이라도 노면과의 사이에 완만한 경사면을 이룬다.
	초커 (차도폭 좁힘)	차도폭을 물리적 또는 시각적으로 좁게 하는 것으로서 저속주행을 유도하는 것
	시케인	차량통행의 선형을 지그재그 또는 사행시켜 속도낮춤을 도모하는 것

(계속)

대상	수법	개요
도로구간	통행차단	도로구간의 일부를 차단해서 물리적으로 차량통행을 제한하는 것
	주정차공간	보도의 일부에 설치하지만 초커나 시케인으로 해왔던 차도의 일부에 설치하는 것도 있다.
교차로	교차로 입구 험프	형태는 도로구간의 험프와 같이 사다리꼴과 활 모양의 험프가 있다.
	교차로 전면 험프	교차로 전체를 북돋우는 타입의 험프
	교차로폭 좁힘	형태는 도로구간의 초커와 같다. 사고방지, 교통류컨트롤에 제공한다.
	차단 (경사, 교차로)	교차로 내 혹은 교차로 도로입구에 통행차단을 설치하고 차가 통행할 수 있는 방향을 한정한다.

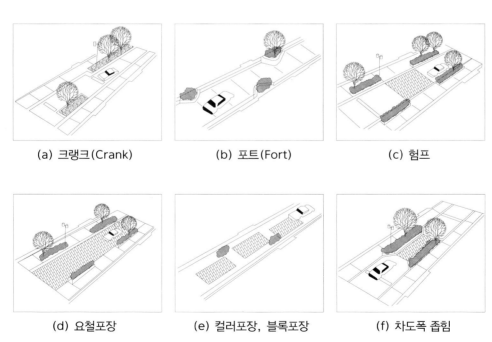

(a) 크랭크(Crank) (b) 포트(Fort) (c) 험프

(d) 요철포장 (e) 컬러포장, 블록포장 (f) 차도폭 좁힘

그림 7.1 **주요 물리적 디바이스의 형태(도로구간)**

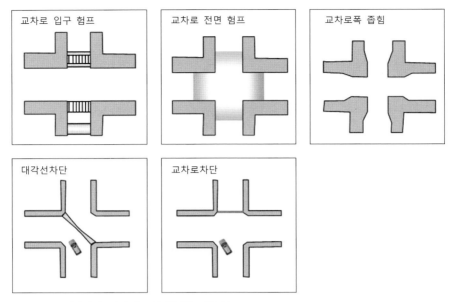

| 교차로 입구 험프 | 교차로 전면 험프 | 교차로폭 좁힘 |

| 대각선차단 | 교차로차단 |

그림 7.2 **주요 물리적 디바이스의 형태(교차로)**

2. 수법의 적용개념

물리적 디바이스의 용도는 하나의 수법이 복수용도에 대응하고 있으며, 각 용도의 효과정도는 수법에 따라 차이가 있지만 「교통량의 억제」, 「속도의 억제」, 「노상주차대책」, 「보행환경의 개선」외에도 「경관의 개선」 효과가 있다. 도로구간별로 물리적 디바이스의 적용은 도로구간마다 달성해야 할 정비 콘셉트와 도로기능을 감안하여 적절한 수법을 선정한다. 물리적 디바이스와 용도 그리고 도로기능과의 관계는 표 7.3과 같다.

도로기능에 대응한 물리적 디바이스의 설치개념은 다음과 같다.

- **타입 I** : 도로의 물리적 디바이스는 존 입구에서 험프와 초커, 교차로에서 교차로 전면 험프 등이 중심이 된다.
- **타입 II** : 도로에서는 보행자나 자전거통행의 안전성이나 쾌적성을 도모할 수 있도록 도로구간에서 시케인이나 교차로 전면 험프 등 시설물의 설치로 볼 수 있다.

- **타입 Ⅲ** : 도로는 연도거주자에게 관련한 차량 이외는 통행하지 않는 상황도 있기 때문에 경우에 따라 존 입구에서 처리나 교차로에서 대응만으로 볼 수 있다.

표 7.2 물리적 디바이스와 용도 및 도로기능(타입)의 관계

분류		용도					도로기능			비고
대상	수법	교통량 억제	속도 억제	노상 주차 대책	보행 환경 개선	경관 개선	타입 Ⅰ	타입 Ⅱ	타입 Ⅲ	
도로구간	험프	○	◎	–	☆	☆	△	○	△	
	초커	○	◎	☆	☆	☆	△	○	△	
	시케인	○	◎	☆	–	☆	△	○	○	
	통행차단	◎	–	–	☆	☆	△	○	○	
	주정차공간	–	☆	◎	–	☆	△	△	△	
교차로	교차로 입구 험프	△	○	–	◎	☆	△	○	○	타입 Ⅰ 교차한 경우
							×	○	△	타입 Ⅱ 교차한 경우
							×	×	×	타입 Ⅲ 교차한 경우
	교차로 전면 험프	△	○	–	◎	☆	△	○	×	타입 Ⅰ 교차한 경우
								○	△	타입 Ⅱ 교차한 경우
									△	타입 Ⅲ 교차한 경우
	교차로폭 좁힘	○	○	☆	☆	☆	△	○	○	타입 Ⅰ 교차한 경우
							△	○	○	타입 Ⅱ 교차한 경우
							△	△	○	타입 Ⅲ 교차한 경우
	경사차단	○	–	–	☆	☆	○	○	○	타입 Ⅰ 교차한 경우
							×	○	△	타입 Ⅱ 교차한 경우
							×	×	△	타입 Ⅲ 교차한 경우
	교차로 차단	○	–	–	☆	☆	×	○	△	타입 Ⅰ 교차한 경우
							×	×	△	타입 Ⅱ 교차한 경우
							×	×	×	타입 Ⅲ 교차한 경우

※ 용도에 대한 효과 : ◎ 효과 큼, ○ 효과 보통, △ 효과 적음, ☆ 어떻게 설치하느냐에 따라 다름, – 효과 없음(거의 관계없음)

※ 도로기능에 대한 적용 : ○ 설치가 적용되고 있음, △ 상황에 따라 설치, × 거의 적용되지 않음

3. 존 입구에 있어서 물리적 디바이스의 적용

존 입구에서는 좁게 보이게 함으로써 존으로 진입을 억제하거나 경계부의 인상을 강하게 하여 통과교통의 진입을 방지한다. 그리고 험프나 교차로폭 좁힘, 혹은 고원식 횡단보도를 조합하여 설치한다.

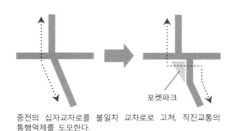

종전의 십자교차로를 불일치 교차로로 고쳐, 직진교통의
통행억제를 도모한다.

그림 7.3 존 입구의 물리적 디바이스 적용 예

2 물리적 디바이스(하드적 수법)

물리적 디바이스에 대하여 아래와 같은 수법에 대해 설명한다.

- 과속방지턱
- 미니로터리
- 시케인(Chicane)

- 노면요철포장
- 초커(Choker)
- 통행차단

- 교차로 입구 및 전면 Hump
- 교차로 시케인
- 연석과 턱낮춤부
- 교차로 Choker
- 교차로에서의 차단
- 볼라드

1. 험프

험프(Hump)는 노면에 차량진행방향의 직각방향으로 물리적인 수직단차(Vertical Shift)를 주어 자동차의 속도를 규제하기 위한 방법으로, 차도를 횡단하는 차량속도의 저감효과를 거두기 위해 설치된 시설물을 말한다.

험프를 설치할 때 유의점을 살펴보면 이륜차의 주행에 미치는 영향이 크기 때문에 주·정차교통량이 특히 많은 노선에는 적용하지 않고 있다.

- **주행속도의 억제** : 통과 시 쇼크(불쾌감)나 사전의 인지함으로써 속도를 저하시킴
- **교통량의 억제** : 연속적으로 설치하거나 지구입구에 설치, 통과교통을 배제시킴
- **노상주차의 억제** : Hump 설치부분은 주정차하기 힘들게 함
- **보행자공간의 확충** : 횡단보도로 이용하고, 포장재에 의해 가로경관을 향상시킴. 설계나 시공에 있어서 세심한 주의를 기울여야 할 도로구조로 연도조건, 배치방법, 교통여건 등을 종합적으로 고려하여 설치할 필요가 있다. 험프의 존재를 운전자에게 사전에 인지시키기 위해서 험프 포장의 재료와 색채를 이용하여 노면표시를 설치할 필요가 있는데, 야간시인성을 확보를 위해서 조명시설을 설치하기도 한다.

영국의 TRRL(Transport and Road Research Laboratory)에서 조사된 험프의 속도억제효과의 주요평가내용은 다음과 같다.

- **자동차통행에 대한 효과** : 속도억제효과 이외에도 교통량억제효과를 기대할 수 있음
- **자동차속도에 대한 효과** : 불쾌감을 나타내는 지표로서 약 32 km/h부터 느끼기 시작하고 속도는 평균 24~40 km/h까지 저감효과를 기대할 수 있음
- **소음에 대한 효과** : 건물의 전면 소음을 하루 계측한 결과 평균 2~5 dB이 감소되어 험프가 속도억제효과 외에도 소음 레벨 감소에도 영향을 미침

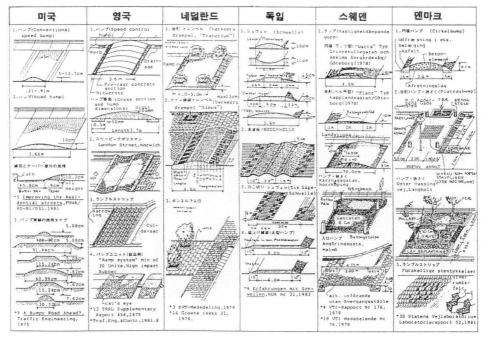

그림 7.4 **각 국의 험프 사례**

- **대기의 오염상태, 에너지 소비에 대한 효과** : 대기오염상태나 에너지 소비의 측면에 서는 악영향을 미칠 수 있음
- **교통안전성에 대한 효과** : 험프를 무시하고 질주하는 차량은 위험하다. 예를 들면 소방자동차가 험프를 지날 때 소방차는 15.2 cm∼0.3 m를 뛰어오르게 되고 오토바이의 경우 4.88 m 정도 점프하게 되는 위험을 내재하고 있다.

(1) 사다리꼴 험프(Flat Top Hump)

대형횡단면을 갖는 험프로서 속도억제뿐만 아니라 횡단보도와 병용할 경우, 험프 윗면의 평탄부와 보도면 높이를 일치시켜 횡단보도의 연속성을 확보할 수 있다.

이 방법은 교통약자의 보행환경을 향상시킬 수 있다는 점에서 적극적으로 도입되고 있으며 기존 험프의 문제점으로 지적되어 왔던 자동차통행 시 소음·진동과 자전거통행을 배려하여 차도면과 램프부(구배부분)를 완만한 경사로 처리하고 있다.

그림 7.5 **사다리꼴 험프**

외국의 설계기준은 다음과 같다.

- **높이**(H) : 120 mm 이하(네덜란드 120 mm, 영국 기준은 50~100 mm)
- **길이**(L) : 승용차의 축간거리 이상(영국 기준은 윗면 평탄부 2500 mm 이상, 전후의 램프부 각 600 mm 이상)
- **차도전폭**(車道全幅) **타입** : 양측보도가 같은 높이로 걸쳐진 타입으로 보차도경계에 볼라드 등을 설치하는 것이 바람직하며 전후에 배수처리가 필요
- **양끝절단 타입** : 도로 양끝의 측구부분이 차도면과 같은 높이를 유지하도록 한 타입으로 자전거통행을 배려할 경우에 적용함

(2) 활꼴 험프

도로면과 부드러운 경사를 가지는 활 모양의 험프로서, 종래에는 圓弧型 단면의 험프가 사용되었으나 최근 자전거의 통행이나 소음 및 진동을 고려하여 도로면의 구배부를 완만하게 처리한 활꼴 형태가 권장되고 있다.

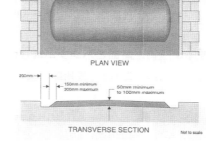

그림 7.6 **Cumberland Ave의 활꼴 험프(영국)**

- **높이(H)** : 원칙적으로 120 mm를 넘지 않을 것(네덜란드 기준 120 mm, 영국 50~100 mm)
- **길이(L)** : 승용차의 축간거리 이상(영국 기준 길이 3.66 m, 최근에는 4.8 m의 험프도 권장)

(3) 스피드 쿠션

차축의 폭이 넓은 버스나 긴급차량의 주행성을 확보하기 위해 이들 차량이 凸부를 물리적 충격없이 통과할 수 있도록 폭을 좁게 한 험프로서, 독일의 베를린시에서 처음으로 설치하였고 점차 적용사례가 늘고 있다. 영국 교통성이 권장하고 있는 설계치수는 다음과 같다.

- **측면구배** : 1 : 4 이하, **전후면구배** : 1 : 8 이하
- **높이** : 통상 75 mm 이하
- **길이** : 1.7~3.4 m(표준 2.0~2.5 m)

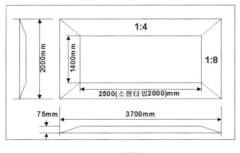

| (a) 영국 | (b) 독일 |

그림 7.7 스피드 쿠션 설계 예

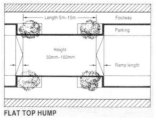 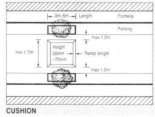 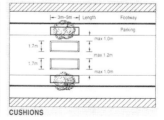

그림 7.8 Flat Top 험프와 쿠션의 적용 예

그림 7.9 **스피드 쿠션의 설치 예(영국)**

- **폭** : 1600 mm와 1900 mm의 두 종류
- **설치간격** : 750 mm 이하, 설치거리 : 60~80 m

(4) 이미지 험프(Image Hump)

높이가 없는 험프로서, 포장재나 색의 변화에 의해 시각적으로 속도억제를 도모하는 기법으로서 주요기능은 다음과 같다.

- **주행속도의 억제** : 시각적으로 속도를 저하시킴
- **교통량의 억제** : 속도억제에 의한 효과가 있음
- **보행자공간의 확충** : 도로경관을 향상시키는 기능이 있으며 적용의 주요요인이 되는 경우가 있음

한편 이미지 험프에 익숙해지면 속도를 줄이지 않고 통과할 가능성이 있으므로 물리적으로 「노면요철포장」을 도입할 수 있으며 Crank Fort, Choker 등과 조합하여 기능을 높일 수 있다.

그림 7.10 **활꼴 험프**   그림 7.11 **사다리꼴 험프**

그림 7.12 **교차로 입구 험프**

① 험프의 진동·소음문제에의 대응

이제까지 험프는 「소음·진동문제가 있다」라고 믿고 있는 사람이 적지 않다. 이전에 많이 사용되었던 「원호」나 「사다리꼴」의 형상은 험프를 넘을 때 소음·진동의 문제를 일으켜 연도주민 등의 불평에 의해 철거를 한 사례도 있다. 또한 「연장이 짧은 것이 영향이 적은 것은 아닌가」라고 착각하여 길이 1~2 m 정도의 짧은 험프를 설치해서 오히려 소음·진동의 문제를 일으키게 하고 있는 예가 아직도 끊이지 않고 있다.

험프를 넘을 때 소음·진동의 문제는 벌써 최근의 험프 연구에 의해 해결되었다. 연구성과를 토대로 바람직한 형상의 험프가 설치된 지점에서는 속도억제나 주의환기에 큰 효과가 있어서 교통사고가 크게 줄어드는 것이 입증되고 있다.

설치에 있어서 연도주민 등의 이해를 얻는 것이 필요한 것은 말할 것도 없다. 그러나 생활도로의 존 대책의 툴로서 올바른 형상의 험프 도입을 적극적으로 검토하는 것이 필요하다.

② 연구성과에 의한 험프의 형상

험프에서 소음·진동을 발생시키지 않기 위해서는 형상에 대해 이하의 원칙을 지키는 것이 필수이다.

- 차량의 전륜과 후륜이 동시에 험프에 걸치는 정도의 길이(4 m 이상)로 한다.
- 길이 1~2 m 정도의 짧은 험프는 소음·진동을 발생시킬 우려가 있다. 따라서 부지 내 통로에서 주의환기 등으로 한정한다.
- 험프의 높이는 지금까지 일본의 실적에서는 높이 10 cm의 험프가 효과 및 안전성 측면에서 가장 많이 이용되고 있다.

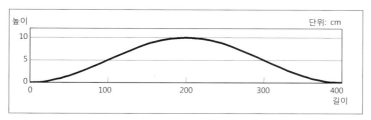

험프 모양 : 활 모양(정상부에 평탄부를 가지지 않는다. 사인곡선에 따라 긋는다.)
구조조건 : 길이 4.0 m, 중앙부 높이 10 cm

그림 7.13 **사인곡선 험프(L=4.0 m)의 종단현상**

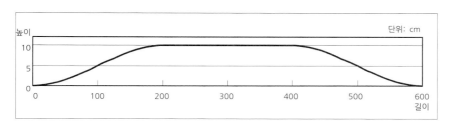

험프의 형상 : 사다리꼴(정상부에 평탄부가 있다. 사인곡선에 따라 긋는다.)
구조조건 : 길이 6.0 m(평탄부, 중앙부 높이 10 cm)

그림 7.14 **사인곡선 험프(L=6.0 m)의 종단현상**

표 7.3 **시점으로부터의 거리와 높이**

시점부터 거리 (cm)	높이 (cm)	시점부터 거리 (cm)	높이 (cm)	시점부터 거리 (cm)	높이 (cm)
0	0.0	70	2.8	140	7.9
10	0.1	80	3.5	150	8.5
20	0.3	90	4.2	160	9.0
30	0.6	100	5.0	170	9.4
40	1.0	110	5.8	180	9.7
50	1.5	120	6.5	190	9.9
60	2.1	130	7.2	200	10.0

※ 여기서 나타낸 높이 10 cm, 길이 2.0 m의 험프는 이동원활화를 위해서 필요한 도로의 구조에 관한 기준을 정하는 성령(2006년 12월 19일, 국토교통성령 제116호) 도로의 베리어프리 기준(종단구배 5% 이하, 부득이한 경우 8% 이하)을 만족시키고 있다. 때문에 이러한 험프에 의해서 보행자 등 통행에 대해 큰 영향은 미치지 않는다.

- 험프의 높이는 너무 낮으면 효과가 없고 너무 높으면 위험을 수반한다. 덧붙여 버스가 다니는 도로에 설치한 험프는 버스의 승차감과 승객의 안전성을 고려해 높이 7 cm로 한 예가 있다.
- 험프는 그 형상으로부터 맨 윗부분에 평탄부를 가지지 않는 활 모양 험프(그림 7.13)와 평탄부가 있는 사다리꼴 험프(그림 7.14)로 대별된다.
- 어느 형상에서도 맨 위 정상부와 연결되는 형상은 사인곡선과 같은 원만한 형태를 원칙으로 한다.
- 구배부를 사인곡선 이외의 형상으로 하는 경우에는 사인곡선과 동일한 정도의 소음·진동이 되는 것을 확인할 수 있어야 한다.

③ 험프 형상의 선택

- 험프 설치 시 형상선택에 대해서는 이하의 관점과 존 상황으로부터 판단한다.
- 고원식 횡단보도로 이용하는 경우는 사다리꼴 험프로 한다.
- 저상버스가 통과하는 노선에서는 길이가 짧은 활꼴 험프로 하면 차량 밑바닥에 험프가 닿을 수 있기 때문에 사다리꼴 험프가 바람직하다.
- 사다리꼴 험프, 활꼴 험프 모두 차량주행속도가 30 km/h 정도 이하이면 어느 형상에서도 소음·진동문제는 발생하지 않는다.
- 활꼴 험프는 속도억제효과가 크다.
- 차량주행속도가 30 km/h를 넘으면 활꼴 험프의 경우는 소음·진동이 발생한다.
- 사다리꼴 험프는 차량주행속도가 30 km/h를 넘는 경우에 있어서도 어느 정도 소음·진동이 억제된다.
- 사다리꼴 험프는 평탄부가 길어질수록 소음·진동은 작아지지만, 속도억제효과도 작아진다.

④ 도로구간 험프의 설치개념

- **일반도로구간 험프** : 도로구간에 설치하는 험프는 세계적으로 가장 일반적인 험프이다. 속도억제가 목적이기 때문에 속도를 가장 내기 쉬운 도로구간 중간부에 설치하는 경우가 많다. 그러나 차량주행속도가 너무 높은 경우에는 소음이나 진동이 발생하거나 재가속음이 발생하거나 그러기 쉽고, 연도거주자 등으로부터 불평이 발생하는 경우가 있다. 이러한 사태를 방지하기 위해서 「⑥ 험프 설치위치의 이해」를 참고로 적절한 설치 위치를 검토한다.

그림 7.15 **도로구간 험프**

그림 7.16 **고원식 횡단보도**

- **횡단보도부분의 설치(고원식 횡단보도의 형성)** : 도로구간에 설치된 횡단보도에 사다리꼴 험프를 설치하는 것으로 고원식 횡단보도가 된다. 차량의 속도를 억제하고 횡단보행자 등의 안전을 도모할 뿐만 아니라, 이동제약을 갖는 사람들(휠체어 이용자, 유모차 등)의 도로의 횡단을 완만하게 해서 일상생활의 활동을 지원하는 베리어프리화의 효과도 있다.

⑤ **교차로구간 험프의 설치개념**

- **교차로 입구 험프** : 무신호교차로의 정지선 앞에 설치하는 험프로서 교차로정지선으로부터 대략 10~30 m 정도 이내에 설치한다. 주의환기에 의한 사고억제가 목적이다. 사이타마현에서는 교통사고 80%가 감소되는 등 각지에서 극히 높은 사고감소효과를 나타내고 있다. 도로구간 험프와 같이 재가속음도 문제가 되지 않기 때문에 적극적인 도입이 특히 추천된다. 험프 설치위치는 교차로에서의 좌우회전에 대한 핸들조작의 영향이 없는 위치로 한다. 교차로 바로

옆에 설치하면 정지선의 시인이나 운전거동에 악영향이 발생한다.

- **고원식 보도·고원식 횡단보도(교차로부)** : 외주도로의 보도연장위치에 험프를 설치하는 것으로 험프의 상부에 횡단보도를 표시하지 않으면 고원식 보도, 표시하면 고원식 횡단보도로 불린다. 어느 경우든 교차로의 단절된 부분을 나타내어 차도와 보도의 경계를 분명히 할 필요가 있다.

  교차로 입구 험프와 같이 생활도로로부터 외주도로에 나가려고 하는 차량의 운전자에게 주의, 환기시키는 것 외에도 외주도로로부터 생활도로에 들어가려고 하는 차량의 운전자에게 주의환기를 실시함으로써 외주도로의 보도통행이 원활하게 되어 일상생활의 활동을 지원하는 베리어프리화의 효과도 있다.

- **교차로 전면 험프** : 교차로의 시인성 향상이나 전방향의 차량의 속도억제를 목적으로 한다. 생활도로에서는 차고 등의 통로가 연도에 빈번히 존재하기 때문에 도로구간 험프의 설치가 곤란한 경우가 있다. 그 경우에도 교차로 전면 험프의 설치가 유효하다. 또 횡단하는 보행자의 일상생활의 활동을 지원하는 베리어프리화의 효과도 있다.

한편 존 내에서 교차하는 도로의 우선관계가 불명확하게 될 우려가 있기 때문에 표지나 표시를 하여 우선관계를 나타내는 것이 필요하다. 존의 외주도로 등에 교차로 전면 험프를 설치하는 경우는 우선 측 차량도 험프를 넘게 되어 소음·진동 문제가 생기기 때문에 우선 측의 규제속도가 40 km/h 이상의 경우는 원칙적으로 불가하다.

| (a) 정비 전 | (b) 정비 후 |

그림 7.17 슬림 보도

그림 7.18 **교차로 입구 험프**

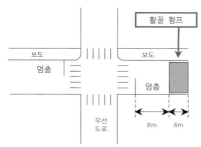

(a) 교차로 입구 험프의 설치위치

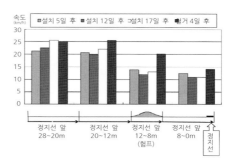

(b) 속도억제효과(각 구간별 평균속도)

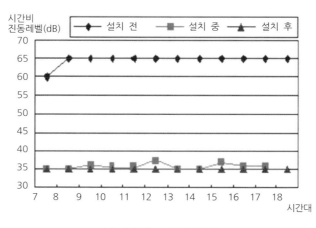

(c) 요청한도진동의 변화

(계속)

차종	샘플수	소음순간최고 평균값(dB)	최댓값(dB)	최솟값(dB)
험프 설치 전(6월 9일 8 : 00~9 : 50)				
대형차	6	72.4	90.7	66.0
버스	0	0.0	0.0	0.0
승용차	38	65.1	73.7	57.1
특수자동차	2	72.1	73.9	70.2
자동이륜원동기	4	70.5	78.0	64.6
	계	전체평균	전최댓값	전최솟값
	50	66.7	90.7	57.1
험프 설치 중(6월 18일 8 : 00~10 : 00)				
대형차	3	69.0	73.6	65.8
버스	2	69.3	71.6	67.0
승용차	70	62.0	76.2	51.1
특수자동차	2	72.0	73.4	70.5
자동이륜원동기	5	66.8	76.5	60.6
	계	전체평균	전최댓값	전최솟값
	82	63.0	76.5	51.1
험프 설치 후(7월 4일 8 : 00~10 : 00)				
대형차	6	68.1	70.4	65.9
버스	1	67.4	67.4	67.4
승용차	67	64.6	73.8	56.7
특수자동차	4	72.2	75.1	67.3
자동이륜원동기	1	62.1	62.1	62.1
	계	전체평균	전최댓값	전최솟값
	79	65.2	75.1	56.7

(d) 소음의 변화

그림 7.19 험프 설치에 따른 속도 · 소음 · 진동의 계측 예

출처 : ハンプの長期公道実験による有効性の検証―地区道路の事故多発交差点における安全性向
上に関する実験的研究, 久保田尚·坂本邦宏 · 崔正秀 · 武本東 · 中野英明, 土木計画学研究·
論文集 Vol. 21, 2004

⑥ 유의점

험프 자체의 소음 · 진동은 사인곡선 등 적절한 설계를 하면 명확해질 수 있는
것이 이미 밝혀지고 있다.

한편, 험프는 폭 좁힘 등과 같이 도로상에 있는 「점」의 대책으로서, 그 「점」을 넘은 후의 엔진의 재가속음이 문제가 되는 경우가 있다. 따라서 구간 전체로 30 km/h 이하의 속도를 달성하는 의미에서 험프는 연속설치하는 것이 바람직하다.

다만, 비용문제나 설치개소의 문제(생활도로의 경우, 차고나 현관위치의 문제로 설치제약이 있는 경우가 많다)가 있는 경우는 폭 좁힘 등의 병용도 검토할 필요가 있다.

한편 무신호교차로에서 전면충돌사고가 특히 문제가 되어 있는 경우에는 일시 정지선 앞에 교차로 입구 험프를 설치함으로써 사고저감에 큰 효과를 기대할 수 있다.

2. 초커(폭 좁힘)

(1) 도로구간과 교차로폭 좁힘

도로구간의 폭 좁힘은 차량의 통행부분의 폭을 물리적으로 좁게 하는 것으로서, 통과교통의 억제나 통행하는 차량의 주행속도를 억제한다. 폭이 좁은 도로에서도 잘 검토하면 적용할 수 있고 비교적 싼 비용으로 도입할 수 있다.

① 외측(外側)으로부터의 차도폭 좁힘

차도의 연석부분에서부터 중앙부분으로 차도를 좁힌 형태로서, 차량멈춤 표시봉을 배치한 것에서부터 나무를 직접 심거나, 식재박스 및 식재화분(Planter) 등의 가설물(假設物)을 설치한 것, 포장만으로 이미지 초커를 만드는 등 다양한 형태가 있다.

편측(片側)만 좁히거나 양측으로 엇갈리게 배치할 경우 외측(外側)으로부터의 차도폭 좁힘과 횡단보도와 조합하여 보행자의 교통안전에 기여할 수 있다.

② 내측(內側)으로부터의 차도폭 좁힘

차도에 교통섬을 설치하여 차도를 좁게 하는 형태로 유럽에서 적극적으로 채택하고 있는 방법으로 다음과 같은 시설과 조합함으로써 효과를 높일 수 있다.

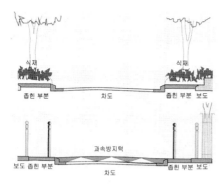

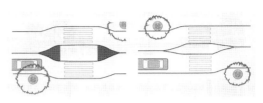

그림 7. 20 **차도폭 좁힘의 단면처리 예**　　그림 7. 21 **내측으로부터 차도폭 좁힘의 변형 예**

그림 7. 22 **도로폭 좁힘**

- **횡단보도** : 횡단보도와 조합함으로써 횡단거리가 짧아지고 보행자와 자동차 간 시인성을 높일 수 있는 점이 유효
- **험프, 스피드쿠션** : 속도억제효과를 기대할 수 있을 뿐 아니라 보행자의 통행공간의 평탄성을 도모할 수 있음

교차로폭 좁힘은 교차로부분 혹은 교차로 바로 옆에서 보도부의 회전부나 볼라드, 식재의 설치로 차량의 통행부분의 폭을 좁힘으로써 통과교통의 억제나 통행하는 차량의 주행속도를 억제한다. 보행자의 차도횡단거리를 짧게 해서 교차로에서 사고를 미리 예방할 수도 있다. 한편 구조요건은 도로구간의 폭 좁힘과 같은 모양이다.

그림 7.23 **교차로폭 좁힘**

(2) 구조요건 등

① 폭 좁힘의 폭원

- 도로구조령에서는 제5조 제5항 「제3종 제5급 또는 제4종 제4급의 보통도로의 차도의 폭은 … (중략) … 제31조의 2의 규정에 의해 차도에 협착부를 마련하는 경우에는 3 m로 할 수 있다」라고 기술되고 있다.
- 폭 좁힘의 폭은 교통량이나 속도억제효과를 높이기 위해서 통행차량을 한정하고 폭 좁힘의 폭원을 더욱 좁게 하고 있다.

② 폭 좁힘의 종류

볼라드 설치에 의한 폭 좁힘, 가드레일이나 보도부의 확폭에 의한 폭 좁힘이 있다. 또한 운전자에게 주의환기하기 위해서 컬러포장, 인터로킹 블록포장이나 이미지 험프 등을 설치하기도 한다.

■ 조합

- 폭 좁힘의 연속설치(20 m 간격)나 다른 디바이스(험프·시케인 등)와의 조합으로 속도나 재가속의 억제효과를 기대할 수 있다.
- 폭 좁힘과 횡단보도의 조합은 보행자의 차도횡단거리가 짧아지고 보행자와 자동차 간의 시인성이 높인다는 점에서 유효하다.
- 대형차 등 통행금지규제와 교차로폭 좁힘을 조합함으로써 대형차의 진입금지효과가 높아진다.
- 일방통행규제를 적용할 때 교차로폭 좁힘과 조합하면 효과적이다.

그림 7.24 **볼라드 설치에 의한 폭 좁힘**　　　그림 7.25 **보도부 확폭에 의한 폭 좁힘**

- 교차로폭 좁힘과 교차로 전면 험프를 조합하면 교차로에서의 보행자의 차도횡단 거리가 짧아지고 또 평탄하게 할 수 있기 때문에 보행환경개선에 효과가 있다.

③ 효과

- **도로구간폭 좁힘** : 도로구간의 폭 좁힘을 적절히 설치하면 교통량의 감소, 주행속도 저하효과를 얻을 수 있다. 도로폭원 6 m, 차도폭 좁힘 약 3 m 볼라드·교차로 바로 앞에 설치의 사례에서는 폭 좁힘의 설치로 지구 내에 유입하는 교통량 (24시간 합계의 전 차량교통량)에 정비 후 약 6개월 후에 약 34% 감소, 정비 후 약 1년 8개월 후에 약 28% 감소

- **교차로폭 좁힘**
  - 도로구간의 폭 좁힘과 같은 효과에 추가적으로 보도부가 넓혀지는 것은 운전자와 보행자 쌍방의 시인성이 향상된다. 또한 횡단거리도 짧아져서 안전성도 향상된다.

그림 7.26 **교차로의 차도폭 좁힘**

– 구역경계에 설치하는 경우 구역경계를 강조할 수 있어 통과교통의 진입을 억제하는 효과도 기대할 수 있다.

또한 도로폭원 8 m 보도 일부 확폭 3 m 사례에서는 주행속도가 약 3 km/h 저하(정비 전 평균속도 21.2 km/h → 정비 후 평균 18.6 km/h)로 되었으며, 35 km/h 이상으로 주행하는 차량이 없어졌다.

도로폭원 5 m 차도폭 좁힘 3 m 사례에서는 주행속도가 16 km/h 저하(정비 전 평균 35.0 km/h → 정비 후 평균 19.3 km/h)로 큰 속도억제효과를 얻을 수 있었다.

그림 7.27 **차도폭 좁힘**

그림 7.28 **가상(Image) 차도폭 좁힘**

표 7.4 **야오토 지구의 정비효과(교통량)**

구분	정비 전			정비 후 약 6개월			정비 후 약 1년 8개월		
	합계	소·중형차	대형차	합계	소·중형차	대형차	합계	소·중형차	대형차
주간 12시간 (7:00 ~19:00)	1036	924	65	652	590	27	731	609	37
				37% 감소	36% 감소	58% 감소	29% 감소	34% 감소	43% 감소
야간 12시간 (19:00 ~7:00)	185	161	9	159	140	7	154	127	6
				14% 감소	13% 감소	22% 감소	17% 감소	21% 감소	33% 감소
24시간 합계	1221	1085	74	811	730	34	885	736	43
				34% 감소	33% 감소	54% 감소	28% 감소	32% 감소	42% 감소
아침시간대 (7:00 ~9:00)	204	175	16	170	153	7	167	141	11
				17% 감소	13% 감소	56% 감소	18% 감소	19% 감소	31% 감소

주 1 : 차량길이가 550 cm 이상의 차량을 대형차로 함
주 2 : "합계"는 "소·중형차", "대형차" 그 외 차량길이 측정불가능한 차량, 속도측정 불능차량을 포함
출처 : コミニテイ·ゾーンにおける交通安全施策効果の検証, 渡辺久仁子·牧野幸子·橋本成仁·長谷川豊, 第25回交通工学研究発表会論文報告集, 2005

07

- **무신호 교차로에서 네 모퉁이를 좁힌 예**
  - 지구도로에서 일방통행로 간 교차부에서의 네 모퉁이 폭원을 줄여 주행속도를 억제하고 교차로에서 안전한 진입을 목적으로 설치함
  - 그림은 보도가 설치된 도로의 이미지이나, 보도폭원이 충분치 않은 경우에도 적용가능하고 간선도로나 지구 내 접근도로의 교차점에서도 적용을 고려할 수 있음

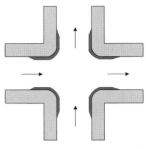

그림 7.29 **네 모퉁이를 좁힌 예**

- **무신호교차로에서 시케인 포함 교차로 좁힌 예**
  - 시케인을 형성하여 주행속도를 억제, 교차로의 안전한 진입을 목적으로 설치함
  - 간선도로 또는 지구 내 접근도로의 교차점에서도 적용을 고려할 수 있으나 어느 경우이든 차도가 좌우로 이동하기 때문에 여유폭원이 필요함
  - 교차로 모서리는 너무 좁히지 않도록 함

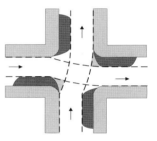

그림 7.30 **시케인을 포함한 교차로 좁힘의 예**

- **무신호교차로에서 일방통행도로 출입구 좁힌 예**
  - 양방통행로와 일방통행로가 만나는 무신호교차로에서 일방통행로의 출입구에서 차량진입속도를 감소시키는 것을 목적으로 함
  - 양방통행도로가 간선도로이고 일방통행도로가 지구접근도로와 같이 상위도로와 하위도로의 등급의 차가 큰 경우에 유효하고 지구도로의 일방통행로 간 네 모퉁이의 한쪽 방향 폭원을 줄임

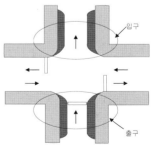

그림 7.31 **일방통행도로의 출입구 좁힘의 예**

- **무신호교차로에서 상위도로를 눈에 띄게 하는 경우 교차로 좁힘의 예**
  - 일반 및 변형된 교차로에서 상위도로와 하위도로 차이를 눈에 띄도록 하기 위함
  - 상위도로를 양방향통행로, 하위도로를 일방통행으로 하여 교차로 좁힘을 도입하면, 직각으로 꺾이는 상위도로를 명확히 구별할 수 있게 됨
  - 경계부분에 컬러포장 등을 채용하여 상위도로의 시선유도를 돕거나 험프를 병용하도록 함

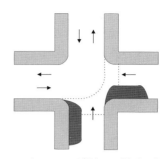

그림 7.32 **상위도로를 눈에 띄게 하는 경우의 교차로 좁힘 예**

(4) 유의점

① 도로구간폭 좁힘

- 보도가 없는 도로에 폭 좁힘을 설치하는 경우 보행자가 폭 좁힘의 외측을 통행할 수 있도록 주택경계선으로부터 1 m 정도 떨어져 설치할 필요가 있다.
- 좁힘의 폭을 3 m보다 좁히는 것도 가능하다. 그러나 그렇게 함으로써 통행할 수 있는 차량이 한정될 우려가 있기 때문에 현지주민과의 합의형성을 적절히 실시할 필요가 있다. 또한 긴급 시에 긴급차량(소방차 등)이 넘어뜨리는 것을 전제로 고무제폴에 의해 형성한 예와 축제 등의 이벤트 시에 탈착할 수 있게 설치한 예도 있다.
- 야간의 시인성 저하에 의해서 폭 좁힘부의 통행 시 안전성이 저하하는 것도 고려하여 폭 좁힘부에서는 도로조명등을 설치해서 보행자나 자전거의 존재를 인식할 수 있도록 하는 것이 바람직하다. 또한 폭 좁힘에 볼라드 등을 이용하는 경우에는 반사판이나 자발광식 시선유도안표 등을 달아서 야간 시 시인성을 향상시킬 필요가 있다.
- 볼라드 등에 의한 폭 좁힘을 실시하는 경우 보행자·자전거가 볼라드 등에 접촉·충돌하더라도 다치지 않는 소재를 선정하는 것이 바람직하다.
- 폭 좁힘부(교차로 폭 좁힘도 동일)에 식재를 설치하는 경우에는 수목의 높이나 형상 등이 보행자나 차량의 시인성을 저해하지 않도록 수종선정에 배려할 필요가 있다.

② 교차로폭 좁힘

교차로폭 좁힘의 앞 노측부분은 경우에 따라 노상주정차하기 쉬운 공간을 제공하게 될 수도 있으므로 주정차할 수 없도록 검토가 필요하다.

3. 시케인

(1) 목적

시케인은 차량통행부분의 선형을 지그재그로 하거나 사행시켜서 운전자에게 좌우의 핸들조작을 강요하는 것으로, 차량의 주행속도를 저감시키는 구조이다. 확트인 직선도로에 비하면 시각적인 심리효과도 있기 때문에 속도억제와 교통량의 억제를 기대할 수 있다.

(2) 구조요건 등

시케인은 도로구조령 제31조의 2 「차도의 굴곡부」로서 정해져 있다. 한편 제4종 제4급 및 제3종 제5급의 도로에 있어서 교통안전상 필요한 경우에 설치할 수 있다. 시케인은 그 형상에 따라 크랭크형과 슬라롬형의 2가지로 분류할 수 있다.

① 크랭크형

직선적인 선형의 변화에 의해 차도를 굴절시키는 방법이다. 지그재그의 차도형상으로 인해 심리적인 속도억제효과는 높다.

- **주행속도의 억제** : 핸들조작을 강하게 함으로써 속도를 저하시킴
- **교통량의 억제** : 직선형의 차도에 비해 시각적으로 진입하지 못하도록 하여 속도저하에 의한 교통량의 억제기능이 있음
- **노상주차의 억제** : Choker, Bollard와 함께 조합하여 주차를 억제시킴
- **자동차접근의 확보** : 차도의 굴절부 등에 주·정차공간을 설치할 수 있음
- **보행자공간의 확충** : 차량통행대로 분리하여 보행자공간을 확보하고 식재, 휴식 공간으로 활용
  - 차량통행대의 폭은 가능한 적게 하는 것이 효과가 큼
  - 소프트 분리 타입의 경우에는 총 폭원이 8 m 정도 필요함

- 노면공유 타입은 노상주차 억제기능이 적기 때문에 주차수요가 많은 노선에
  는 적용하지 않음
- Hump, Image hump를 조합하여 기능을 높일 수 있음

② 슬라롬형

곡선으로 차도를 사행시킨 것이다. 곡률이 차량의 최소곡선반경에 가까워지는
만큼 속도억제효과는 높아지지만, 좌우의 시프트를 크게 해 느긋하게 사행시켜도
속도억제효과를 기대할 수 있으므로, 폭이 큰 도로에서 적용가능성이 있다. 시각
적으로는 보기 좋고 경관적으로는 우수하다고 볼 수 있다.

- **주행속도의 억제** : 핸들조작을 강하게 함으로써 속도를 저하시킴
- **교통량의 억제** : 시각적으로 진입하기 힘든 분위기를 만듦으로써 속도저하에 의
  해 교통량의 억제기능이 있음
- **노상주차의 억제** : 차도를 좁게 함으로써 주정차를 할 수 없게 함
- **자동차접근의 확보** : Crank 주·정차공간을 만들면 특별히 지장은 없음
- **보행자공간의 확충** : 차량통행대와 분리보행자공간을 확보하며 보행자통행대의
  폭에 식재공간, 조경시설물을 설치

한편 시케인의 적용상의 있어 주의점을 살펴보면 다음과 같다.

- 곡선반경을 적게 하지 않으면 속도억제효과는 기대할 수 없음
- 자동차 접근확보를 위해 차도폭원을 크게 하던지, choker 주·정차공간을 설
  치하는 것이 필요함
- 보도와 차도가 구조적으로 구분된 도로에서의 차도굴절형 시케인의 예로, 도
  로가 잘린 직선형태와 같이 좌우로 이동하게 됨
- 차도굴곡형 시케인의 예로, 지그재그 도로의 각을 부드럽게 하여 차도굴절형
  과 시각적 차이는 있으나 도로의 기능 면에서는 비슷함
- 보도와 차도의 구분이 거의 없는 도로에서의 시케인의 예로, 구부러지는 부분
  에는 식재나 볼라드 등을 설치하여 차량의 진입을 막음. 여기서 단순한 형태
  의 시케인일 경우, 아래 제원으로 시케인의 형태가 결정된다.

■ 조합

시케인과 교차로폭 좁힘과의 조합으로 속도 및 교통량억제를 보다 기대할 수 있다. 그리고 차도폭을 좁히는 것이 가능해지는 일방통행규제와 조합하게 되면 시케인의 폭을 크게 취할 수 있기 때문에 속도억제효과를 보다 기대할 수 있다.

③ 효과 및 외국지침

기존연구에 의하면 구조조건에 따라 30 km/h 이하에 속도억제효과를 기대할 수 있는 물리적 디바이스라고 보고되고 있다.

지구 내 도로에 적용가능한 ERF와 교통량이 다소 많은 WINKELERF(상점가 도로)의 시케인 지침을 소개하고자 한다.

그림 7.33 **크랭크형 시케인**

그림 7.34 **슬라롬형 시케인**

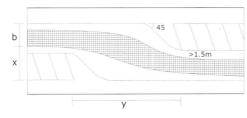

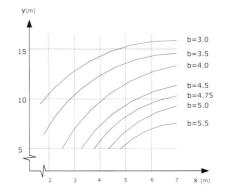

X : 횡방향 크기(m)
Y : 종방향 크기(m)
S : 차도폭원(화물차 주행궤적)
　　주) 차도폭원 b=3의 경우 종방향 Y=10 m 이
　　　　면 X=2 m가 됨
　　자료) EAE, FGSV(독일)(1985)

그림 7.35 **독일의 시케인 설계지침**

100대/h 미만 교통량의 지구 내 도로, 시케인 상호의 설치간격은 50 m 이하로 한다.

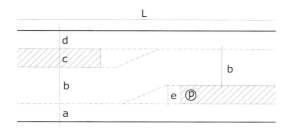

L : 일방통행의 경우 200~400 m까지 통행은 400~
    600 m
a : 건물 전면폭 약 0.6 m
b : 차도 3 m 미만
c : 노상설치물(사양은 지역여건에 맞춤)
d : 보도상당부문(1~1.5 m)
e : 노상주차장(주차방식에 따라 다름)

그림 7.36 **WOONERF의 시케인**

WOONERF의 입구출구표지

300대/h 미만 교통량의 상업지구도로, 시케인 상호의 설치간격은 50 m 이하로 한다.

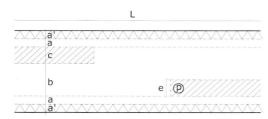

L : 연도 동시개발이 아닌 경우 500 m까지
a : 상품매장의 전면 a'는 1 m 미만
b : 일방통행 3.5m , 양방통행 5 m 미만
c : 노상적치물
d : 보도상당부문 1.5 m 미만
e : 노상주차장(주차방식에 따라 다름)

그림 7.37 **윈에르프(WINKELERF)의 시케인**

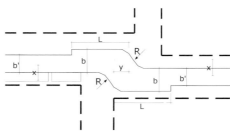

그림 7.38 **네덜란드 ERF의 시케인 지침 예**

표 7.5 **ERF의 시케인 사양(b=3 m)**

b	Y	X	L	R
3.0	7.5	1	–	–
3.0	5.5	3	–	3
3.0	5.5	5	–	5
3.5	5.5	7	22	6
4.0	5.5	9	24	6
4.5	5.5	11	26	6
5.0	5.5	13	28	6
5.5	5.5	15	30	6

(5) 유의점

① 굴절폭치수

- 굴절폭이 적으면 속도억제효과가 없기 때문에 굴절폭은 가능하면 크게 할 필요가 있다.
- 시케인의 경우 F(굴절폭)/w(총폭원)의 값을 0.37 이상으로 함으로써 구간의 속도를 30 km/h 이하로 억제를 기대할 수 있다.
- 예를 들면, 단일 단면의 총폭원(w)이 5.5 m 정도의 도로가 있다면 굴절폭(F)을 2 m 정도로 하여 최대속도 30 km/h 이하로 억제를 기대할 수 있다.
- 고무재질 폴을 이용하여 간단하고 쉬운 시케인을 설치하는 실험에서 $F/W = 0.36$으로 했을 경우 구간 내 최대속도의 85% 테일값은 35 km/h가 된 사례가 있다.

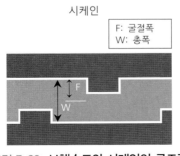

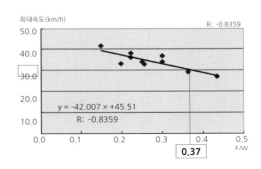

그림 7.39 **보행속도와 시케인의 구조관련**

출처 : 物理的デバイス形狀の違いによる速度抑制效果に関する研究, 本田肇·伊藤克広·金子正洋, 第30回交通工學研究會發表論文集, 2010

② 긴급차의 대응

시케인 설치할 때에 상정되는 최대 사이즈의 자동차가 서행하여 지장없이 통행할 수 있는 것이 필요하다. 특히 긴급차량(소방차 등)의 통행에는 배려가 필요하고 주행궤적을 고려해 설계할 필요가 있다.

③ 시인성의 확보

- 야간에는 시케인을 구성하는 공작물에 대한 시인성 향상을 위하여 조명을 설치하는 등의 배려가 필요하지만 데리네이터나 자발광 말뚝에 의해 선형을 알기 쉽게 할 필요가 있다.
- 식재 등을 설치하는 경우 아이의 뛰어들 때 잘 알아볼 수 있도록 높이에 유의한다(높이 75 cm 이하가 바람직하다).

④ 주차대의 설치

- 시케인과 주정차 스페이스를 조합하여 교통안전대책과 주정차대책을 겸한다.
- 상가 등에서는 시케인 굴절폭을 활용해 하역주차공간을 확보할 수 있다.

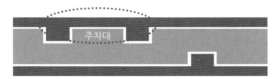

그림 7.40 **시케인에 있어서 하역주차대 설치 이미지**

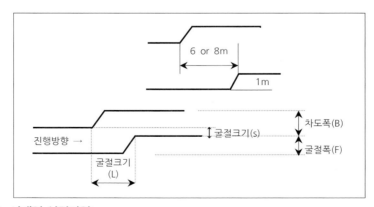

그림 7.41 **시케인 설치사양**

⑤ **적설한랭지 대응**

- 적설한랭지나 적설지에서 시케인의 도입은 동절기의 적설의 상황이나 제설 등의 관리방침, 그리고 동절기와 그 이외의 시기에 있어서 시케인의 효용 등을 감안하여 적절한 형상을 결정할 필요가 있다.
- 도로관리상 검토항목으로 제설의 용이함, 제설에 의한 파손 등을 고려할 필요가 있다.
- 적설한랭지에서 시케인 사양의 예 : 크랭크형 시케인은 세로 차이폭 6 m 혹은 8 m, 굴절폭 1 m로 한다. 슬라롬 시케인은 상대하는 커브의 정점 간의 거리를 최소 30 m로 하고 굴절폭은 도로부지 내에서 최대가 되도록 설정한다.

4. 차단

(1) 목적

① 교차로 경사차단, 교차로차단

존 내의 교차로에서 통행차단을 위해서 구조를 마련하는 것으로, 이것에 의해 특정의 유출방향에의 차량진행을 방해하여 차량의 진행방향을 한정하는 것이다. 생활도로에 있어서는 교차로를 비스듬하게 차단해 특정방향에의 유출을 제한하는 「교차로 경사차단」이나, 좁은 도로에서 간선도로로 나가는 경우 등에 교차로 유입부를 차단하는 「교차로차단」 등이 있다.

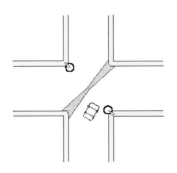

(a) 대각선차단 : 일반적인 +자 교차로의 예   (b) 직진차단 : 중앙분리대를 이용하여 교차로중앙에 교통섬설치

그림 7.42 **대각선차단과 직진차단**

계획적으로 정비된 주택시가지, 관광지에서 보행자 체류공간을 확보하는 경우 등에 통행차단을 실시 예를 볼 수 있다.

그림 7.46은 교차로 경사차단의 사례로 격자모양의 시가지의 남북 생활도로를 비스듬하게 차단하고 동서도로를 일방통행으로 통과교통을 배제하여 차량의 교통동선을 컨트롤한다. 차량통행 금지부분은 보도로서 제정비하고 있다.

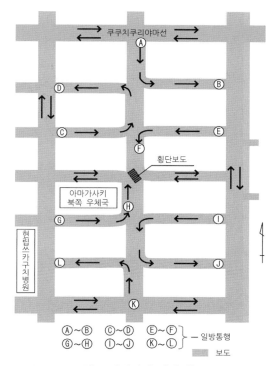

그림 7.43 **교차로 경사차단 설치 예**

그림 7.44 **교차로 경사차단**

그림 7.45 **차단된 도로의 보도정비상황**

② 통행차단

도로구간의 일부를 차단함으로써 물리적으로 차량의 진행방향의 제한이나 통행차단을 실시하여 교통량을 억제한다. 차량을 통행차단하는 경우에서도 자전거나

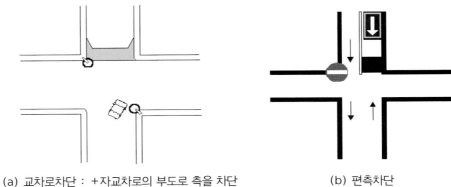

(a) 교차로차단 : +자교차로의 부도로 측을 차단   (b) 편측차단

그림 7.46 **교차로차단과 편측차단**

그림 7.47 **교차로 경사차단**

그림 7.48 **볼라드에 의한 통행차단**

보행자 등 특정의 교통을 선별해 통행시키는 목적으로도 사용하면서 아울러 여유공간 등도 확보할 수 있다. 주택단지에서는 컬드삭(막다른 길)으로 활용되고 있다.

상점가 등에서는 통행차단에 의한 보행자공간을 확보해 활기 만들기를 하고 있는 예도 볼 수 있다. 또한 여러 나라에서는 자동승강식의 볼라드에 의해 거주자의 차량이나 버스, 화물차 등 특정교통을 선별해 존 내 유출입시키는 사례도 볼 수 있다.

■ **조합**
- 존 출입구 등에서 교차로차단을 실시하는 경우 간선도로 등의 외주도로에서의 지정방향 외 통행금지규제와 조합할 필요가 있다.
- 교차로차단과 일방통행의 조합에 의해 존 내의 통과교통을 억제할 수 있다.

- 통행차단한 구간은 자전거·보행자용 도로나 보행자용 도로와 조합해 지정하는 것으로 연속적인 보행공간이나 보행자의 체류공간 등을 확보할 수 있다.

(2) 효과

- 차량통행을 완전하게 차단할 수 있기 때문에 통과교통의 억제효과가 있다.
- 차량통행을 완전하게 차단할 수 있고 차도를 활용하여 안전한 보행자 자전거의 공간을 확보하는 것이 가능하다.
- 차단공간을 식수나 보행자를 위한 공간으로 할 수 있어서 교통안전이나 양호한 경관의 정비에 도움이 된다. 또한 상업지에서는 활기를 연출하는 공간 등에도 활용할 수 있다.

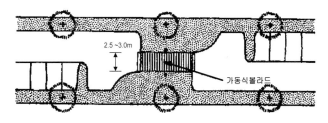

2.5 ~ 3.0m

가동식볼라드

그림 7.49 **통행차단계획 예**

(3) 유의점

- 차량의 통행을 완전하게 차단하기 때문에 지역주민의 합의형성이 중요하다. 막다른 골목이 되는 경우에는 사적 이용을 하는 경우가 있기 때문에 적정한 이용을 도모할 필요가 있다.
- 차단하는 공작물의 시인성은 중요하며, 특히 야간의 주의환기에 유의할 필요가 있다.
- 차단에 의해서 막다른 골목이 되는 경우는 마지막 부분에 회차공간을 설치할 필요가 있다. 그리고 존 내를 통행하는 운전자에게 막다른 곳이라는 것을 사전에 알려둘 필요가 있다.

그림 7.50 **좁은 도로의 교통차단상황**

　동경 시나가와구의 오이마치역 주변의 도로를 정비하면서 간선도로에서 지구 내 좁은 도로로 차량의 유출입을 제한하기 위해서 기존 좁은 도로의 일부를 교차로 차단하고, 간선도로의 차량에 있어서의 정비를 실시하였다. 통행차단을 한 공간은 보행자전용도로로 하였다.

　스쿨존이나 상점가의 도로와 같이 보행자통행이 많은 시간대를 지정하여 차량 통행금지의 규제(도로교통법 제8조 제1항, 제9조)에 의해 통과차량을 배제하고 차도를 일시적으로 보행자를 위한 공간으로 할 수 있다. 잘못하여 차량이 유입하는 등 준수가 과제이지만 수동의 바리게이트 등 대책과 아울러 실시하고 있다.

　바리게이트의 설치를 사람이 하는 경우 매회의 설치나 철거가 필요한데 계속해 나가기 위해서는 지구주민의 이해와 협력이 필요하다. 외국에서는 자동승강식 볼라드를 설치운용함으로써 지구주민의 부담경감과 지구 내에의 진입차량을 선별해서 통과시킬 수 있다.

그림 7.51 **스쿨존의 바리케이트**

그림 7.52 **자동승강식 볼라드**

외국에서는 중심시가지나 역사적 시가지에서 차량유입을 억제하여 안전하고 쾌적한 보행공간이나 모임공간을 확보하기 위해서 자동승강식 볼라드를 설치하고 있는 경우가 있다. 통과교통을 배제하고 버스 등의 공공교통이나 지구 내의 거주자차량 등 특정의 교통만을 선별해 유출입시킬 수 있다.

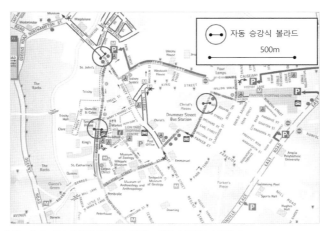

그림 7.53 **역사적 시가지의 차량진입규제와 자동승강식 볼라드**

그림 7.54 **볼라드가 올라간 상태**

그림 7.55 **볼라드가 내려진 상태**

5. 노면요철포장

노면요철포장은 좁고 긴 띠 모양의 요철을 일정간격으로 두고 색다른 포장재의 이용 등에 의해 고속통행차량에 작은 진동음을 발생시켜 경고하는 줄무늬 모양 구조로 시각적(심리적)으로 속도를 저하시키는 효과도 노리고 있다.

그림 7.56 **이미지 험프(Image Hump)**　　　그림 7.57 **지글 바의 설치 예**

여러 실험을 통하여 교통공학적으로 개량된 럼블 스트립(Rumble strip)은 폭원이 충분하지 않은 도로에서도 도입가능하며 비용도 저렴하다. 주요기능은 다음과 같다.

- **주행속도의 억제** : 통과 시의 미진동과 소음에 의해 속도를 저하시킴
- **교통량의 억제** : 진입하기 힘든 분위기를 만들 수 있음
- **보행자공간의 확충** : 포장재에 의해 도로경관의 향상을 기대할 수 있음

노면요철포장에는 다양한 형태가 설계·시공되고 있으며 대표적인 예는 다음 세 가지가 있으나 설치조건에 따라 적절히 단면구조, 소재 등을 선택 적용해야 한다.

(1) 럼블 에어리어(Rumble area)

인공 블록소재(콘크리트 계열, 타일 계열, 벽돌 계열 등)나 자연석 블록을 나열하여 면적(面的)으로 요철을 만드는 방법으로 아스팔트 포장도 여러 가지 기술적 이용이 가능하다.

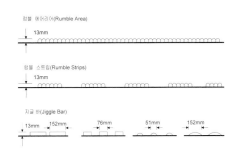 

그림 7.58 **요철포장의 종류**　　　　　그림 7.59 **노면요철포장**

- **럼블 에어리어(Rumble area)** : 凸형의 포장재를 면적(面的)으로 설치한 것
- **럼블 스트립(Rumble strip)** : 凸부를 띠 모양으로 만들어 나열한 것
- **지글 바(Jiggle Bars)** : 凸부를 띠 모양으로 만들어 나열한 것

(2) 럼블 스트립(Rumble strip)

럼블 스트립은 포장도로의 일부분에 일정 패턴에 따라 요철을 한 것으로 럼블 에어리어와는 달리 핸들 진동과 차체의 공명에 의한 울림음으로 운전자에게 감속을 유도하게 하며, 교통에 대한 주요효과를 살펴보면 다음과 같다.

- **자동차 속도에 대한 효과** : 럼블 스트립은 주택지에 어울리는 속도의 범위가 거의 상한으로, 1.9 cm Chips을 가지고 1편의 길이가 0.31 m의 럼블 스트립에서는 속도가 약 40 km/h에서 불쾌감을 나타내고 있음
- **교통안전성에 대한 효과** : 럼블 스트립을 일시정지표지의 전방에 설치한 경우 교통사고감소에 아주 큰 효과가 있어 설치효과는 사고율이 약 60% 감소된 것으로 나타났으나 자동차의 속도가 낮은 주택지 내 도로에서의 효과는 아직 크다고는 볼 수 없으며 자동차이용자에게는 특히 위험한 것으로 보고되고 있음
- **소음에 대한 효과** : 럼블 스트립의 높이를 1.9 m로 설치할 경우 소음은 92 dB부터 100 dB로 상승하였으며 주로 럼블 스트립을 적용할 때 평균 일교통량 2,500대 이하의 도로에 한정하고 있지만 이것은 교통량이 많은 도로는 소음문제가 생기기 때문임

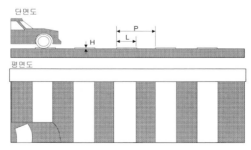

그림 7.60 Rumble strip의 구조

주 : ① 럼블 스트립의 凸부의 길이를 *L*, 높이를 *H*, 피치(pitch)를 *P*로 표시
   ② *P*와 *L*은 지역특성에 따라 다양하며 저속도로는 길이가 짧아짐
   ③ *H*는 너무 높으면 진동이 심해지므로 통상 20 mm 이하로 하고 있음(영국 13 mm, 스웨덴 11 mm)

(3) 더블 피치(Double pitch)

유럽에서는 럼블 스트립의 효용을 높이기 위해 복수의 피치를 가지는 럼블 스트립도 개발되어 중간부터 피치가 짧게 하거나 처음부터 조금씩 피치를 짧게 하여 운전자에게 재인식하게 하는 효과가 있지만 총 연장이 길어지는 점을 고려해야 한다.

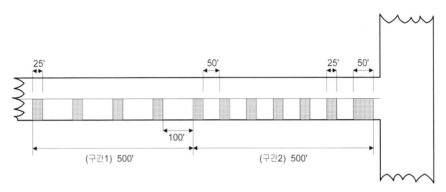

그림 7.61 **톱니간격(피치)이 변하는 럼블 스트립**
주 : T자 교차도로 편측차선의 럼블 스트립 설치의 예, 중간부터 피치가 짧아짐

(4) 지글 바(Jiggle bar)

럼블 스트립의 특수한 형태로 띠의 길이(L)가 약 $50 \sim 150 \, \mathrm{mm}$ 정도, 보차공존도로에서 차량서행을 유도하기 위해 설치하는 구조로 영국의 사례에서는 초커와 병용하는 사례가 많다.

그림 7.62 **톱니간격(피치)이 변하는 럼블 스트립**

(5) 스트립수의 증가

럼블 스트립의 수를 변화시켜 운전자에 대한 속도를 경고하고자 럼블 스트립의 진동을 1박, 2박, 3박 등으로 증가시킬 수 있다.

럼블 스트립은 속도억제효과가 있지만 소음과 진동의 문제가 있어 주택가 장소를 피해서 설치운영되어야 하며, 일본의 실험결과에 의하면, 속도억제에 관해서는 凸부의 높이(H)가 14 mm로 비교적 높은 럼블 스트립이 아니더라도 높이(H) 7 mm의 것(재료는 작고 납작한 화강석, 피치 $P=300\sim450$ mm, $L=100$ mm, 높이 $H=7$ mm, 스트립 수=8~12개)에서도 속도를 30 km/h 이하로 억제하는 데 상당히 유효한 것으로 나타났다.

최근 미국의 7개 주에서는 미끄럼 방지시설의 하나인 럼블 스트립(Rumble Strips)이 도로이탈사고를 방지하는 효과가 있는 것으로 평가하였는데, 연방도로 청은 럼블 스트립 설치로 최소 20%에서 최대 70%까지 사고감소효과가 있다고 한다.

노견용 럼블 스트립이란 도로포장면에 가늘고 길게 홈을 일정한 형태로 설치하여 운전자가 도로를 이탈할 때 운전자에게 럼블 스트립을 통과하는 소리를 제공하거나 핸들에 진동을 제공하여 줌으로써 이탈방지를 할 수 있다. 도로안전시설물로서 효과를 평가한 사례를 살펴보면, 캘리포니아주의 경우 최근 3년 동안 고속도로 상에서 33%의 사고예방효과가 있는 것으로 나타났고 펜실베니아주에서는 졸음운전 예방용으로 설치한 결과, 70%의 사고감소효과가 있는 것으로 나타났다.

6. 미니로터리(Mini Roundabout)

(1) 주요기능

미니로터리는 주로 유럽이나 미국 동부의 도시에 있어서 간선도로상에 설치하고 있는 방법이지만 최근 주택지에도 소규모 미니로터리를 속도억제 수법으로 이용되고 있다.

실제 미니로터리는 교통량과 속도에는 거의 영향을 미치지 않지만 이것을 설치함으로써 그 지구에는 무엇인가 설치되어 있으므로 주의가 필요하다고 하는 분위

그림 7.63 **미니로터리 설치 예**

기를 만들어 효과를 기대할 수 있다. 주요기능을 살펴보면,

- **주행속도의 억제** : 직진하는 자동차에게 사행을 강하게 유도하여 속도를 저하시키고 시각적으로 진입속도를 저하시킴
- **교통량의 억제** : 시각적으로 진입하기 힘든 분위기를 줌
- **노상주차의 억제** : 교차점부분에는 이러한 기능은 없음
- **자동차접근의 확보** : 교통량이 적은 경우에는 신호의 설치보다도 교통류는 원활히 할 수 있음
- **보행자공간의 확충** : Fort 내에는 식재공간으로 이용할 수 있음

영국에서는 1966년에 「로터리 유입부에서 유입하려고 하는 차량은 순환부(도넛 부분)상의 차량에 길을 양보해야 한다」라고 하는 「원방향(遠方側) 우선규칙 (offside priorityrule)」이 도입되어 작은 미니로터리의 설치가 가능해졌다.

- **순환부(環道)** : 도넛형의 회전부분에서 일방통행으로 하며 유입부의 차량보다 우선권이 있음
- **유입부** : 접근로에서 교차로에 유입하는 차선. 합류를 원활히 하기 위해 교차각을 작게 함
- **유출부** : 교차로에서 접근로에 유출하는 차선교통섬을 설치하여 상하차선을 분리함
- **중앙섬** : 통상 로터리에서는 직경 4 m 이상, 4 m 미만의 경우는 미니로터리라 함

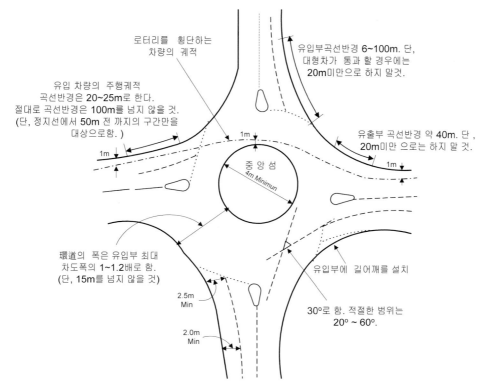

유입 차량의 주행궤적
곡선반경은 20~25m로 한다.
절대로 곡선반경은 100m를 넘지 않을 것.
(단, 정지선에서 50m 전 까지의 구간만을
대상으로함.)

로터리를 횡단하는
차량의 궤적

유입부곡선반경 6~100m. 단,
대형차가 통과 할 경우에는
20m미만으로 하지 말것.

1m

1m

중앙섬
4m Minimun

유출부 곡선반경 약 40m. 단 ,
20m미만 으로는 하지 말 것.

1m

環道의 폭은 유입부 최대
차도폭의 1~1.2배로 함.
(단, 15m를 넘지 않을 것)

2.5m
Min

2.0m
Min

유입부에 길어깨를 설치

30º로 함. 적절한 범위는
20° ~ 60°.

그림 7.64 **로터리 형태의 예**

(2) 회전교차로 설계지침(국토교통부, 2014.12)

① 회전교차로의 개요

회전교차로(Roundabout)의 계획 및 설계에 관한 기본사항과 세부지침[13]이 작성되어, 회전교차로를 현장여건에 맞게 설치하도록 안내하여 교차로의 교통안전과 원활한 교통소통을 도모하고 있다.

- 회전교차로는 설계속도가 70 km/h 이하인 도로에 적용한다.
- 회전교차로는 교통류가 신호등 없이 교차로 중앙의 원형교통섬을 중심으로 회전하여 교차부를 통과하도록 하는 평면교차로의 일종이다.

---

13 2012년 행정안전부에서 생활도로형 회전교차로 설계지침이 있으며, 회전교차로 설계지침(2010년, 국토해양부)을 수정 보완하여 최근 국토교통부에서 회전교차로 설계지침(2014년 12월) 이 발표함으로써, 이를 정리하였다.

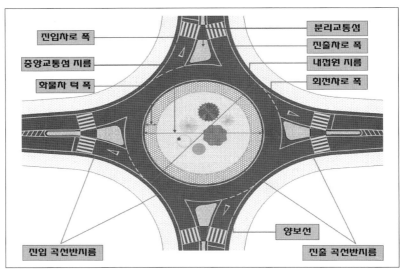

그림 7.65 **회전교차로 구성요소**

- 회전교차로는 진입자동차가 회전차로에서 주행하는 자동차에게 양보하는 것을 기본원리로 운영된다[14].

회전교차로는 중앙교통섬, 회전차로, 진입·진출차로, 분리교통섬 등으로 구성된다. 내접원지름은 중앙교통섬지름과 회전차로폭을 포함하며, 중앙교통섬 제원에는 내측 길어깨폭과 화물차턱(Truck Apron)폭이 포함된다. 그림 7.68은 회전교차로의 구성요소를 나타낸 것이다.

② 회전교차로의 특징 및 유형

회전교차로는 일정수준의 교통량 범위에서는 신호제어에 의해 운영되는 신호교차로에 비해 대기시간이 감소되고 용량이 증대된다. 그리고 회전교차로는 상충횟수가 적고 진입속도를 낮게 설계하여 교통사고 발생건수와 피해정도가 작다.

회전교차로의 기본유형은 설계기준자동차와 진입차로 수에 따라 소형, 1차로형, 2차로형으로 구분한다. 회전교차로는 1차로형·2차로형의 설치를 원칙으로 한다. 다만, 확보가능한 도로부지, 계획교통량 및 설계기준자동차를 고려하여 적정 유형을 선정할 수 있다.

---

14 종래 로터리(Rotary) 혹은 교통서클(Traffic Circle)은 원형회전교차로의 일종이나, 교차로 진입차량에 통행우선권을 주는 원칙으로 운영하는 방식으로 회전자동차가 진입자동차에 양보한다.

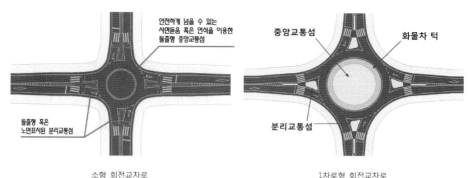

소형 회전교차로   1차로형 회전교차로

그림 7.66 **회전교차로의 유형**

③ 회전교차로 계획 및 전환기준

일반적인 형태의 교차로는 대부분 회전교차로로 전환이 가능하고, 운영상 비효율적이거나 교차로 내 사고가 빈번한 경우는 회전교차로가 더 바람직한 대안이 될 수 있다.

- 회전교차로 설치가 권장되는 경우
  - 불필요한 신호대기시간이 길어 교차로 지체가 악화된 경우
  - 교통량수준이 높지 않으나, 교차로 교통사고가 많이 발생하는 경우
  - 교통량수준이 비신호교차로로 운영하기에는 부적합하거나, 신호교차로로 운영하면 효율이 떨어지는 경우
  - 교차로에서 직진하거나 회전하는 자동차에 의한 사고가 빈번한 경우
  - 각 접근로별 통행우선권 부여가 어렵거나 바람직하지 않은 경우
  - Y자형 교차로, T자형 교차로, 교차로 형태가 특이한 경우
  - 교통정온화 사업구간 내의 교차로

- 회전교차로 설치가 금지되는 경우
  - 확보가능한 교차로 도로부지 내에서 교차로 설계기준(회전반지름, 지름, 도로폭, 경사도 등)을 만족시키지 않는 경우
  - 첨두 시 가변차로가 운영되는 경우
  - 신호연동이 이루어지고 있는 구간 내 교차로를 회전교차로로 전환 시 연동효과를 감소시킬 수 있는 경우

– 회전교차로의 교통량수준이 처리용량을 초과하는 경우

– 교차로에서 하나 이상의 접근로가 편도 3차로 이상인 경우

개별진입로의 차로당 교통량이 약 450대/시 이하 내의 교차로에서는 회전교차로로 전환 시 지체감소에 따른 교통소통완화 측면에서 효율적이다. 또한 좌회전 교통량비율이 30~40% 이상인 교차로는 회전교차로보다는 신호교차로로 운영하는 것이 바람직하다.

④ 회전교차로 설계기준

일반적으로 도시지역 도로에서는 버스를 포함한 대형자동차를 통행시킬 수 있어야 하며, 지방지역 도로에서는 세미트레일러를 통행시킬 수 있어야한다. 따라서 도시지역 회전교차로는 대형자동차, 지방지역 회전교차로는 세미트레일러를 설계기준자동차[15]로 하는 것이 바람직하다.

표 7.6 **설계속도별 최소교차로 시거**

설계속도(km/h)	10	15	20	25	30	35	40	45	50
최소교차로 시거(m)	16	23	31	39	47	54	62	70	78

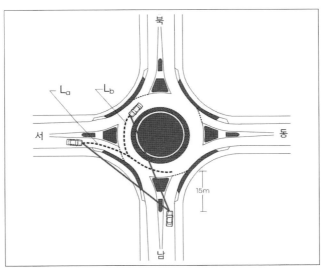

그림 7.67 **진입부 회전교차로 시거**

15 도로의 구조·시설기준에 관한 규칙 제5조(설계기준자동차) 소형자동차폭 2.0 m, 높이 2.8 m, 길이 6.0 m, 대형 자동차 폭 2.5 m, 높이 4.0 m, 길이 13.0 m, 세미트레일러폭 2.5 m, 높이 4.0 m, 길이 16.70 m

표 7.7 1차로형 회전교차로 내접원지름

설계기준자동차	회전부설계속도(km/h)	내접원지름(m)
대형자동차	20	27.0~40.5
	30	41.0~50.0
세미트레일러	20	30.0~46.5
	30	47.0~55.0

회전교차로 접근로의 권장설계속도는 최대 40~50km/h이고, 회전부의 권장설계속도는 20~30km/h이다.

그림 4.17과 같이, 교차로 진입부에서 자동차는 좌측진입로의 진입자동차 궤적(La)과 회전차로 내 회전자동차 궤적(Lb)과 상충될 수 있으므로 이에 대한 적정 시거를 확보한다.

내접원지름은 회전교차로 내부에서 가장 크게 접하는 원의 지름이며, 내접원의 외곽선이 회전차로의 외곽선으로 이루어지기 때문에 회전차로 바깥지름이라고도 한다. 소형 회전교차로 내접원지름은 15~26 m이며, 1차로형 회전교차로의 설계기준자동차와 회전부설계속도에 따른 내접원지름은 다음 그림 7.71과 같다.

7. 볼라드(Bollard)

볼라드(단주)는 차량의 통행을 제어하고 보행자의 안전을 도모하는 말뚝으로 다음과 같이 세 가지로 기능상의 용도를 구분할 수 있다.

- **차량통행 영역의 명확화** : 차량과 보행자의 통행영역을 구분하여 보행자공간으로 차량진입이나 주·정차를 배제시켜 보행자 등의 안전을 확보, 가드레일 등과는 달리 볼라드 간을 개방하여 보행자 등이 자유로이 빠져나갈 수 있다는 점이 특징이다.
- **물리적 시설의 실현수단** : 볼라드의 병용으로 차량통행로의 선형을 변경하여 차도폭 줄임, 시케인, 차단 등의 물리적 시설물의 설치를 실현할 수 있음
- **과속방지턱의 보조시설물로 설치** : 사다리꼴 험프나 교차로 험프 설치 시 차량이 보도에 올라타는 것을 방지, 또는 양끝 절단 타입의 험프에서 한쪽 바퀴를 절단부에 걸쳐 통과할 목적으로 보도 측으로 붙는 운전행동을 방지하기 위해 차

보도 경계에 볼라드를 설치

높이가 40 cm 이하의 것은 운전자에게 사각(死角)이 되며, 보행자의 발에 채이기 쉽기 때문에 통상 70~80 cm 정도의 것이 사용되고 있다.

자동차와 보행자의 영역구분을 목적으로 볼라드를 설치할 경우 차량의 통과는 막고 보행자는 통과할 수 있도록 설치간격을 2 m 정도로 하며 긴급차량의 통행을 고려해야 할 장소에서는 탈착식 또는 가동식(可動式) 볼라드를 사용하기도 한다.

원칙적으로 모든 형태의 도로에서 적용가능하나 차량주행속도의 억제대책이 행해지지 않은 도로나 차량교통량이 많은 곳에는 보행자 등 안전을 위협할 우려가 있다.

주요기능을 살펴보면 다음과 같다.

- **주행속도의 억제** : 좁게 설치함으로써 속도를 저하시킴
- **교통량의 억제** : 차단대로서 이용가능함
- **노상주차의 억제** : 차도 좁힘과 같이 적용하는 경우 보도에 걸친 주·정차를 방지
- **자동차접근의 확보** : 화물의 하적 등에 불편을 줄 수 있음
- **보행자공간의 확충** : 가로조경시설물로서 가로경관을 구성할 수 있으며 형상에 따라 벤치로도 활용가능함
- **사다리꼴 험프** : 횡단보도를 겸한 사다리꼴 험프에서 차량이 보도 안쪽으로 넘어들어가는 것을 방지하기 위해 볼라드를 설치
- **교차로 전면 험프** : 교차지점의 보도로 차량이 넘어 들어가는 것을 방지하기 위해 필요에 따라 볼라드를 설치
- **차도폭 좁힘, 시케인** : 복단면(複斷面) 도로에서의 초커나 시케인에서는 보차도 경계를 따라 볼라드를 설치 단단면(單斷面) 도로의 경우에도 볼라드에 의해 차량통행로의 방향과 범위를 나타낼 수 있으므로 초커나 시케인의 실현가능
- **차단(고가구간 및 교차로)** : 차단을 목적으로 사용하는 경우에는 승용차의 차폭보다 좁은 간격으로 설치. 또한 긴급차의 통행을 고려하여 볼라드 일부를 탈착식 또는 가동식으로 함

그림 7.68 **볼라드 설치 예**

교통약자를 위한
시설정비

The Maintenance of Facilities for Transportation Poor

1. 노약자 및 장애인을 위한 시설정비
2. 교통약자와 생활도로대책
3. 시설설계 및 정비기준

08 교통약자를 위한 시설정비

The Maintenance of Facilities for Transportation Poor

1. 기본개념 및 배려사항

(1) 기본개념

도로의 다양한 기능 가운데 모두에게 안전하고 이용하기 쉬운 보행공간으로의 기능을 제공하는 것은 무엇보다도 중요한 과제로 볼 수 있으며, 특히 보행동선의 연속성확보는 기본적인 사항으로서 그곳에서의 안전성과 쾌적성이 중요한 요소로 작용하고 있다. 그리고 고령자 및 장애인 등이 안전하고 쾌적한 사회활동 등에 참가할 수 있도록 하는 고려가 점차 중요한 설계요소로 작용하고 있다.

고령자·장애인을 포함하여 모든 사람들의 보행, 휠체어에 의한 이동을 기본적인 교통수단으로 하여 안전성과 쾌적성을 확보할 수 있도록 보도정비 시 고려되어야 하며 이제까지의 정비방침을 복지의 시점으로부터 다시 보고 보차도의 분리, 노면의 평탄성, 유효폭원의 확보 등에 대하여 이용측면에서 배려되어야 한다.

보행자공간의 연속성확보 및 네트워크를 정비하여 고령자·장애자 등이 자유로이 이동할 수 있도록 보행자공간을 확보하는 것은 복지의 가로환경정비를 위해 중요한 요소로서 보행자공간의 연속적인 네트워크가 될 수 있도록 이들의 행동범위를 고려하여야 한다.

특히 모든 곳을 정비할 수 없으므로 고령자 및 장애자들이 자주 이용하는 곳부터 우선정비하고, 고령자·장애인 등이 이용하기 쉬운 다음과 같은 곳을 간선도로로 설정하여 그곳부터 중점적으로 정비하여 네트워크를 구성한다.

- 고령자·장애인 등이 자주 이용하는 시설과 역, 버스정류장 등과 가깝게 연결하는 도로로서 이에 접한 공공시설, 상점 등 이용가치가 높은 도로
- 기존도로 가운데 조금만 정비해도 안전성이 높아지는 도로
- 재해피난도로는 그 외 간선이 되는 도로라도 고령자·장애자 등을 배려한 정비 및 유지보수를 지속적으로 실시함으로써 네트워크를 완성할 수 있도록 정비하는 것이 필요하다.

(2) 노약자·장애인의 배려

지구교통관리에서는 교통약자가 안심하고 일상생활을 영위할 수 있도록 지구내 도로에서의 보행자동선을 연속적으로 확보하고, 그 동선상의 각 장소에서 안전성과 쾌적성에 대해 고려하는 것이 중요하다. 일본의 「커뮤니티 존 형성 매뉴얼」에서 제시된 교통약자에 대해 배려할 주요한 점은 다음과 같다.

(a) 출입구 근처 장애인용 주차장설치   (b) 현관까지 고저차가 있을 경우 경사로설치

그림 8.1 **장애인을 고려한 시설사례**

① 단차의 해소

- 보행동선상의 단차는 최소한으로 하고 교차지점 등에서는 완만한 구배로 보도면을 부드럽게 처리하여 단차해소를 도모하고 시각장애인이 보차도 간의 경계를 식별가능하도록 배려한다.
- 등급이 낮은 세로 및 가로와 간선도로의 교차지점에서는 세로 및 가로측의 차도부분의 높이를 보도의 높이로 조정하여 험프 구조로 만드는 것으로 보차도 간의 단차를 완화하는 것을 검토한다.

② 통행을 위한 폭원의 확보

보도나 보행공간의 폭원은 휠체어(조작에 필요한 폭 1 m)의 통행을 고려하여 확보하되 폭원을 유효하게 이용하기 위해 방호책의 위치와 형태, 전신주·표지주 등의 정리통합과 설치위치, 가동장애물의 제거 등에 관해 검토한다.

③ 평탄성의 유지

빗물 배수를 위한 횡단구배를 최소한으로 한정하고 포장재에 있어서도 요철이 생기지 않는 재료를 선택하며 도로변 부지로의 진·출입부에는 특수 블록을 채용하거나 보도를 완만한 구배로 부드럽게 처리 평탄성을 유지하도록 한다.

④ 안전성·쾌적성의 확보

• 횡단보도 설치위치의 적정화를 도모함과 동시에 차도횡단부에서는 음향식이나 진동식 신호 등 교통약자를 배려한 시설정비를 검토한다.
• 넘어지는 것을 방지하기 위해 쉽게 미끄러지지 않는 포장재를 이용하고 유도용 블록이나 점자안내판 등 시각장애인을 위한 정보안내시설을 적정하게 정비하고 일반적인 표지에 있어서도 표시가 눈에 잘 띄도록 배려한다.

2. 교통약자를 위한 보행공간 정비방침

교통약자는 20여 년 전에는 장애인이 중심이었지만 점차 고령자를 비롯해, 임산부, 환자, 화물을 가진 사람, 어린이 등 핸디캡을 가진 계층도 대상에 포함시키고 있다. 미국에서는 이 외에도 교통빈곤계층(Transpotation Poor Group)을 정의하고 경제적으로 가난한 사람이나 과소지역 거주자도 포함시켜 개념의 범위를 넓히고 있다. 여기서 일반적인 가로환경정비의 기본요소는 원활성, 안전성, 쾌적성으로 크게 구분하고 있는데, 장애인·노약자의 교통약자에 대한 고려사항을 살펴보면 다음과 같다.

(1) 통행성

특히 단차해소나 유효폭원의 확보 등에 의해 이동이 가능하도록 하는 것으로 보행공간에 있어서 중요한 요소로 볼 수 있다.

(2) 안전성

일반부상으로 인한 안전성이나 시력장애인이 안전하게 이동할 수 있는 안전성 등 교통사고와 관련된 것으로 크게 나눌 수 있다.

(3) 건강유지성

외견으로는 내부장애인·고령자 등의 휴식용 벤치나 화장실, 비를 피할 수 있는 버스정류장의 쉘터 등으로부터 외출 시의 건강을 유지하는 대책이다.

(4) 시인성

교통결절점 등 복잡한 지구에 있어서 도시의 기반정비나 안내시스템 등의 조합으로 알기 쉽게 하는 것이다. 고령운전자에 대한 표지 등도 크게 하고 단순히 하는 것도 시인성을 높이는 것이라 할 수 있다.

교통약자를 위한 보행공간 정비방침 및 정비요소와 과제는 표 8.1과 같다.

표 8.1 **교통약자의 보행공간 정비방침, 요소**

정비방침	정비요소		정비대상
통행동선 확보	단차해소		• 보차도 단차 없어짐 • 구획가로 교차부문의 험프 도입
	보행폭원의 확보	폭원의 확폭	• 도로구조로서 최저폭원의 확보
		폭원유효이용	• 방호책의 위치나 형상의 개선 • 항구적 장애물의 설치장소개선
	평탄성의 유지		• 노면재질의 선택 • 연도부지의 차진입부의 보도턱 낮춤
	보행공간의 연속성확보		• 필요한 시설 간을 연결하는 루트 조성
안전성 확보	횡단구조의 안전성확보		• 횡단보도 설치위치의 적정화 • 음향식 신호설치, 녹색시간의 배려
	보도 내 자전거 사고방지		• 자전거통행로의 개선
	넘어짐 미끄럼방지		• 미끄러지지 않는 포장재의 개선 • 단차나 도로개폐구의 표시개선
	정보장애인의 안전확보		• 시각장애인 유도블록의 계통적 배치 • 안내판의 적정배치
쾌적성 확보	건강유지		• 좌식 화장실의 확보
	시인성확보		• 표시의 시인성확보

종래에는 복지와 관련된 가로환경 정비대책은 보행공간에 한정된 것으로서 휠체어 사용자와 시각장애인 중심의 대책이었지만 앞으로는 고령자·어린이·임산부 등을 포함하여 도로의 안전이나 시설유지의 관점으로부터 가로환경의 설계와 그 외 각종 시설물의 관리시스템도 포괄적으로 다루어지고 있다.

3. 편의시설 개선방안

교통약자의 활동편의를 도모하기 위해 정부는 장애인 복지정책의 기본방향을 설정하고 각종 공급시설을 비롯, 편의시설설치를 위한 방안이 다각적으로 모색되고 있으며 각종 편의시설의 종류와 설치기준 및 세부기준 등이 마련되어 있다.

여기서는 국내 횡단보도시설과 횡단보도구간을 중심으로 몇 가지 생활편의시설 개선방안을 제시하면 다음과 같다.

- 우선 장애인 및 노약자의 안전한 차도횡단을 위해서는 신호등의 보행신호주기를 길게 하고, 횡단주기 내에 횡단이 어려운 경우를 감안하여 안전하게 신호 대기할 수 있는 안전시설의 설치가 필요하다.
- 보행자횡단 최소한계시간 개념을 원칙으로 정하여, 보행자 횡단속도 적용 시 성인의 1.0 m/초 대신 어린이와 노약자의 0.9 m/초를 적용하여 보행신호시간을 가능하면 길게 한다.
- 중앙분리대구간에 설치된 횡단보도에서는 횡단보도폭만큼 경계석을 낮추고 좌우 2 m에 단차 경계석을 사용하며, 시각장애인을 위한 점형블록과 유도블록을 설치하고 공간에 여유가 있는 경우 노약자의 휴식을 위하여 의자를 설치한다.
- 도색에 의한 중앙차선설치 시 중앙분리대폭에 교통섬의 폭은 최소 1 m 이상을 더하고, 교통섬의 설치가 어려운 경우는 운전자가 야간에도 횡단보도임을 알 수 있는 횡단보도용 도로표지 등을 설치하여 운전자의 시인성을 증진시켜 보행자의 안전을 확보한다.
- 횡단보도 예고표지로 사용하고 있는 다이아몬드형의 노면표지에 대한 운전자의 인지도가 매우 낮아, 횡단보도에서 과속차량에 의한 보행자 교통사고 및 급정차에 따른 차량 간의 추돌사고발생이 빈번하여, 운전자가 횡단보도 예고

(a) 턱 낮춤부분의 평탄부분확보 및 시각장애인 유도블록

(b) 차량출입구부의 보도를 연속성을 갖고 평탄하게 한 예

그림 8.2 **교통약자를 위한 평탄성유지 사례**

표지를 쉽게 인지하여 감속 및 안전운행을 할 수 있는 방법을 강구하여 보행자의 안전이 확보되어야 한다.

- 단지 내의 보조간선도로(설계속도 60 km/h) 이상의 도로에서는 횡단보도를 인지하고 정지할 수 있는 정지시거(설계속도 60 km/h의 정지시거 85 m) 전에 이미지 험프를 설치하여 횡단보도의 시인성증진 및 운전자의 주의를 유도하고 야간에 횡단보도의 위치를 쉽게 인지하도록 한다.
- 보차도경계석의 턱 낮춤부분과 접하는 경계석은 단차경계석을 사용하며 그 길이는 50 cm 이내로 시공한다.

마지막으로 횡단보도부에는 휠체어, 유모차 등이 보차도로의 원활한 진·출입을 위해 접속구간의 경사구간과 보도의 직진하는 보행자를 위한 수평구간으로 구분하여 설치하고 있으나, 수평보행구간(1.5 m 이상)과 경사구간을 규정구배(10%) 이하로 시공이 가능한 4.5 m를 기준으로 하여 4.5 m 이상인 경우와 이하인 경우로 구분하여 아래와 같이 적용한다.

- 보도폭이 4.5 m 이하인 경우는 수평보행구간 없이 보도 종·횡단방향에 각 10%의 경사구간을 두어 갑작스런 구배의 변화를 지양한다.
- 보도폭이 4.5 m 이상인 경우는 경사구배를 10% 이하로 하고, 수평구간폭은 보행자의 교행이 가능하도록 1.5 m를 기준으로 한다.
- 구배변화구간은 경계석(화강석, 100×100×1000)을 시공하여 보행자가 인지할 수 있도록 한다.

2 교통약자와 생활도로대책

차량의 속도억제대책 등 교통안전대책을 지구 전체로 실시하는 것으로서, 보도를 설치하지 않은 도로도 포함하고, 지구 전체의 안전성이 높아지는 것과 동시에, 베리어프리화를 도모할 수 있게 된다. 이와 같이 시책을 제휴해 실시하는 것으로, 교통안전과 베리어프리화를 동시에 달성하는 것이 가능해진다.

이때 폭 좁힘의 볼라드에 의해서 보행자의 통행가능한 폭이 확보되어 있지 않은 험프가 급구배로 부드러운 이동을 실시할 수 없는 등, 생활도로 대책으로서 설치되는 물리적 디바이스가 적절히 정비되지 않는 경우에는, 이동의 원활화에의 영향에 유의할 필요가 있다.

(1) 교통안전대책의 예[16]

• 단면도로구간(그림 8.1)은 험프, 노면요철포장, 폭 좁힘, 시케인, 도로 가장자리구역의 색채화, 중앙선 없앰
• 교차로(그림 8.2)는 교차로 전면 험프, 일시정지규제, 교차로 크로스마크

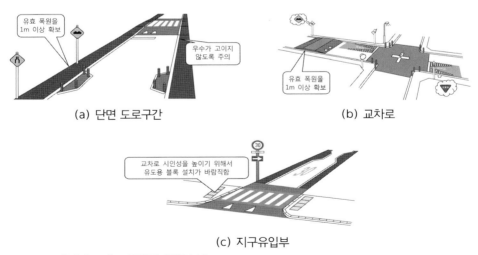

(a) 단면 도로구간   (b) 교차로

(c) 지구유입부

그림 8.3 **베리어프리 교통안전대책의 예**

---

16 交通工學硏究會(2011), 生活道路ゾーン對策マニュアル 제3부 TPO편 베리어프리와 생활도로대책을 요약 발췌하였음.

• 지구유입부는 교차로 입구 험프(스무스 횡단보도 등), 속도구역규제

(2) 정비에 해당하는 유의점

• 보행공간은, 유효폭을 최저 1 m(가능한 한 1.5 m 이상) 확보한다.
• 휠체어가 엇갈리는 구간을 확보한다.
• 횡단구배는 1% 이하로 해, 빗물 등이 없는 듯한 포장이나 구조로 한다.
• 보행공간과 일체적으로 험프를 설치하는 경우는, 험프의 기울기는 5%(어쩔 수 없는 경우는 8%) 이내로 해, 급구배가 되지 않게 배려한다.

참고로 일본의 도로이동 등 원활화 정비 가이드라인(재단법인 국토기술연구센터)에서 제시되고 있는 유의점은 다음과 같다.

① 보행자 통행공간의 평탄성의 확보

횡단구배가 큰 경우, 휠체어 사용자에 있어서는 통행이 곤란하게 된다. 휠체어 사용자 등의 통행을 고려해, 보행자의 통행공간의 평탄성을 확보하는 것이 필요하고, 원칙으로서 횡단구배를 1% 이하로 해야 한다. 지형의 상황 등 그 외의 특별한 이유에 의해 어쩔 수 없는 경우에 대해서도 2% 이하로 해야 한다.

② 보행자 통행공간의 유효폭

보행자의 통행공간에 대해서는, 고령자나 장애자 등이 원활히 통행할 수 있는 평탄성을 확보한 유효폭을 최저 1 m 확보해야 하지만, 베리어프리화의 관점으로부터, 가능한 한 1.5 m의 유효폭을 확보하는 것이 바람직하다.

③ 포장의 구조

포장의 구조는 보행자 통행공간의 배수구배를 작게 하기 위해서, 보도와 같이 도로의 구조, 기상상황 그 외의 특별한 상황에 의해 어쩔 수 없는 경우를 제외해, 빗물을 노면 하에 원활히 침투시킬 수 있는 것으로 해야 한다. 또 경년변화에 의한 포장재의 요철이 생기지 않는 것을 채용하는 등의 배려도 필요하다.

④ 도로변시설과의 연결

생활관련시설 등의 출입구에 대해서는 카와미조의 종류를 검토하는 등에 의해 단차해소의 궁리를 하는 것이 필요하다.

⑤ 시각장애자 유도용 블록의 부설

보차도 비분리구조를 채용하는 도로에 있어 시각장애자 유도용 블록을 부설하는 경우는, 보차도 비분리구조가 어쩔 수 없는 경우의 경과조치로서 설치된 제도이며, 이동 등 원활화를 실시하는 도로로서는 어디까지나 보도의 설치가 원칙인 것에 유의하여 이하의 점에 배려하는 것이 필요하다.

(3) 폭 구성의 이미지

보행공간은, 적어도 한쪽 편에 있고, 반드시 휠체어 사용자를 통행할 수 있는 폭(1 m)을 최저 확보하는 것과 동시에, 휠체어가 엇갈리는 구간을 일부 확보하는 것이 필요하다. 휠체어 사용자가 통행할 수 있는 폭이나 일부에 엇갈릴 수 있는 폭을 확보한 4종 4급 또는 4종 3급도로의 정비패턴을 예로서 나타내 보인다.

표 8.2 **폭원구성의 패턴 분류**

휠체어 엇갈림 개소	보도(보행공간) 설치장소	보행자공간(보도)의 차도와 물리적 분리			
		분리		비분리(컬러분리대)	
		1차선	2차선	1차선	2차선
전노선 확보	양측	패턴 1-1	패턴 1-2	패턴 5-1	패턴 5-2
	편측	패턴 2-1	패턴 2-2	패턴 6-1	패턴 6-2
일부확보	양측	패턴 3-1	패턴 3-2	패턴 7-1	패턴 7-2
	편측	패턴 4-1	패턴 4-2	패턴 8-1	패턴 8-2

표 8.3 **폭원구성의 패턴별 도로구조의 예**

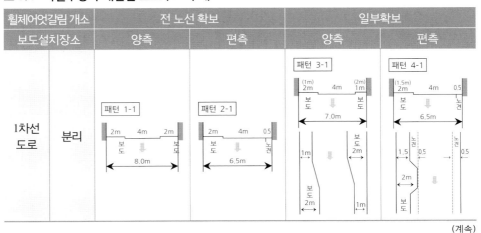

(계속)

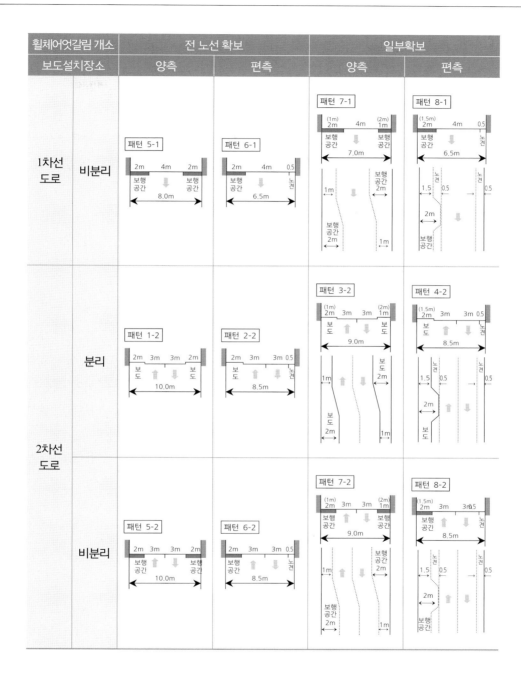

휠체어엇갈림 개소		전 노선 확보		일부확보	
보도설치장소		양측	편측	양측	편측
1차선 도로	비분리	패턴 5-1	패턴 6-1	패턴 7-1	패턴 8-1
2차선 도로	분리	패턴 1-2	패턴 2-2	패턴 3-2	패턴 4-2
	비분리	패턴 5-2	패턴 6-2	패턴 7-2	패턴 8-2

3 시설설계 및 정비기준

1. 보차도의 분리

보도와 차도를 분리하여 보행자의 안전을 확보해야 하지만 도로폭원이 좁아서 분리하기 곤란하거나 교통량이 아주 적고, 주행속도가 낮은 경우 다른 안전대책을 마련할 수 있지만, 보차도분리의 원칙은 다음 조건을 고려해야 한다.

- 도로의 총폭원
- 간선도로의 여부
- 보행자 및 자동차의 통행량
- 자동차로부터 보행자안전의 확보방안
- 주택, 상업지 등 토지이용상황 및 공공시설의 유무
- 도로의 종횡단구배 및 배수계획

보차도를 분리하는 방법은 마운트업 방식과 플레이트 방식이 있으며 일반적으로 많이 사용되고 있는 마운트업 방식은 자동차교통량이 많은 간선도로에 적용하고 안전성은 높지만 단차가 있으며 방호책, 식수대를 병용할 수 있어 보다 안전성 확보가 가능하다고 볼 수 있다.

반면 플레이트 방식은 일반적으로 자동차교통량이 적은 도로에 적용하고 있는데 평탄성을 유지하지만 노면배수의 배려가 필요하기도 하다.

보차도를 분리하는 시설로는 연석, 방호책, 식수대, 연석+방호책, 연석+식수대가 있으며, 보차도를 분리할 수 없는 세·가로에서는 통과교통의 진입을 억제하고 지구 내 주민의 안전을 확보하기 위해 이미 앞에서 제시된 바와 같이 보차공존도

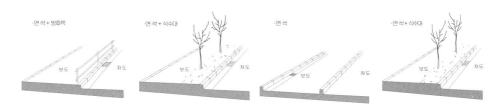

그림 8.4 **보차도를 분리하는 시설**

로나 커뮤니티도로 등에 있어서 통행속도의 억제, 교통규제 등을 적절히 조합하여 지역주민과 관계기관과의 밀접한 연계를 도모할 수 있도록 정비해야 한다.

2. 보도의 유효폭원

보도의 유효폭원은 휠체어 이용자들이 안심하고 스쳐지나갈 수 있도록 원칙적으로 2 m 이상으로 하고 있으며, 부득이 보도폭이 좁아서 곤란한 경우 휠체어 통과 시 1 m 이상, 회전을 위해서는 1.5 m 이상 폭원을 확보하되 장애물에 의해 유효폭원이 좁아지지 않도록 하되, 시공상 배려해야 할 사항은 다음과 같다.

- 가로표지와 가로등을 통합이용해서 설치위치를 충분히 배려
- 불법주차나 불법점용을 방지하기 위해 식수대나 볼라드의 설치검토
- PR 시트를 부착하여 시각장애자 유도용 블록 위에 상품이나 간판 등이 놓이지 않도록 하고 보도폭원이 넓은 경우는 보행자수와 자전거통행량, 연도상황 등 필요에 따라 보행자와 자전거를 분리하는 것을 검토

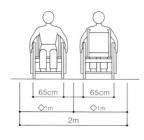
(a) 휠체어 양방통행가능

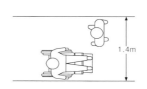
(b) 휠체어와 사람이 통행

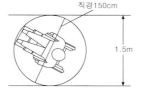
(c) 휠체어의 통행

그림 8.5 **보도폭원결정의 근거**

3. 횡단보도 및 입체횡단시설

횡단보도는 보행자의 안전성·편리성 등을 고려하여, 시계가 양호한 장소를 선정하여 설치하되 신호기설치 시 고려할 사항은 다음과 같다.

- 녹색시간(점멸시간 포함)은 고령자, 장애자 등의 보행속도를 고려함
- 페리칸식 신호기의 보턴 높이는 1 m를 표준으로 함

시각장애인의 이용이 많고 음향유도가 가능한 장소는 음향식 신호기를 설치하되 입체횡단시설의 배려사항은 다음과 같다

- 계단부 앞에는 시각장애인용 유도블록을 설치함
- 유도용의 손잡이를 연속적으로 설치하되 2단식으로 하는 것을 원칙으로 함
- 손잡이의 끝부분 및 필요한 곳에는 현재위치를 판단할 수 있도록 점자표시함
- 계단부의 포장표면 안전성 : 포장은 잘 미끄러지지 않는 재질을 사용
- 계단의 형상은 직선과 굴곡계단으로 하고 회전형의 계단은 피함

승강시설의 경우 설치공간 등이 확보가능한 경우에는 계단뿐만 아니라 슬로프를 설치하고(경사도 : 8% 이하) 고령자와 장애자의 이용이 많은 경우 엘리베이터, 에스컬레이터 등을 설치한다.

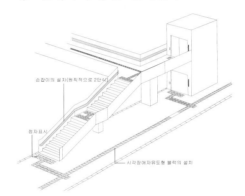

횡단보도교의 엘리베이터 예

그림 8.6 **입체횡단시설**

참고적으로 횡단보도의 종류 및 특징을 살펴보면 다음과 같다.

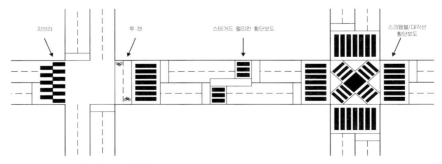

그림 8.7 **다양한 횡단보도 형태**

표 8.3 **횡단보도의 종류 및 특징**[17]

종 류	정의 및 특징
퓨핀 (PUFFIN)	• Pedestrian User Friendly Intelligent • 보행자의 존재를 인지할 수 있는 보행자감지기(Pedestrian Presence Detection : 보행자작동 신호기, 압력매트(Pressure Mat Detectors) 및 적외선감지기(Infrared Detectors) 등을 설치하여, 보행자의 유/무에 따라 신호현시시간을 조절해 주는 시스템
투캔 (Toucan)	• 보행자와 자전거 횡단보도를 함께 설치하여 사용하는 횡단보도 • 자전거통행량이 시간당 50대 이상일 때 설치하도록 하고 있으며 횡단보도가 있는 교차로에서는 횡단보도와 나란히 연결하여 설치한다.
지브라 (Zebra)	• 신호등 없이 횡단보도를 설치하는 형태 • 신호등의 유무에 관계없이 모든 지역의 횡단보도에 지브라 노면표시를 사용하고 있다.
보행자 작동신호기	• Push Button • 도로를 횡단하려는 보행자가 신호등에 부착된 버튼을 누른 후 일정시간 후에 횡단신호가 작동되는 방식
스테거드 (Staggered)	• 폭이 넓은 도로에서 보행자가 도로를 두 번 나누어 횡단하게 하는 형태 • 도로폭이 넓으며, 차량교통량이 많고, 보행량이 적은 지역에서 도로의 효율성을 높이기 위해 사용하거나 보행자가 많고 복잡한 쇼핑지역 및 차량속도가 높은 지역 • 횡단보도이용자 중 보행약자의 비율이 높은 지역 등에 사용한다.
펠리칸 (PELICAN)	• Pedestrian Light Controlled • 신호등에 의해 통제되는 횡단보도의 통칭
대각선 (Scramble) 횡단보도	• Scrambled Crosswalk • 보행자가 많은(대각횡단 보행자) 교차로에서 보행자전용 현시를 설정하여 보행신호 동안 전 방향으로 횡단할 수 있도록 하는 형태

4. 보도와 차도의 단차

(1) 일반적 사항

보차도경계의 단차는 시각장애인들에게 절대 필요한 시설로 휠체어 이용자가 편리하고 시각장애자의 안전통행이라는 쌍방을 고려하여 보차도경계부에는 단차를 두게 되는데, 그의 단차는 2 cm로 하고 단차구배는 다음과 같이 설치한다.

---

17 도로교통안전관리공단 교통과학연구원, 보행자 횡단보도 설치기준에 관한 연구, 1998.

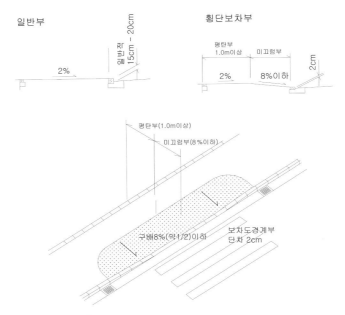

그림 8.8 **보차도경계부의 단차**

- 단차의 구배는 8%(약 1/12) 이하로 하고 구배의 방향은 보행자 통행동선의 방향과 일치하도록 함
- 단차 10~15 cm의 경우 보차도 경계블록 2~3으로 함

한편 배수를 검토함에 있어 보차부의 경계부에는 집수구를 설치하는 등 물이 고이지 않도록 충분히 주의하도록 하고 구멍은 통행동선으로 부터 떨어져 설치하고 부득이 통행동선 상에 설치할 경우 덮개구조는 보행에 장애가 없는 구조로 설치하여야 한다.

단차의 밑부분에 신호대기 등을 위해 휠체어가 정지할 수 있도록 보도와 차도의 단차에 수평부분의 확보를 마련하도록 하며 폭원이 좁은 보도 경우 보차도경계부의 단차를 적은 구조로 하든지 보도의 전체의 폭을 절개하는 등의 구조로 한다.

(2) 교차점부

단차의 구조에 있어 보도폭원의 넓고 좁은 것에 관계없이 연도건물출입에 지장이 없도록 하기 위해서는 교차부 전역에 걸쳐 단차를 없애는 구조로 하며, 그 경우 대형차의 회전으로 인한 보행자의 안전을 도모하기 위해 횡단보도와 횡단보도의 사이에 방호책이나 식수대 및 연석 등을 설치하도록 한다.

- **넓은 보도를 가진 경우** : 넓은 보도폭원을 가진 도로의 교차부에 있어서(수평부 : 1.5 m + 경사부 + 평탄부 1.0 m 이상 확보가능한 폭원) 전역에 걸친 경사부가 있는 경우 연도건물에의 영향이 있을 경우 그림 8.8과 같이 설치
- **보도폭원이 좁은 장소** : 보도폭원이 좁은 도로에서(경사부 + 평탄부 1.0 m 이상 확보 불가능한 폭원) 전역에 걸친 경사부가 있는 경우 연도건물에의 영향이 있을 경우 보차도 경계블록 단차를 적은 구조로 하는 등 적지만 자연스럽게 단차를 두도록 설치(전체의 구배는 5% 이하로 함)

(3) 세 · 가로와 교차 경우

세 · 가로의 폭원이 넓거나 혹은 자동차교통량이 많은 경우에는 노면과 보도의 단차가 적게 되도록 세 · 가로의 노면을 보도의 높이까지 들어올리는 것을 기준으로 한다(단차는 2 cm).

세 · 가로부터 보도를 횡단하기 직전에 자동차 운전자의 주의를 환기시키기 위해 필요에 따라 험프 등을 설치한다.

- 험프의 횡단방향구배는 8% 이하로 함
- 연도주민과 충분한 협의

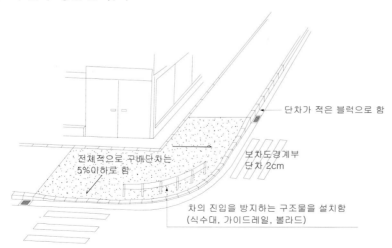

그림 8.9 **보도폭원이 좁은 경우 교차점부의 단차의 구조**

(4) 차량출입구부의 구조

식수대가 있는 보도의 경우 식수대의 폭으로 절개하는 것을 원칙으로 하고 보행통행부 횡단구배를 2% 하는 등 보도의 연속된 평탄성을 확보하는 것이 바람직하다.

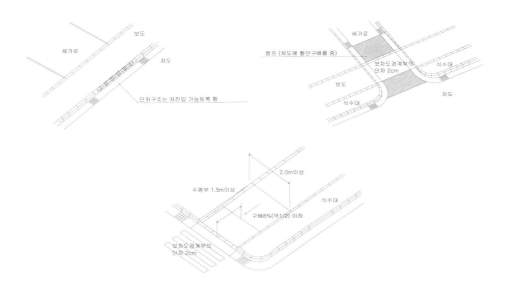

그림 8.10 **세·가로와 교차하는 경우 단차의 구조**

그림 8.11 **차량출입구부의 구조(단차를 없애기 위해 개수공사를 한 예)**

식수대가 없는 경우 횡단구배가 2% 정도의 부분을 90 cm 확보하는 등 보도의 연속된 평탄성을 확보해야 한다.

램프보도는 보도폭원이 좁고, 평탄부분이 90 cm 이상 확보할 수 없는 경우 전후의 보도의 일반부를 램프보도로 하며, 차량출입구부가 연속되고 보도폭원이 파형으로 되어 있는 경우 전후의 보도의 일반부를 램프보도로 하는 등 연속된 평탄성을 확보해야 한다.

5. 보도포장 및 시각장애자 유도블록

고령자, 장애인 등은 조그마한 요철이나 단차에 의해 미끄러지거나 전복되는 원인이 되는데, 연속된 요철은 불쾌한 진동을 발생시키기 때문에 평탄성을 확보해야 하고 노면이 미끄러우면 걷기 힘들 뿐 아니라 넘어질 수 있으므로 비에 의해 젖은 노면은 특히 포장재료의 선택에 주의해야 한다.

또한 물의 고임을 없애기 위해 평탄성을 확보하는 것이 기본이고(시공성) 필요한 개소에 침투성이 좋은 포장재료를 사용해야 한다.

시각장애인이 많이 이용하는 도로에는 시각장애자용 블록을 설치하고, 색채는 주변색과 비교하여 휘도비 혹은 명도비에 있어서 대비효과가 발휘할 수 있는 것으로 하는데 원칙적으로는 황색을 기준으로 하고 상황에 따라 적절히 선택하도록 한다.

시각장애인용 블록의 종류는 선형블록과 점형블록 두 종류가 있으며 설치장소 및 설치방법은 다음과 같다.

- 설치 시 타 보도이용자의 안전을 저해하지 않도록 배려함
- 선형블록은 주로 유도대상시설의 방향을 안내하기 위하여 이용하고 설치는 통행동선의 방향과 선형돌기의 방향을 평행으로 함
- 점형블록은 주로 위험장소 및 가각부에 있어서 주의환기 및 유도 대상시설의 소재를 알리기 위해 사용됨
- 위험물을 회피시키는 경우, 복잡한 유도경로의 경우, 시각장애인이 빈번히 이용하는 경우 등에 있어서는 계속적으로 부설함
- 시각장애인이 많이 이용하는 도로시설, 역 또는 버스정류장 등 교통결절점, 보도상황의 변화지점, 입체횡단시설의 승강구, 지하도의 출입구, 그 외 공공시설의 출입구 등에 설치함

- 평면적으로 보차혼재지역(횡단보도부)의 직전 및 계단이나 급격히 횡단구배가 변화하는 장소의 직전에 설치
- 그 외 보도상에 특히 시각장애인의 유도를 도모할 필요가 있는 장소, 유도용 블록에 의해 그 효과가 충분히 있다고 인정되는 장소

블록의 형상에 있어서 점형과 선형의 구별이 불가능한 것은 사용하지 않는 등 표준화하고 이용자가 혼란하지 않도록 하고 시각장애인용 블록의 재질은 다음과 같다.

- 충분한 강도를 가지고 미끄러지지 않고 보행성, 내구성, 내마모성에 우수한 것으로 하고 퇴색휘도가 저하되지 않는 소재로 함
- 색채에 대해서는 대비효과를 발휘할 수 있도록 하고 주로 황색을 이용하고 상황에 따라 적절히 조화시킴
- 새로운 공법이나 재질개발의 경우 시험시공을 실시하여 그 효과를 충분히 검토하여 채용하도록 함

한편 시각장애인이 많이 이용하는 시설 등의 주변지역에 대해서는 음성유도 등과의 병용설치를 적극적으로 추진토록 하고 있다.

이렇게 후쿠오카시는 시각장애인에게 안전한 유도시스템을 제공하기 위해 시청에 인접한 차도 1,320 m와 차도 양측 보도 3,500 m에 특수한 유도블록을 설치하여 장애인에게 제공하고 있다.

시각장애인 유도시스템은 자기센서를 내장하여 특별히 고안된 지팡이가 유도블록에 접근하면 자동으로 진동이 전해지는 구조이다. 전용지팡이를 가진 시각장애인이 시청지역에 접근하면 보도에 매설된 스피커를 통해 음성안내를 받을 수 있으며, 야간에는 유도블록에서 1~2 m 떨어진 곳에 발광다이오드(LED)가 점등되어 시력이 약한 사람에게 안내지표로도 역할을 한다.

유도블록을 이용함에 따라 시각장애인은 통행을 위해 종래와 같이 지팡이를 조금씩 흔들 필요가 없다. 다만 지팡이에 전달되는 진동을 더듬으면서 확실하게 통행방향을 찾을 수가 있는데 자세한 내용은 http://www.jice.or.jp를 참조하기 바란다.

6. 안내표시

안내표시 표시방법은 다음 사항을 고려한다.

- 크게 알기 쉽도록 문자나 기호로 표시함
- 문자는 한글과 영어를 병용하도록 함
- 기호에 의한 안내표시는 필요에 따라 문자를 병용
- 보도상에 설치한 경우 표지판의 높이는 휠체어 사용자나 유아 등이 보기 쉽게 1.3 m를 표준으로 함

단지 보도의 유효폭원을 확보할 수 없는 경우에는 보행자의 안전을 지키기 위해 표지판의 하단을 2.5 m 높이로 하며 시각장애인의 이용이 많고 음성에 의한 유도가 가능한 장소에는 음성유도를 설치하고, 필요에 따라 점자나 손잡이에 의한 유도도 검토할 수 있다.

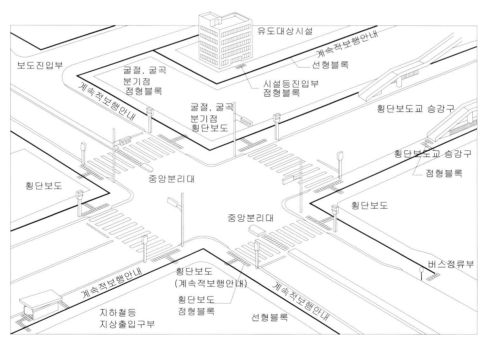

그림 8.12 **면적인 시각장애인용 블록설치 예**

보행자시설의
서비스수준 분석

The Analysis of Level of Service for Pedestrian Facilities

09 보행자시설의 서비스수준 분석

The Analysis of Level of Service for Pedestrian Facilities

---

1. 보행자시설의 유형

보행자가 목적지에 도달하기까지 보도, 계단, 신호횡단보도 등 다양한 형태의 보행자시설을 이용하게 되며, 시설별 보행자특성과 용량 및 서비스수준은 보행통행체계의 운영 및 설계에 중요한 요소가 된다.

따라서 제9장에서는 국토교통부의 도로용량편람(2014) 내용을 인용하여 요약·정리하고, 분석 프로그램으로 실무에서 널리 사용되고 있는 KHCM의 분석결과를 예시로 제시하였다.

① **보행자도로** : 보행자전용도로, 보도, 쇼핑몰, 터미널 내에서 자동차의 통행이 배제된 상태에서 보행자가 이용할 수 있는 도로시설로, 주택지나 상업지의 폭이 좁은 소규모 도로에서는 보행과 자동차 등이 혼용되는 도로가 있을 수 있다.

② **계단** : 계단은 입체횡단시설로서, 지하도, 육교, 주요 터미널의 접근시설 등과 같은 보행자의 통행을 위한 공간이다.

③ **대기공간** : 횡단보도에서 대기공간이나 지하철역사, 대합실, 매표소, 승강기 등과 같이 보행자가 밀집하여 대기하고 있는 공간이다.

④ **횡단보도** : 보행자의 차도부횡단을 위한 도로구간이다.

2. 분석방법론

(1) 보행교통류 기본변수

보행교통류율은 대상지역 보행교통량을 단위시간(1분)동안 단위길이(1 m)를 통과한 보행자의 수로 환산한 것으로, 단위는 인/분/m가 된다.

$$V = S \times D \tag{식 9.1}$$

여기서 V : 보행교통류율(인/분/m) S : 보행속도(m/분)

  D : 보행밀도(인/m²)

한편, 보행자 점유공간은 보행자밀도에 대한 역수에 해당하는 개념으로서 보행
자 1인당 이용가능한 공간의 크기를 의미하며 단위는 m²/인이 된다.

$$V = \frac{S}{M} \tag{식 9.2}$$

여기서 V : 보행교통류율(인/분/m) S : 보행속도(m/분)

  M : 보행점유공간(m²/인)

(2) 보행자시설분석을 위한 과정도

그림 9.1 보행자시설분석을 위한 과정도

3. 효과척도

서비스수준을 결정하는 척도를 효과척도라 한다. 보행자시설별 주요 효과척도는 다음과 같다.

- **보행자도로** : 보행교통류율, 보행점유공간, 보행밀도, 보행속도
- **계단** : 보행교통류율
- **대기공간** : 보행점유공간
- **신호횡단보도** : 평균보행자지체, 보행점유공간

(1) 보행자도로

보행자도로의 효과척도는 보행교통류율, 보행점유공간, 보행밀도, 보행속도 등을 사용하고 있다. 보행자가 이용가능한 보행자도로와 보도 등 보행자공간은 가로수, 전신주, 방호책, 건물주차장 진출입로 등 다양한 요인에 의해 방해를 받게 되므로, 실제 도로폭에서 이러한 방해부분을 제외한 보도폭(유효보도폭)을 산정하여 보행교통량을 보행교통류율로 환산하여 보행자공간의 서비스수준을 판정하여야 한다.

(2) 계단

계단에서도 보행자도로와 마찬가지로 기본적인 교통류관계가 성립한다. 계단의 주요 효과척도로는 보행교통류율을 사용한다. 계단에서의 보행특성은 평상시에 군(platoon)을 이루지 않고 독립적으로 보행하는 것이 일반적이다. 터미널이나 대중교통 환승시설과 같은 특수한 경우에는 다수의 보행자에 의해 군을 이루어 동일방향으로 보행하는 경우가 있는데 이 두 경우에는 보행자의 특성이 차이를 보이게 된다. 따라서 계단에서의 서비스수준은 보행자가 군을 이루는 경우와 이루지 않는 경우로 나누어 분석한다.

(3) 대기공간

보행자도로의 서비스수준 척도로서 사용되는 보행자의 사용가능한 공간의 개념은 대기공간에도 적용된다. 보행자는 대기공간에서 서비스를 받기 위해 일시적으

로 대기하게 되며, 이때 보행자가 느끼는 서비스수준은 각 보행자가 차지하는 점유공간과 관계된다. 따라서 대기공간의 효과척도는 평균점유공간으로 한다. 대기공간의 서비스수준을 판정하기 위해서는 한사람이 차지하는 점유공간의 대소를 판단하여야 하는데, 이는 한국인의 표준체형을 근거로 한다.

(4) 신호횡단보도

신호횡단보도는 신호에 의해 제어되는 횡단시설로 도로를 횡단하기 위한 보행자는 신호에 의해 지체를 겪게 된다. 신호횡단보도의 효과척도는 보행자가 차로를 횡단하기 위해 경험하는 평균지체를 사용한다. 신호횡단보도에서의 주 효과척도는 평균지체이지만, 횡단 시 보행자가 느끼는 혼잡정도를 표시하기 위해 보조효과 척도로 점유공간의 크기를 이용한다.

4. 서비스수준

(1) 보행자도로

보행자도로의 효과척도로는 보행교통류율과 보행점유공간이 쓰인다.

보행교통류의 교통량 – 속도 – 밀도 – 보행자점유공간의 관계를 통해 얻어진 보행교통류율 – 속도관계를 그래프로 표시했을 때 기울기의 변화가 두드러진 점을 기준으로 표 9.1과 같이 서비스수준을 구분하였다.

보행자도로의 서비스수준은 단순히 제공되는 보행공간의 크기만 비교하는 것이 아니라 보행자의 안전성, 편리성, 쾌적성을 고려하여야 한다.

표 9.1 **보행자 서비스수준**

서비스수준	보행교통류율(인/분/m)	점유공간(m²/인)	밀도 (인/m²)	속도(m/분)
A	≤ 20	≥ 3.3	≤ 0.3	≥ 75
B	≤ 32	≥ 2.0	≤ 0.5	≥ 72
C	≤ 46	≥ 1.4	≤ 0.7	≥ 69
D	≤ 70	≥ 0.9	≤ 1.1	≥ 62
E	≤ 106	≥ 0.38	≤ 2.6	≥ 40
F	–	< 0.38	> 2.6	< 40

(2) 계단

계단에서의 서비스수준은 표 9.2와 같이 보행자가 군(platoon)을 이루었을 경우와 이루지 않았을 경우로 나누어 분석한다. 보행자가 군을 이루어 통행할 경우 용량값은 74인/분/m으로 보행자군형성 시가 그렇지 않은 경우에 비해 높다.

표 9.2 **보행군/비보행군일 때의 서비스수준**

비보행군		보행군	
서비스수준	보행교통류율 (인/분/m)	서비스수준	보행교통류율 (인/분/m)
A	≤ 18	A	≤ 43
B	≤ 20	B	≤ 50
C	≤ 25	C	≤ 65
D	≤ 32	D	≤ 69
E	≤ 52	E	≤ 74
F	–	F	–

(3) 대기공간

대기공간에서의 서비스수준을 판정하기 위하여, 한국인의 표준체형을 근거로 하여 한 사람당 차지하는 점유공간은 어깨폭과 가슴폭을 곱한 면적으로 다음 그림 9.2와 같다.

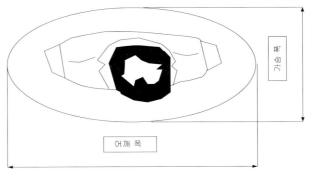

그림 9.2 **인체타원**

표 9.3 **한국인의 표준체형**

구분	어깨폭	가슴폭
평균	39.0 cm	32.7 cm
90-percentile	39.5 cm	33.5 cm
95-percentile	39.9 cm	37.2 cm

자료 : 한국표준과학연구원(1999)

한국인의 표준체형은 한국표준과학연구원에서 제시한 95-percentile의 어깨폭 및 가슴폭을 기준으로 여유폭을 포함한 면적은 약 0.2 m^2이며, 이 값이 서비스수준 E의 기준이 된다. 다음 표 9.4는 한국인의 표준체형을 근거로 한 대기공간에서의 서비스수준이다.

표 9.4 **대기공간에서의 서비스수준**

서비스수준	점유공간(m^2/인)	밀도(인/m^2)
A	$\geq$ 1.0	$\leq$ 1.1
B	$\geq$ 0.8	$\leq$ 1.6
C	$\geq$ 0.6	$\leq$ 2.0
D	$\geq$ 0.4	$\leq$ 2.5
E	$\geq$ 0.2	$\leq$ 5.0
F	< 0.2	> 5.0

(4) 신호횡단보도

신호횡단보도에서의 서비스수준은 보행자가 횡단보도를 횡단하기 위해서 대기하는 평균보행자지체 및 보행자가 횡단보도를 횡단하는 점유공간의 크기에 의해서 결정된다. 다음 표 9.5는 신호횡단보도에서의 평균보행자지체의 서비스수준 기준값이며 신호횡단보도에서의 보행자 점유공간의 서비스수준 기준은 표 9.1에 따른다.

표 9.5 **신호횡단보도 서비스수준**

서비스수준	평균보행자지체(sec/인)
A	< 15
B	≤ 30
C	≤ 45
D	≤ 60
E	≤ 90
F	> 90

2 보행시설의 서비스수준 분석

분석과정은 운영상태분석과 계획 및 설계분석으로 구분된다. 보행자시설의 운영상태분석은 기존도로 운영상태 또는 장래에 계획·설계·운영될 보행자도로의 서비스수준을 분석하는 데 이용된다. 보행자시설의 계획 및 설계분석은 주로 적절한 서비스수준을 제공하는 보행자시설의 제원을 결정하기 위한 것이다.

1. 보행자도로

(1) 기하구조 및 보행교통량조사

보행자도로의 운영상태를 분석하기 위해서 다음과 같은 자료를 수집한다.

- 보행자도로의 보도폭
- 보행자도로의 유효보도폭
- 보행교통량

(2) 서비스수준 분석절차

보행자도로 서비스수준 분석절차는 다음과 같이 3단계로 나누어 분석한다.

① **제1단계** : 분석대상의 기하구조를 측정하고 유효보도폭을 산정한다.

$$W_E = W_T - W_O \qquad\qquad\qquad\qquad\qquad\text{(식 9.3)}$$

여기서 W_E : 유효보도폭

$\qquad\quad W_T$: 실제보도폭

$\qquad\quad W_O$: 시설에 의해 방해를 받는 보도의 폭(표 9.6 참조)

② **제2단계** : 조사된 첨두 15분 보행교통량을 보행교통류율로 환산한다.

$$V_P = \frac{V_{15}}{15\,W_E} \qquad\qquad\qquad\qquad\qquad\text{(식 9.4)}$$

여기서 V_P : 보행교통류율(인/분/m)

$\qquad\quad V_{15}$: 15분간의 보행교통량

③ **제3단계** : 환산된 보행교통류율 V_P(인/분/m)는 표 9.1에 의해 서비스수준(LOS)을 결정한다.

(3) 유효보도폭 산출방법

보행자가 이용가능한 보행자공간을 가로수, 전신주, 방호책, 건물 주차장진출입로 등 다양한 요인에 의해 방해를 받게 된다. 유효보도폭은 실제의 도로폭에서 이러한 방해부분을 제외하여 산정하게 된다. 따라서 이러한 보행방해요소를 감안하여 도로의 유효보도폭($W_E = W_T - W_O$)을 결정하여야 한다.

표 9.6 **보행자도로에서 보행지장요인에 의한 방해폭원**

보행지장요인	방해폭원 (m)
가로등 기둥	0.8~1.1
신호제어기 및 기둥	0.9~1.2
소화전	0.8~0.9
도로표지판	0.6
우체통	1.0~1.1
공중전화부스	1.2
쓰레기통	0.9

(계속)

보행지장요인	방해폭원 (m)
연석	0.5
지하철계단	1.7~2.1
가로수	0.6~1.2
가로수보호대	1.5
기둥	0.8~0.9
현관계단	0.6~1.8
회전문	1.5~2.1
배관연결	0.3
차양기둥	0.8

예제 1 | 보행자도로에서의 서비스수준 판정 |

전체 도로폭이 4.3 m인 보행자도로의 한쪽은 연석이 있으며 다른 쪽은 상점이 있다. 15분 첨두보행교통량이 1,827(인/15분)일 때 첨두 15분 동안 평균적인 상황에서의 서비스수준은? (상점 디스플레이로 영향을 받는 방해폭원은 0.9 m라고 가정)

풀이

① 보행자도로에 설치된 시설에 의한 방해폭원을 구한다.

연석에 의한 방해폭원은 표 9.6 보행자도로에서 보행지장요인에 의한 방해폭원을 참조하고, 상점 디스플레이에 의한 방해폭원은 0.9 m로 가정한다.

$$W_{O1}(연석)=0.5 \text{ m}, \quad W_{O2}(상점디스플레이)=0.9$$

② 유효보도폭을 계산한다.

총 보도폭에서 연석과 상점 디스플레이에 의한 방해폭원을 빼주면 유효보도폭은 결정된다.

$$W_E = W_T - W_O$$
$$W_E = 4.3 - 0.5 - 0.9 = 2.9 \text{ m}$$

③ V_P(보행교통류율, 인/분/m)를 구한다.

15분간 보행교통량을 보행교통류율(인/분/m)로 환산한다.

$V_P = V_{15}/(15 \times W_E)$

$V_P = 1,827/(15 \times 2.9) = 42$인/분/m

④ 보행교통류율로 보행자도로의 서비스수준 판정한다.

서비스수준 C(표 9.1에 의해 서비스수준 판정)

(계속)

2. 계 단

계단에서의 서비스수준은 계단에서 보행자가 군(platoon)을 형성하느냐의 여부에 따라 각각 다른 서비스수준을 적용한다. 계단의 서비스수준 산정을 위해서는 계단 기하구조 및 보행교통량과 보행속도를 구하는 것이 필요하다.

(1) 기하구조 및 교통조건의 조사

계단의 운영상태를 분석하기 위해서는 다음과 같은 자료를 수집한다.

- 계단의 유효보도폭
- 계단의 수평길이
- 보행교통량
- 보행속도
- 보행군(platoon)의 형성여부

(2) 서비스수준 분석절차

계단의 서비스수준 분석절차는 다음과 같이 5단계로 나누어 분석한다.

① 1단계

- 분석대상지역의 기하구조를 측정한다.
- 유효보도폭을 측정하기 어려운 경우 계단의 전체폭 혹은 보행가능폭을 사용한다.

② 2단계

첨두시간대의 첨두 15분 보행교통량을 관측한다.

③ 3단계

- 분석대상계단에서 보행군(platoon)의 형성여부를 관측한다.
- 분석대상계단이 터미널이나 환승역일 경우, 첨두 15분 관측보행량이 450인/15분/m 이상일 때 보행군형성으로 간주한다. 즉, 인/분/m가 30인 이상인 경우로 한정한다.
- 보행군은 주로 출·퇴근시각의 지하철 환승역과 같은 대규모 교통유발시설과 같이 보행자의 통행수요가 많은 계단에서 관측되기 때문에 먼저, 계단의 특성을 고려하여 현장관측을 통해 보행군 형성여부를 결정한다.

④ 4단계

관측된 보행교통량을 분당 계단의 유효보도폭 또는 보행가능폭으로 나누어 보행교통류율(flow rate)로 환산한다(인/분/m).

⑤ 5단계

보행군(platoon)의 형성여부에 따라 표 9.2에 따라 서비스수준을 결정한다.

| 계단에서의 보행자 서비스수준 판정 |

보행가능폭 2.25 m와 3 m인 계단이 있다. 오전 첨두시 30분 동안 보행교통량을 조사한 결과가 아래 표에 나와 있다. 보행가능폭이 2.25 m인 계단은 보행자가 군(platoon)을 이루며 통행하고 있고, 보행가능폭이 3 m인 계단은 보행자가 군(platoon)을 이루지 않고 통행하고 있다.

아래 조건을 이용하여 각각의 서비스수준을 판정하시오.

조건

① 비보행군일 경우

보행가능폭 : 3m

보행자 통행특성 : 보행군(platoon) 형성하지 않음

② 보행군일 경우

보행가능폭 : 2.25m, 보행자 통행특성 : 보행군(platoon) 형성

시 간	비보행군일 경우 보행교통량	보행군일 경우 보행교통량
7 : 00~7 : 05	300인	496인
7 : 05~7 : 10	345인	511인
7 : 10~7 : 15	366인	500인
7 : 15~7 : 20	299인	550인
7 : 20~7 : 25	272인	580인
7 : 25~7 : 30	266인	480인

풀이

① 비보행군일 경우의 풀이방법은 다음과 같다.

• 첨두 15분 보행교통량을 찾는다.

7 : 00~7 : 15까지의 보행교통량이 첨두 15분 보행량 = 1,011인

• 첨두 15분 보행교통량을 분당 보행가능폭으로 나누어 보행교통류율로 환산한다.

1,011인/15분/3 m = 23 인/분/m

• 서비스수준을 판정한다.

표 9.2에 의해 서비스수준은 C이다.

분석데이터 입력	분석 결과				
분석 기본 데이터					
시설명	새 분석 04	조사자	user-PC\Administrator	조사일자	2015-06-02
분석자	user-PC\Administrator	분석일자	2015-06-02	분석시간대	
비고					

도로 및 교통조건 데이터		
시설 유형		계 단
첨두15분 보행자교통량(인/15분)	1011	유효 보도폭(m) 3

분석데이터 입력	분석 결과	
분석 결 과		
첨두 보행교통류율(인/분/m)	23	보행군 여부 X

첨두 보행교통류율(인/분/m)	서비스수준
23	C

(계속)

② 보행군일 경우의 풀이방법은 다음과 같다.
- 첨두 15분 보행교통량을 찾는다.
  7 : 10~7 : 25까지 보행교통량이 첨두 15분 보행교통량 = 1,630인
- 첨두 15분 보행교통량을 분당 보행가능폭으로 나누어 보행교통류율로 환산한다.
  1,630인/15분/2.25 m = 49 인/분/m
- 서비스수준을 판정한다.
  표 9.2에 의해 서비스수준은 B이다.

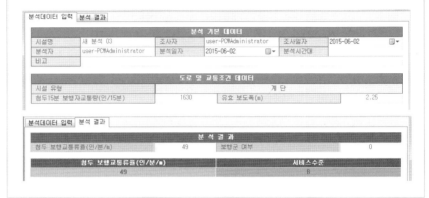

3. 대기공간

보행자 대기공간은 보행자를 위한 시설과 연계되어 설치되기 때문에 보행자 시설설계 시 매우 중요한 항목이다. 표 9.4에 제시된 서비스수준에 따라 보행자 대기공간을 계획할 수 있다.

(1) 서비스수준 분석절차

대기공간 서비스수준 분석절차는 다음과 같이 4단계로 나누어 분석한다.

- 1단계 : 분석대상지역에서 대기공간을 설정한다.
- 2단계 : 설정된 대기공간의 면적을 계산한다.
- 3단계 : 분석시간을 10초에서 30초 간격으로 하여 대기공간 안의 최대 사람수를 첨두 5분 동안 측정한다.

- 4단계 : 설정된 대기공간의 면적을 최대 관측사람 수로 나누어 표 9.4에 의해 서비스수준을 판정한다.

예제 3 | 대기공간에서의 보행자 서비스수준 판정 |

엘리베이터를 이용하기 위해 대기하는 보행자를 위한 공간이 있다. 이 대기공간의 면적은 가로 2 m, 세로 4 m이다. 이 대기공간의 서비스수준을 알아보기 위해 ○월 ○일 첨두 15분 동안 대기공간 안의 보행자수를 조사하였다. 시간간격을 10초로 하여 분석한 결과 최대관측 보행자수가 40명이었다. 이 대기공간의 서비스수준을 판정하시오.

풀이

① 대기공간의 면적을 구한다.
   대기공간의 면적 = 가로 × 세로 = 2 m × 4 m = 8 m^2

② 대기공간의 면적을 최대관측 보행자수로 나누어준다.
   8 m^2 / 40 명 = 0.2 m^2/인

③ 서비스수준을 판정한다.
   표 9.4에 의해 서비스수준은 F이다.

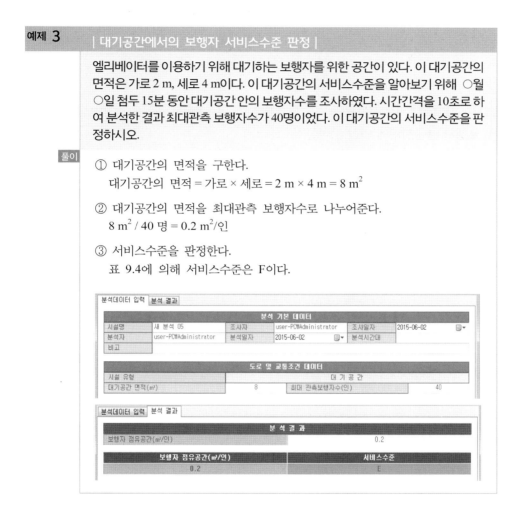

4. 신호횡단보도

신호횡단보도에서의 주요 효과척도는 보행자 평균지체 또는 횡단보도 점유공간이다. 이 기준은 기존의 신호횡단보도의 서비스수준 분석과 장래에 계획될 횡단보도의 서비스수준을 분석하는 데 사용한다. 신호횡단보도 서비스수준 분석절차는 보행자 평균지체를 이용하여 서비스수준을 판정하는 방법과 횡단보도를 건너는 보행자의 점유공간을 이용하여 서비스수준을 판정하는 방법이 있다.

보행자 평균지체를 이용하여 서비스수준 분석하는 방법은 주로 횡단보도의 운영상태분석을 위한 것이고 횡단보도 점유공간을 이용하여 서비스수준 분석을 하는 방법은 주로 적정한 횡단보도의 폭원을 구하기 위한 것이다.

(1) 서비스수준 분석절차

① 보행자 평균지체에 의한 분석절차

신호횡단보도에서 보행자 평균지체를 이용하여 서비스수준을 분석하는 절차는 다음과 같이 3단계로 나누어 분석한다.

• 제1단계 : 분석대상 신호교차로 주기와 유효녹색시간을 측정한다.
• 제2단계 : 평균보행자지체를 산정한다.

$$d_p = \frac{(C-g)^2}{2\,C} \qquad \text{(식 9.5)}$$

여기서 d_p : 평균보행자지체(초)
   g : 보행자의 유효녹색시간(초)
   C : 주기(초)

• 제3단계 : 표 9.5에 의해 서비스수준 판정한다.

② 횡단보도 점유공간에 의한 분석절차

횡단보도 점유공간의 크기에 따른 점유공간을 이용하여 서비스수준을 분석하는 절차는 다음과 같이 5단계로 나누어 분석한다.

• 제1단계 : 보행자의 총 횡단시간을 결정한다.

$$t = 3.2 + \frac{L}{S_p} + \left(0.81 \frac{N_{ped}}{W_E} \right), \ \ W_E > 4.0 \text{ m} \qquad \text{(식 9.6)}$$

여기서 t : 총 횡단시간(초)
   L : 횡단보도길이(m)
   S_p : 보행자의 평균속도(m/s)

N_{ped} : 한 주기 동안 횡단한 보행자(인)

W_E : 유효횡단보도폭(m)

3.2 : 보행자 start-up time(초)

(선행보행군(platoon)의 선두보행자와 마지막 보행자가 횡단보도에
완전히 진입할 때까지의 시간)

• 제2단계 : 시 – 공간면적을 결정한다.

$$TS = LW_E\left((WALK + FDW) - \frac{L}{2S_p}\right)$$ (식 9.7)

여기서 TS : 시 – 공간면적(m^2 – 인)

L : 횡단보도길이(m)

W_E : 유효횡단보도폭(m)

$WALK + FDW$: 횡단보도에서의 유효 보행자 녹색시간(초)

S_p : 보행자의 평균속도(m/s)

• 제3단계 : 총 횡단보도 점유시간을 결정한다.

$$T = (V_i + V_o)t$$ (식 9.8)

여기서 T : 총 횡단보도 점유시간(인 – 초)

V_i , V_o : 방향별 횡단보행자수(인)

t : 총 횡단시간(초)

• 제4단계 : 신호교차로 횡단보도 점유공간을 결정한다.

$$M = \frac{TS}{T}$$ (식 9.9)

여기서 M : 보행자당 횡단보도 점유공간(m^2/인)

TS : 시 – 공간면적(m^2 – 초)

T : 총 횡단보도 점유시간(인 – 초)

• 제5단계 : 표 9.1에 제시된 점유공간값에 따라 서비스수준을 판정한다.

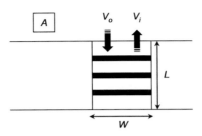

09

V_i : A 지점으로 들어오는 횡단
     보도 진입보행량

V_o : A 지점에서 나가는 횡단보
     도 진출보행량

L : 횡단보도길이(m)

W : 횡단보도폭(m)

그림 9.3 **교차로 기하구조와 보행자의 흐름**

예제 4 | 신호교차로 횡단보도에서의 보행자 서비스수준 판정 |

보행신호가 2현시로 운영, 총 주기가 120초, 황색시간이 6초 그리고 그림 9.3과 같이 횡단보도가 설치된 신호교차로에서 보행자지체와 보행자공간을 이용하여 횡단보도의 서비스수준을 판정하시오.

분석대상 횡단보도에서 횡단보도길이(L = 14.0 m), 횡단보도폭(W = 0.5 m), 횡단보도 진입보행량(V = 450인/15 − 분), 횡단보도 진출보행량(V = 240인/15 − 분), 보행자 녹색시간(G = 25.0초), 보행자속도는 1.2 m/초로, 손실시간은 없다고 가정한다.

풀이

보행자 지체기준을 이용한 풀이방법은 다음과 같다.

① 횡단보도를 횡단하고자 하는 보행자들 평균지체시간을 계산한다.

$$d_p = \frac{(C - G)^2}{2C}$$

$$d_p = \frac{(120.0 - 25.0)^2}{2(120.0)} = 37.6초$$

표 9.5에 의해 서비스수준 C

보행자 점유공간을 이용한 풀이방법은 다음과 같다.

② 보행량(15분 단위)을 주기당 보행자수로 바꾼다.

$$V_i = \left(\frac{450}{15}\right)\left(\frac{120.0}{60}\right) = 60 \text{ 인/주기}$$

$$V_o = \left(\frac{240}{15}\right)\left(\frac{120.0}{60}\right) = 32 \text{ 인/주기}$$

보행자 녹색시간이 시작될 때 대기 중이던 보행자수

$$N = \frac{V_o(C - G_c)}{C}$$

$$N = \frac{32(120.0 - 25.0)}{120} = 25.3 \text{ 인/주기}$$

(계속)

또는 관측값 25.3명의 보행자가 횡단하는 데 필요한 시간

$$t = 3.2 + \frac{L}{S_p} + \left(0.81 \times \frac{N}{W_E} \right)$$

$$t = 3.2 + \frac{14.0}{1.2} + \left(0.81 \times \frac{25.3}{5.0} \right) = 18.97초$$

③ 횡단보도에서 제공되는 총 여유공간(시간 – 공간, m^2 – 초)을 구한다.

$$TS = L_d W_e \left(G_c - \frac{L}{2S_p} \right)$$

$$TS = (14)(5.0) \left(25.0 - \frac{14}{2.4} \right) = 1341.6 \ m^2 - 초$$

④ 보행자가 횡단하는 데 필요한 총 필요시간을 구한다.

$$T = (V_i + V_o)t$$

$$T = (60 + 32)(18.97) = 1745.2인 - 초$$

보행자 1인당 점유공간은 $M = \dfrac{1341.6}{1745.2} = 0.77m^2 / 인$

표 9.1의 점유공간의 값에 따라 서비스수준 E이다.

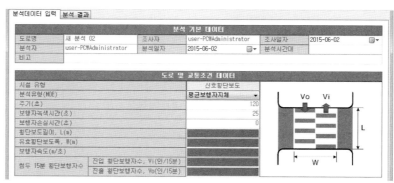

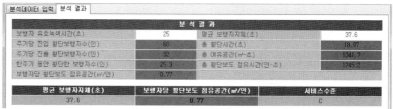

3 계획 및 설계분석

계획 및 설계를 위한 분석은 장래의 추정 보행교통량 및 보행교통조건에 따라 요구되는 서비스수준에 적절한 보행자시설의 필요한 폭원을 결정하는 분석이다.

1. 보행자도로

보행자도로의 계획·설계를 위한 보행자도로의 폭원을 결정하기 위한 방법은 다음과 같이 4단계로 나누어 분석한다.

- 1단계 : 계획·설계 목표년도 보행자도로의 수요 보행교통량을 추정한다.
- 2단계 : 추정된 보행교통량을 일분 보행교통량(인/분)으로 환산한다.
- 3단계 : 장래에 요구되는 서비스수준에 i 대한 서비스 보행교통류율(SV_i)을 산정한다(표 9.1 참조).
- 4단계 : 보행자도로의 유효보도폭을 계산한다.

$$W_E = \frac{V}{SV_i} \qquad\qquad (식\ 9.10)$$

여기서 W_E : 유효보도폭(m)

$\quad\quad\quad V$: 장래의 수요 보행교통량(인/분)

$\quad\quad\quad SV_i$: 서비스수준 i에서의 서비스 보행교통류율(인/분/m)

유효보도폭은 보행자도로에서 보행자가 시설물에 방해받지 않고 이용하는 최소 폭원이므로 여유폭에 대한 고려와 보행자도로에 다른 시설물을 설치할 경우 보행자가 시설물에 의해 방해받게 되는 폭원(표 9.6 참조)에 대한 고려가 있어야 한다. 이러한 경우 시설물에 의해 방해받게 되는 방해폭원을 구해진 유효보도폭에 추가하여 실제 보도폭을 구해야 한다.

예제 5 | 보행자도로의 설계 |

지하철 환승역 보행자시설 중 환승로를 서비스수준 C로 운영되도록 설계하고자 한다. 이 구간의 보행교통 특성 추정결과는 다음과 같다.
첨두 15분 보행교통량이 3,000(인/15분)
이러한 환승로 구간은 몇 m로 설계하여야 하는가?

풀이

① 환승로의 수요 보행교통량 일분 보행교통량(인/분)으로 환산한다.
　 3,000(인/15분) / 15 = 200(인/분)

② 요구되는 서비스수준에 C 대한 서비스 보행교통류율(SV_C)을 산정한다.
　 표 9.1에서 보행자도로의 서비스수준 C에 대한 보행교통류율은 46(인/분/m)이다.

③ 서비스수준 C를 유지하기 위한 유효보도폭을 계산한다.

$$W_E = \frac{V}{SV_i} = \frac{200}{46} = 4.3 \text{ m}$$

보행자도로 위에 시설물을 설치할 경우 구해진 유효보도폭에 시설물에 의한 방해폭원을 추가하고 실제 보도폭을 산정해야 한다.

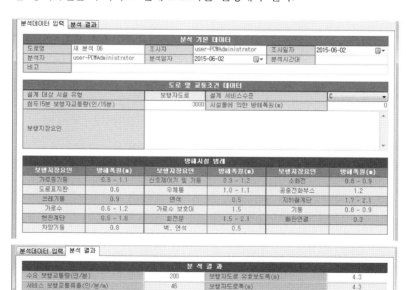

2. 계단

계단의 계획·설계 시 계단의 폭원을 결정하기 위한 방법은 다음과 같이 4단계로 나누어 분석한다.

- 1단계 : 계획·설계 목표년도의 계단의 수요 보행교통량을 추정한다.
- 2단계 : 추정된 보행교통량을 일분 보행교통량(인/분)으로 환산한다.
- 3단계 : 장래에 요구되는 서비스수준에 대한 계단의 서비스 보행교통류율 (SV_i)을 산정한다.

  계단에서의 서비스수준은 계단에서 보행자가 군(platoon)을 형성하느냐의 여부에 따라 각각 다른 서비스수준을 적용한다.

- 4단계 : 계단의 유효보도폭을 계산한다.

$$W_E = \frac{V}{SV_i}$$

예제 6 | 계단의 설계 |

지하철 환승역 보행자시설 중 계단 서비스수준 B로 운영되도록 설계하고자 한다. 이 구간의 보행교통특성 추정결과는 다음과 같다. 첨두 15분 보행교통량이 5,625 (인/m), 보행군형성 시 이러한 계단 몇 m로 설계하여야 하는가?

풀이

① 계단의 수요 보행교통량 일분 보행교통량으로 환산한다.
   5,625(인) / 15(분) = 375(인/분)

② 요구되는 서비스수준 B에 대한 서비스 보행교통류율(SV_C)을 산정한다.
   표 9.2에서 보행자도로의 서비스수준 B에 대한 보행교통류율은 50(인/분/m)이다.

③ 서비스수준 B를 유지하기 위한 유효보도폭을 계산한다.

$$W_E = \frac{V}{SV_i} = \frac{375}{50} = 7.5 \text{ m}$$

(계속)

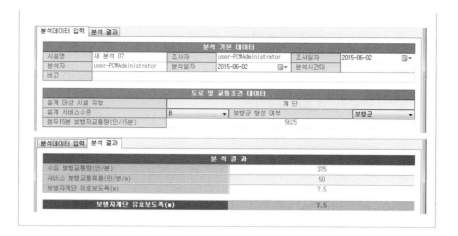

3. 대기공간

대기공간의 계획·설계 시 대기공간은 면적을 결정하기 위한 방법은 다음과 같이 4단계로 나누어 분석한다.

- 제1단계 : 계획·설계 목표년도의 대기공간을 이용하는 수요 보행자수를 추정한다.
- 제2단계 : 서비스수준 i일 때 일인당 점유공간을 구한다(표 9.4 참조).
- 제3단계 : 일인당 점유공간에 서비스수준 i를 유지하는 최대보행자수를 곱한다.
- 제4단계 : 서비스수준 i를 유지할 수 있는 대기공간면적을 구한다.

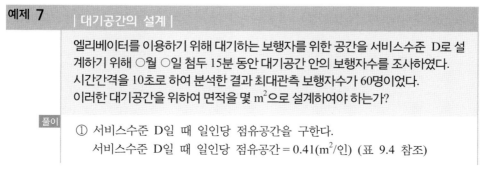

예제 7 | 대기공간의 설계 |

엘리베이터를 이용하기 위해 대기하는 보행자를 위한 공간을 서비스수준 D로 설계하기 위해 ○월 ○일 첨두 15분 동안 대기공간 안의 보행자수를 조사하였다. 시간간격을 10초로 하여 분석한 결과 최대관측 보행자수가 60명이었다. 이러한 대기공간을 위하여 면적을 몇 m²으로 설계하여야 하는가?

풀이

① 서비스수준 D일 때 일인당 점유공간을 구한다.
서비스수준 D일 때 일인당 점유공간 = 0.41(m²/인) (표 9.4 참조)

(계속)

② 서비스수준 D일 때 일인당 점유공간을 최대관측 보행자수로 곱한다.

$$0.41 \times 60 \text{ 명} = 24.6 \text{ m}^2$$

③ 서비스수준 D를 유지할 수 있는 대기공간 면적은 약 25 m² 이다.

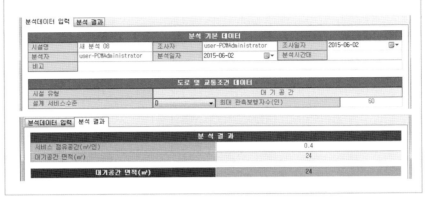

10

보행안전시설의 설치기준

The Installation Standard of Pedestrian Safety Facilities

10 보행안전시설의 설치기준

The Installation Standard of Pedestrian Safety Facilities

1 안전시설

1. 보도

(1) 개요

보도는 보행자의 통행안전 및 편의성을 보장하며, 만남과 휴식공간, 문화와 역사가 느껴지는 공간으로 형성되도록 계획하도록 한다. 유효보도폭은 보도폭에서 노상시설 등이 차지하는 폭을 제외한 폭으로, 오직 보행자의 통행에만 이용되는 보도의 폭을 의미하며, 보도의 횡단경사는 노약자 및 휠체어 이용자 등의 통행안전을 고려한 도로의 기울어진 정도를 말한다.

미끄럼방지는 경사로로 되어 있거나 도로선형이 불량한 구간의 표면에 새로운 재료를 추가하거나 도로 표면의 일부를 제거하는 방법으로 포장의 미끄럼 저항을 높여 미끄러짐에 의한 사고를 방지하는 것을 말한다.

(2) 관련 참조법령

유효보도폭원의 경우 보도설치 및 관리지침, 농어촌도로의 구조·시설기준에 관한 규칙에 의거하여 세부지침을 작성되었다. 보도의 종단경사는 1/12까지 완화하였으며, 서울시 편의시설 설치매뉴얼을 참조하여 휠체어 이동을 고려하여 휴식참을 설치한다.

보도의 횡단경사는 교통약자의 이동편의증진법에 규정된 4%(1/25)보다 강화된 서울시 편의시설 설치매뉴얼의 산책로기울기(1/30)를 지침으로 정하였다.

(3) 세부설치기준

① 폭원

- 보도의 유효폭은 2 m 이상으로 한다. 단, 지형상 불가능하거나 기존도로의 증·개축 시 불가피하다고 인정되는 경우 1.2 m까지 완화할 수 있다.
- 보도의 유효폭이 1.5 m 미만인 경우에는 50 m마다 교행이 가능한 공간을 확보하도록 한다.
- 보행자전용길 중 농어촌도로(면도, 이도, 농도), 사도 등 「도로법」에 해당하지 않는 보도의 유효폭은 1.0 m 이상으로 한다. 단, 지형상 부득이한 경우에는 0.5 m 이상 유효보도폭을 확보하도록 하며 되도록 산림의 훼손을 최소화하는 방향으로 계획한다.
- 보행환경 개선지구 내에 설치하는 보도의 최소유효폭은 2 m 이상으로 한다. 단, 도로의 구조상 보도폭확보가 여의치 않은 경우에는 통과교통류의 특성 및 도로여건 등을 감안하여 차로폭 축소 또는 일방통행제를 고려할 수 있으며, 이때 차로폭 축소의 기준은 「도로의 구조시설기준에 관한 규칙」을 따른다.
- 보도내 자전거도로 설치 시 ①항에 해당되는 보도의 유효보도폭원을 확보해야 하며, 보도와 자전거도로는 물리적인 시설(녹지, 연석 등)로 분리할 것을 권장한다.

② 포장

- 바닥표면은 교통약자가 미끄러지지 아니하는 재질로 평탄하게 마감하도록 한다.
- 블록포장 시 이음새의 틈이 벌어지지 않도록 한다.
- 덮개가 설치된 경우 덮개의 표면은 보도등과 동일한 높이가 되도록 하고 덮개의 격자구멍 또는 틈새는 1 cm 이하가 되도록 한다.
- 보도포장은 내구성, 미끄럼저항성, 평탄성, 투·배수성 등의 기본적 기능을 갖추어야 하며, 지역환경과 조화되는 형식을 선정하도록 한다.

③ 재질

- 고정시키지 않은 자갈, 잔디 등의 바닥마감재는 휠체어의 이동을 어렵게 하므로 포장재질에서 제외한다.

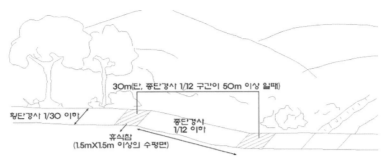

그림 10.1 **보행자전용길 보도구간설계 예시**

- 재료의 변화는 시각장애인에게 주변상황의 변화를 의미하므로, 이를 고려하여 사용한다.
- 보행자전용길 포장재질선정 시 긴급 및 비상차량의 통행이 가능한 강도의 포장재를 사용하도록 한다.

④ 기울기

- 기울기(종단경사)는 1/18 이하가 되도록 한다. 다만, 지형상 곤란한 경우에는 1/12까지 완화할 수 있다.
- 기울기(종단경사)가 1/12로 계획된 구간의 길이가 50 m 이상일 경우 30m 마다 휴식참(1.5 m×1.5 m 이상의 수평면)을 설치하도록 한다.
- 횡단경사는 노약자 및 휠체어 이용자의 통행안전을 위해 1/30 이하가 되도록 한다.

⑤ 연석

- 보도가 연속되는 구간에서 연석은 균일한 높이가 유지되도록 한다.
- 연석의 높이는 6 cm 이상 20 cm 이하로 설치하도록 한다. 다만 차도에 접하여 연석을 설치하거나 시설구조를 보존할 필요가 있는 경우는 25 cm까지 설치할 수 있다.

⑥ 연속성

- 도로의 접속에 의해 보도가 단절된 구간은 보도의 연속성을 유지하기 위해 보도와 같은 재질 및 색상으로 고원식 횡단보도의 설치를 권장한다. 또한 차량의 보도진입을 억제하기 위해 차량진입억제용 말뚝을 함께 설치하도록 한다.

 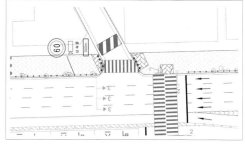

그림 10.2 **도로접속부 보도연속성확보 예시**   그림 10.3 **보도단절지점 개선도**

- 건축물의 차량진출입구 등에 의해 보도가 단절된 구간은 인접한 보도와 높이를 같게 하여 보행의 연속성을 확보할 것을 권장한다.

2. 공사현장 보행자안전통로 설치기준

(1) 개요

공사로 인해 기존의 보행자의 통행에 영향을 미치는 경우에는 공사현장 보행자안전통로를 설치하여 보행자통행에 불편이 없도록 하여야 한다.

(2) 관련 참조법령

보행안전 및 편의증진에 관한 법률 제25조 및 시행규칙 제10조, 서울시 도로점용공사장 소통대책에 관한 조례 등을 참조하였다.

(3) 세부설치기준

① 세부설치기준

보행안전 및 편의증진에 관한 법률 시행규칙 제10조 별표 2의 경사로 및 연석설치, 계단설치는 본 지침의 보도경사로와 급경사지 설치기준을 준용하여 설치하도록 한다.

② 안전시설설치

- 공사현장 보행자안전통로의 시·종점부에는 공사개요 및 담당자 연락처를 기입하도록 한다.

- 공사현장 보행자 안전통로는 보행자가 안전하게 통행할 수 있도록 방호울타리 등으로 공사장과 완전하게 분리하여 보행통행에 지장을 주지 않도록 할 것을 권장한다.
- 야간통행을 고려한 조명 및 유도등, 안내표지판을 함께 설치하도록 한다.

3. 고원식 교차로

(1) 개요

고원식 교차로는 교차로 전체 높이를 높여주어 교차로부근에서 자동차의 감속을 유도하기 위한 기법으로 교차로의 시인성이나 상징성 등을 기대할 수 있다.

(2) 관련 참조법령

보행안전 및 편의증진에 관한 법률, 교통약자의 이동편의 증진법

(3) 세부설치기준

① 설치장소

자동차와 보행자가 충돌할 위험이 있는 신호기가 없는 교차로에 고원식 교차로를 설치할 수 있다.

② 구조

고원식 교차로는 자동차의 속도를 줄이기 위한 오르막경사부와 보행자를 위한 횡단보도부, 교차 내부의 윗면 평탄부로 구성된다. 횡단보도부에는 횡단보도 노면표시를 설치하며, 오르막경사면과 교차로 내부의 윗면 평탄부는 암적색 바탕에 오르막경사면 표시를 한다. 또한 오르막경사부는 과속방지턱에 적용하는 포물선형상과 동일하게 처리한다.

③ 보행안전

고원식 교차로를 설치하는 곳에는 자동차가 보도로 불법진입하는 것을 방지하기 위해서 보도부분에 자동차 진입억제용 말뚝 등의 설치를 고려하고, 관련 교통안전표지 및 조명시설을 함께 설치하여 자동차와 횡단중인 보행자안전을 확보하도록 한다.

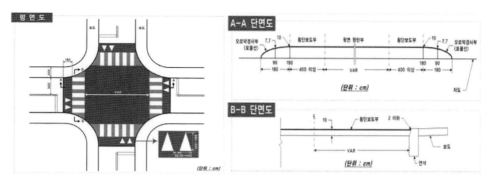

그림 10.4 **고원식 교차로의 구조**

보도와 차도의 단차없이 고원식 교차로를 설치하는 경우에는 시각장애인 등이 보도와 횡단보도의 경계부를 명확히 인지할 수 있도록 점자블록을 설치한다. 고원식 교차로설치 시 배수처리를 고려해야 하며, 동절기에 눈 등에 의한 미끄럼사고에 유의해야 한다.

4. 고원식 횡단보도

(1) 개요

고원식 횡단보도는 보행자 횡단보도면을 자동차가 통과하는 도로면보다 높게 하여 자동차의 감속을 유도하고 보행자의 횡단편의성을 확보하기 위한 시설이다.

차도노면에 사다리꼴 모양의 횡단면을 갖는 구조물을 설치하며, 보행자는 보도의 양측에서 수평으로 횡단할 수 있다. 고원식 횡단보도를 설치하면 횡단보도가 연석과 비슷한 높이로 조성되어 별도의 수직이동이 발생하지 않아 양호한 보행환경을 조성할 수 있다.

(2) 관련 참조법령

교통약자의 이동편의증진법, 보도설치 및 관리지침, 어린이보호구역의 지정 및 관리에 관한 규칙

(3) 세부설치기준

① 설치장소

보행자의 주요동선이나 자동차의 진행이 많은 도로의 단절지점에 설치한다. 시가지도로나 9 m 이하 이면도로 등에 설치할 수 있으며 특히, 이면도로의 진입로 및 아파트단지 진입로에는 고원식 횡단보도의 설치를 권장한다.

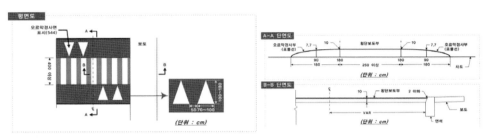

그림 10.5 **고원식 횡단보도의 구조**

② 구조

보도의 양측에서 수평으로 횡단할 수 있도록 설치하고, 횡단보도부는 가급적 보도와의 높이차를 2 cm 이하로 하는 것을 권장한다. 횡단보도부폭은 2.5 m 이상으로 한다.

③ 보행안전

고원식 횡단보도 주위에는 야간의 사고방지를 위해 표지, 자동차 진입억제용 말뚝 등의 시설물을 함께 설치한다.

5. 차도폭 좁힘

(1) 개요

차도폭 좁힘은 자동차의 통행폭을 시각적 또는 물리적으로 좁게 하여 자동차의 감속을 유도하는 기법으로 과속방지턱과는 달리 도로의 횡단선형에 변화를 주는 방법이다.

(2) 관련 참조법령

보행안전 및 편의증진에 관한 법률, 교통약자의 이동편의 증진법, 도로의 구조·시설기준에 관한 규칙

(3) 세부설치기준

① 설치장소

차도폭 좁힘은 양방향 자동차통행량이 균등한 경우에 적용이 용이하다.

② 설치방법

차도폭 좁힘은 「도로의 구조·시설기준에 관한 규칙」에서 규정하는 설계기준 자동차의 폭을 감안하여 결정한다. 3.0 m 이상의 폭 범위로 폭 좁힘을 하는 경우는 감속효과가 낮을 수 있으므로 다른 속도저감시설과 조합하여 설치하거나 폭 좁힘을 적용한 지점의 간격을 좁힘으로써 감속효과를 유지할 수 있다.

차도폭 좁힘은 형태에 따라 자동차의 통행방법이 달라지므로 통행방법지시와 관련한 교통안전표지를 적절히 설치한다.

- **외측에서의 폭 좁힘** : 식재를 이용하는 방법, 화분 등의 가설물을 설치하는 방법
- **내측에서의 폭 좁힘** : 차도에 교통섬을 설치하여 폭 좁힘을 시행하는 방법

③ 보행안전

차도폭 좁힘 지점의 폭이 지나치게 좁은 경우에는 가동식 자동차 진입억제용 말뚝 등 이동이 가능한 시설물을 설치한다. 야간에는 시인성을 확보하는 것이 중요하며, 조명을 설치하여 보행자와 자전거이용자가 쉽게 인지될 수 있도록 한다. 자동차 진입억제용 말뚝을 설치하는 경우에는 말뚝에 반사지를 부착하여 야간의 시인성을 높이도록 한다.

6. 과속방지턱

(1) 개요

과속방지턱은 도로교통의 안전증진을 도모하고 교통사고를 예방하기 위해 설치하는 과속방지시설이다. 주로 주거단지, 학교부근 등 보행자의 통행이 많은 지역

에서 차량의 속도를 낮추어 보행자의 안전을 확보하기 위해 설치한다.

(2) 관련 참조법령

보행안전 및 편의증진에 관한 법률, 교통약자의 이동편의증진법

(3) 세부설치기준

① 설치장소

학교 앞, 유치원, 어린이놀이터, 근린공원, 마을통과지점 등 차량의 속도를 저속으로 규제할 필요가 있는 구간, 보행자가 많거나 어린이의 놀이로 교통사고 위험이 있다고 판단되는 도로, 공동주택, 근린상업시설, 학교, 병원, 종교시설 등 차량의 출입이 많아 속도규제가 필요하다고 판단되는 구간 및 차량의 통행속도를 제한할 필요가 있다고 인정되는 도로 등에 설치할 수 있다.

② 설치기준

과속방지턱은 길이 3.6 m, 높이 10 cm의 규격을 적용한다. 단, 국지도로 중 폭 6 m 미만의 소로 등에서 표준규격이 적용지역의 여건으로 보아 크다고 판단되는 경우에는 길이 2.0 m, 높이 7.5 cm를 적용할 수 있다.

③ 설치방법

설치간격은 해당도로의 통과교통특성을 고려하여 연속형 과속방지턱은 20~90 m 간격으로 설치하며, 도로의 노면포장재료와 동일한 재료를 사용하여 노면과 일체가 되도록 설치하는 것을 원칙으로 한다.

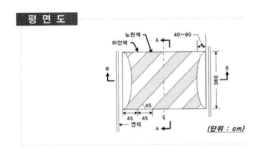
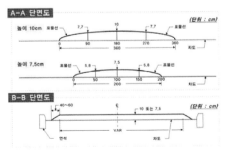

그림 10.6 **과속방지턱의 구조**

④ 보행안전

통행안전을 위하여 사전에 과속방지턱의 존재를 알리는 교통안전표지, 노면표시를 병행하여 설치하며, 시인성을 향상시키기 위하여 조명시설을 병행하여 설치한다.

7. 무단횡단 금지시설(보행자용 방호울타리)

(1) 개요

보행자용 방호울타리는 보행자의 무단횡단을 억제하고, 보도와 차도를 시각적으로 분리하여 보행자의 교통사고를 방지하기 위한 시설이다.

(2) 관련 참조법령

보행안전 및 편의증진에 관한 법률, 교통약자의 이동편의증진법

(3) 세부설치기준

① 설치장소

횡단보도 이외의 장소에서 보행자가 도로를 횡단함으로써 사고가 발생할 위험이 있는 경우에는 방호울타리를 설치하여 무단횡단을 억제할 수 있다. 초등학교, 유치원 등의 부근에 어린이들의 통학로로 사용되고 있는 도로와 역, 공원, 운동장, 극장, 공장 등의 부근 도로에는 보행자용 방호울타리를 설치할 것을 권장한다.

② 구조

보행자용 방호울타리의 높이는 90 cm를 표준으로 한다.

③ 설치방법

방호울타리의 기능을 최대한 살리기 위해서는 가능한 한 연속해서 설치하는 것을 권장한다. 그러나 자동차의 출입 및 보행자, 자전거 등의 횡단공간을 확보해야 하는 경우에는 방호울타리를 띄어서 설치할 수 있다.

2 보행편의 및 정보제공시설

1. 턱낮춤

(1) 개요

턱낮춤은 보도와 차도의 단차를 줄여 휠체어 사용자, 유모차 등의 원활한 통행을 확보하기 위한 방법이다. 턱낮춤은 횡단보도 진입지점, 안전지대, 건물진입부분, 보도와 차도의 경계구간, 기타 턱낮추기의 설치가 필요한 구간 등에 설치한다.

(2) 관련 참조법령

교통약자의 이동편의증진법 시행규칙, 2011.6.30 국토해양부령 제346호(별표1)와 도로안전시설 및 관리지침, 턱낮추기 및 연석경사로 설치내용

(3) 세부설치기준

① 높이

턱낮춤을 하는 경우, 보도와 차도의 단차는 2 cm 이하가 되도록 한다. 단 주택가, 학교주변의 편도 2차로 이하인 도로의 경우에는 횡단보도에 접속하는 보도와 차도의 높이를 같게 할 수 있으며, 이러한 경우에는 시각장애인 등이 보도와 차도의 경계를 명확히 인지할 수 있도록 점자블록의 설치에 특별히 유의하여야 한다.

② 경사

휠체어 사용자나 유모차의 경우, 턱낮춤 경사로의 경사가 급하면 이용 시 장애가 되며, 노면동결 시나 우천 시 미끄럽거나 하강 시 발생하는 가속도로 인하여 오히려 위험할 수 있으므로 적정한 경사를 확보하는 것이 필요하다. 이러한 점을 감안할 때, 경사는 20분의 1 이하로 하는 것을 권장한다. 도로조건이 이를 만족시키지 못할 시에도 경사는 최대 12분의 1을 넘어서는 안 된다. 턱낮춤 뒤로 보도폭이 1 m 이상 여유가 있을 경우 옆면의 경사는 10분의 1 이하로 한다.

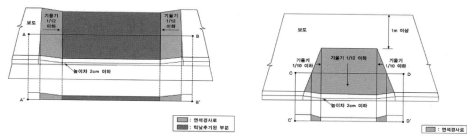

그림 10.7 **턱낮춤의 구조**

2. 안내표지

(1) 개요

보행자의 현재위치, 주요시설물, 기타 주요정보 등을 종합적으로 안내하는 시설로서, 여타의 안내표지나 안전표지와 공간적으로 이격하여 설치시인성을 높이도록 한다. 안내표지판의 크기 및 종류, 설치방향, 재질 등은 제공되어야 할 정보의 양과 판독성, 유효보도폭, 지역특성 등을 감안하여 결정하며, 안내표지판을 이용하고자 하는 보행자와 이동 중인 보행자 간의 상충이 최소화될 수 있도록 한다.

(2) 관련 참조법령

장애인·노인·임산부 등의 편의증진보장에 관한 법률 시행규칙, 서울시 편의시설설치 매뉴얼 건축물 및 공원안내표시 내용

(3) 세부설치기준

① 보행자길 안내표지판 수록내용

보행자길 안내표지는 현재위치, 주변의 교통수단, 600 m 이내의 주요시설물, 1.2 km 이내의 여객시설 등에 대한 정보가 수록되어야 한다. 안내표지판은 지도, 대중교통안내, 지도와 대중교통에 대한 범례와 색인, 기타 등으로 구성된다.

② 설치기준

설치방향은 보도와 차도의 경계면과 수평하게 설치하는 것을 원칙으로 한다.

단, 유효보도폭, 주변시설물 및 주변환경, 정보제공의 양 등을 고려하여 크기나 방향을 조정하여 적용할 수 있다. 안내표지판은 야간에 식별이 가능하여야 하며, 이를 위해 내부 및 외부조명시설을 설치할 수 있다.

③ 장애인 고려한 표지판설치

안내표지판은 시각장애인 등을 포함한 보행자의 판독성이 확보되어야 하며, 시각장애인 등을 위한 점자표시 등 식별성이 확보되어야 한단. 점자안내판 또는 촉지도식 안내판은 바닥면으로부터 1.0~1.2 m 범위 안에 설치한다.

④ 방향안내판 설치위치

보행자 방향안내판이란 주요시설물 등에 접근하기 위한 방향과 거리를 안내하기 위하여 제작·설치하는 안내판을 말한다. 방향안내판은 교차로, 시종점부 등 보행자가 알아보기 쉽도록 설치되어야 한다.

⑤ 방향안내판 설치기준

도로가 교차되는 각 보도의 코너에는 맞은편 방향안내판과 중복되지 않도록 대각선 방향으로 설치한다. 방향안내판의 표준크기는 가로 700 mm, 세로 260 mm로 하며, 설치높이는 지면으로부터 방향안내판의 밑단까지의 거리가 2.5~3.0 m가 되도록 한다.

3. 점자블록

(1) 개요

점자블록은 시각장애인이 보행상태에서 주로 발바닥이나 지팡이의 촉감으로 그 존재와 대략적인 형상을 확인할 수 있는 시설로 정해진 정보를 판독할 수 있도록 그 표면에 돌기를 붙인 것이다.

(2) 종류

점자블록은 점형블록과 선형블록의 두 종류가 있다.

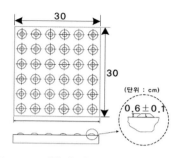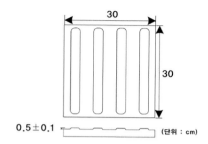

그림 10.8 **점형과 선형블록의 형태 및 규격**

① 점형블록

위치감지용으로 횡단지점, 대기지점, 목적지점, 보행동선의 분기점 등의 위치를 표시하고, 장애물 주위에 설치하여 위험지점을 알림(경고용), 선형블록의 시작, 교차, 굴절되는 지점에 설치(방향전환 지시용)

② 선형블록

방향유도용으로 보행동선의 분기점, 대기지점, 횡단지점에 설치된 점형블록에 연계하여 목적방향으로 일정한 거리까지 설치하여 보행방향을 지시, 보도에 연속 혹은 단속적으로 설치하여 보행동선을 확보·유지한다.

(3) 색상 및 재질

황색을 원칙으로 하나, 주변환경여건을 고려하여 주변 바닥재의 색상과 뚜렷하게 대비가 되는 색상을 설치한다. 재질은 미끄러지기 쉬운 재료나 유지관리가 어려운 고무재질 등의 사용을 지양한다.

(4) 설치방법

① 일반

점자블록을 연이어 설치할 경우 원칙적으로 같은 규격, 같은 재질의 것을 사용하며, 점자블록의 높이는 바닥재의 높이와 동일하게 한다.

그 외의 경우에는 선형블록은 점형블록에 연계해서 통행방향을 잡는 데 필요한 일정한 거리까지만 설치한다. 선형블록을 설치할 때에는 가능한 한 단순하게 방향을 유도해야 시각장애인이 혼동하지 않을 수 있다.

② **횡단보도**

횡단보도의 양단에 반드시 설치하고 점자블록의 턱낮추기 쪽 면은 횡단방향에 직각으로 설치한다. 점형블록의 가로폭은 횡단보도의 폭만큼, 세로폭은 연석과 평행하게 60 cm 폭으로 설치한다.

선형블록은 횡단방향과 같은 방향으로 중앙에 60 cm의 폭으로 설치하고, 길이는 보도와 차도의 경계구간으로부터 보도폭의 4/5가 되는 지점까지 설치하며 마무

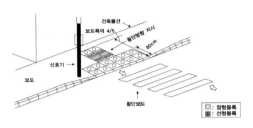

(a) 횡단보도설치 기본형

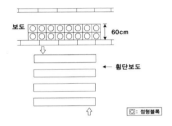

(b) 보도의 폭이 좁은 경우

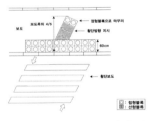

(c) 횡단방향과 연석이 직각이 아닌 경우

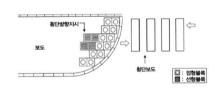

(d) 연석이 곡선부인 경우

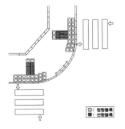

(e) 두 횡단보도 간 간격이 넓은 경우

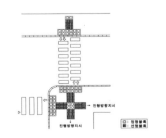

(f) 두 횡단보도 간 간격이 좁은 경우

그림 10.9 **도로구조에 따른 점자블록 설치방안**

리는 점형블록으로 한다. 보도폭이 좁은 경우, 점형블록만을 60 cm의 폭으로 설치하고 통행방향이 연석과 직각이 아닌 경우에는 선형블록을 통행방향과 평행하게 설치한다.

횡단지점의 연석이 곡선부인 경우, 곡선을 따라 점형블록을 설치하고 선형블록으로 횡단방향을 지시한다. 단, 시각장애인을 위한 음향신호기가 설치된 경우, 횡단보도 진입부분에 설치된 점형블록은 신호기에 손이 닿는 거리까지 설치한다.

③ 연속적 방향유도

방향전환 시에 보행방향이 직각으로 꺾어지는 굴절점에는 점형블록을 선형블록의 2배 넓이로 설치한다. 선형블록의 진행방향이 직각으로 꺾이는 곳 이외의 곡선부에서는 선형블록만을 설치하며, 선형블록의 돌출선 방향이 보행방향과 일치하도록 굽어지는 정도에 적절하게 약간씩 방향을 틀어 설치한다.

선형블록의 양쪽으로 최소한 60 cm 이내의 지역에는 장애물을 제거한다. 다만, 통행량이 많거나 복잡한 거리의 경우 선형블록의 양쪽으로 최소한 20 cm 이내의 공간에서는 장애물이 없도록 한다.

11

도로안전시설
설치 및 관리

The Road Safety Facilities Installation and Management

11 도로안전시설 설치 및 관리

The Road Safety Facilities Installation and Management

1 시선유도시설

도로안전시설 설치 및 관리지침은 시선유도시설 및 시인성증진 안전시설의 설치 및 관리에 관한 세부적인 시행지침을 규정함으로써, 「도로법」과 「도로교통법」 등에 규정된 시선유도시설 및 시인성증진 안전시설에 관한 설치 및 관리기준을 제시하고 있다.

"시선유도시설"이란 도로 끝 및 도로선형을 명시하여 주간 및 야간에 운전자의 시선을 유도하기 위하여 설치하는 시설을 말하며, 이 시설의 종류에는 시선유도표지, 갈매기표지, 표지병 등이 있다.

1. 시선유도표지

시선유도표지는 도로법 제2조의 도로부속물로서 주·야간에 직선 및 곡선부에서 운전자에게 전방의 도로선형이나 기하조건이 변화되는 상황을 안내하여 줌으로써 안전하고 원활한 차량주행을 유도하는 시설물이다.

시선유도표지의 설치기준 중 설치장소는 도로의 구조, 교통의 상황 등을 고려하여 다음의 구간에 설치한다.

- 설계속도가 50 km/시 이상인 구간
- 도로선형이 급격히 변하는 구간
- 차로수나 차도폭이 변화하는 구간

또한 자동차전용도로 및 주간선도로 등에는 전체 구간에 연속적으로 시선유도

표 11.1 **시선유도표지 설치간격(단위 : m)**

곡선반경	설치간격	곡선반경	설치간격
50 이하	5.0	406~500	22.5
51~80	7.5	501~650	25.0
81~125	10.0	651~900	30.0
126~180	12.5	901~1,200	35.0
181~245	15.0	1,201~1,550	40.0
246~320	17.5	1,551~1,950	45.0
321~405	20.0	1,951 이상	50.0

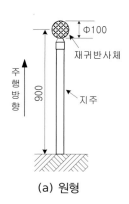

(a) 원형

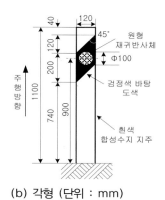

(b) 각형 (단위 : mm)

그림 11.1 **시선유도표지 규격**

표지를 설치하지만 도로조명시설이 있는 경우 생략할 수도 있다.

시선유도표지의 구조는 반사체와 반사체를 고정하는 지주로 구성된다. 반사체의 형상은 직경 100 mm의 원형으로 한다. 지주는 원형 및 각형을 사용할 수 있으나 도로의 설계에 있어서 적용하는 설계구간 개념을 적용하여 노선의 기하구조와 함께 시선유도표지의 형이 연속성이 있도록 한다. 지주는 반사기를 필요한 위치에 확실히 고정할 수 있어야 한다.

시선유도표지를 설치하려면 곡선에서 직선 또는 직선에서 곡선으로 연결되는 전이지점에 대해서는 시선유도표지가 시각적으로 연속성 있게 보이도록 설치간격을 적정하게 조정하여 설치한다. 직선구간의 최대설치간격은 일반도로의 경우 40 m, 고속도로는 50 m로 한다.

반사체의 설치각도는 자동차의 진행방향에 대하여 직각으로 설치하되, 곡선반경이 작은 구간 등 진행방향에 대하여 직각으로 설치 시 반사성능이 약할 경우에는 주행조사 등에 의하여 설치각도를 변경한다.

2. 갈매기표지

갈매기표지는「도로법」제2조의 도로부속물로서 급한 평면곡선부 등 시거가 불량한 장소에 갈매기기호의 표지판을 설치하여 주·야간에 도로의 선형 및 굴곡정도를 운전자가 명확히 알 수 있도록 하여 안전주행을 도모하는 시선유도시설이다.

갈매기표지는 도로의 평면선형이 급격하게 변화하는 구간과 같이 운전자에게 도로의 상황에 관한 사전정보제공이 특별히 강조되는 구간에 설치한다.

갈매기표지는 갈매기기호체 및 표지판, 지주로 구성된다. 지주는 표지판을 필요한 위치에 확실히 고정할 수 있어야 한다. 갈매기표지의 형상은 아래와 같이 한다.

• 판의 규격은 가로 45 cm, 세로 60 cm를 표준적인 규격으로 한다.
• 갈매기기호체의 꺾음표시는 1개로 한다.
• 중앙분리대, 교량 등 도로 구조물에 의해 표준규격의 설치가 용이하지 못한 장소에서는 규격을 축소하여 사용할 수 있다.
• 공사구간에서 사용하는 갈매기표지는 도로의 상황 및 교통의 상황 등을 감안하여 전체적인 안전시설 설치계획에 따라 규격을 조절할 수 있다.
• 2차로 도로에서는 양면형으로 하고, 중앙분리대로 분리된 4차로 이상 도로에서는 단면형으로 설치한다.

갈매기표지의 설치위치는 차도시설한계의 바깥쪽 가장 가까운 곳에 설치한다. 일반적으로 길어깨 가장자리로부터 0~200 cm 되는 곳에 지형에 맞게 설치한다. 그리고 설치높이는 노면으로부터 표지판하단까지의 높이를 120 cm로 하여 설치하는 것을 표준으로 한다.

갈매기표지의 설치간격은 곡선구간에서 연속으로 설치하여 원활한 시선유도효과가 있도록 하며, 연결로에서는 시점에서부터 4개만 곡선반경별 설치간격에 따라 설치한다. 도로의 곡선반경에 따른 설치간격은 **표 11.2**와 같이 한다.

표 11.2 **갈매기표지의 설치간격**(단위 : m)

곡선반경	설치간격	곡선반경	설치간격
50 이하	8	246~320	25
51~80	12	321~405	30
81~125	15	406~500	35
126~180	20	501~650	38
181~245	22	651~900	45

3. 표지병

표지병은 「도로법」 제2조 및 「도로의 구조·시설기준에 관한 규칙」 제38조의 도로부속물로서 도로상에 설치된 노면표시의 선형을 보완하여 야간 또는 우천 시에 운전자의 시선을 명확히 유도함으로써 교통안전 및 원활한 소통을 도모하기 위하여 도로표면에 설치하는 시설물이다.

표지병의 설치장소는 도로의 중앙선, 차선경계선, 전용차선, 노상장애물, 안전지대 등 노면표시의 기능을 보완할 필요가 있는 곳에 설치한다. 횡단보도 및 교차로 정지선 등 표지병의 설치로 인해 안전주행을 해칠 우려가 있는 지점에는 설치하여서는 안 된다. 표지병의 구조는 다음과 같다.

- 표지병은 반사체와 몸체로 구성된다.
- 표지병의 형상은 다양한 형상을 사용할 수 있으나, 일정지역, 일정구간에서는 동일형상을 사용해야 한다.
- 표지병의 높이는 최대 30 mm로 현장여건에 적합한 높이를 가져야 한다.
- 표지병 저면은 평면의 형태를 가져야 하며 요철부 두께는 2 mm 한다.

도로에 설치되는 표지병은 도로의 선형을 따라 자연스럽게 각도가 주어져야 하며 인위적으로 각도를 주어 설치하여서는 안 된다.

표지병의 설치간격은 보조하는 노면표시의 유형과 설치장소에 따라 **표 11.3**과 같이 설치한다. 곡선부에서는 최소설치간격 기준을 따르되, 기하구조상 시계에 장애가 있을 때에는 연속적으로 4개 이상이 보일 수 있도록 설치한다.

표 11.3 **표지병 최소설치간격**

구분		설치간격	비고
직선부	시가지도로	1 N(8 m)	공학적 판단에 의해 조정가능
	지방도로	1 N(13 m)	공학적 판단에 의해 조정가능
	전용도로	1 N(20 m)	공학적 판단에 의해 조정가능
	편도1차로	N/2	간격은 도로구분별로 달리 적용
곡선부		N/4 – N/2	반경의 크기에 따라 공학적 판단 하에 설치
진·출입연결로 고어부		N/4	미국 FHWA 기준적용
교차로 좌회전차로		N/2	미국 FHWA 기준적용

4. 시인성증진 안전시설

시인성향상을 위한 시설은 도로 상에 위치해 있는 각종 구조물로부터 차량을 안전하게 유도하여 교통사고 발생을 최소화시키고, 운전자에게 양호한 주행환경을 제공하는 기능을 갖는다. 시인성증진 안전시설의 종류는 다음과 같다.

- 장애물 표적표지
- 구조물도색 및 빗금표지
- 시선유도봉

(1) 장애물 표적표지

장애물 표적표지는 중앙분리대 시점부, 지하차도의 기둥 등에서 운전자에게 위험물이 있다는 정보를 반사체로 구성된 표지를 통해 전달할 목적으로 설치하는 시설이다.

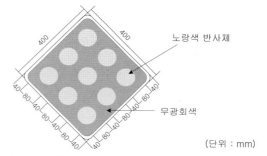

그림 11.2 **장애물 표적표지의 제원**

(2) 구조물도색 및 빗금표지

구조물도색 및 빗금표지는 도로 상에 구조물이 위치해 있다는 정보를 구조물 외벽에 도색 및 빗금표지를 통해 전달할 목적으로 설치하는 시설이다.

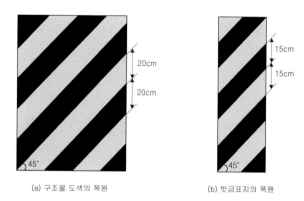

(a) 구조물 도색의 폭원   (b) 빗금표지의 폭원

그림 11.3 구조물도색 및 빗금표지의 폭원

(3) 시선유도봉

시선유도봉은 교통사고발생의 위험이 높은 곳으로서, 운전자의 주의가 현저히 요구되는 장소에 동일 및 반대방향 교통류를 공간적으로 분리하고 위험구간 예고 목적으로 시선을 유도하는 시설을 말한다.

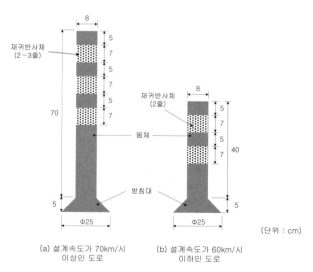

(a) 설계속도가 70km/시   (b) 설계속도가 60km/시
이상인 도로   이하인 도로

그림 11.4 시선유도봉의 형상

2 기타 안전시설

1. 미끄럼방지포장

미끄럼방지포장은 「도로법」에 의해 설치되는 미끄럼방지포장의 설치 및 관리에 대하여 적용하며, 기능은 미끄럼저항을 충분히 확보하지 못한 곳이나 도로선형이 불량한 구간에서 표면에 신재료를 추가하거나 도로표면의 일부를 제거하는 방법으로 포장의 미끄럼저항을 높여 자동차의 안전주행을 확보하는 것이다. 또한, 운전자의 주의를 환기시켜 안전운행을 도모하는 부수적인 기능도 가지고 있다.

미끄럼방지포장은 도로표면에 신재료를 추가하는 형식과 표면의 재료를 제거하는 형식으로 크게 구분할 수 있으며 각각에 대한 종류는 다음과 같다.

- 표면에 신재료를 추가하는 형식
  - 개립도 마찰층
  - 슬러리실
  - 수지계 표면처리
- 표면의 재료를 제거하는 형식
  - 그루빙
  - 숏 블라스팅
  - 노면평삭

미끄럼방지포장은 도로의 구간별로 다음과 같은 도로조건 및 교통조건에서 미끄럼마찰 증진이 요구되거나, 사고발생위험으로 필요한 구간에 설치한다.

- 기존 노면마찰계수가 도로교통 조건에 부합하지 않고 낮아서 위험한 구간
- 도로의 선형에 있어서 전·후 선형의 연속성이 이루어지지 않아 주행속도의 차이가 20 km/h 이상인 구간의 변화구간
- 기타 사고발생의 위험이 높아 미끄럼방지포장을 설치하는 것이 효과가 있다고 인정되는 구간

미끄럼방지포장의 설치형상은 해당구간의 노면 전체를 처리하는 전면처리와 일정간격을 띄워 부분처리하는 이격식으로 구분되며, 이격식은 1 - 3 방식, 3 - 6 방

식으로 나누어진다. 미끄럼방지포장의 적용형상은 전면처리를 원칙으로 한다. 이 격식은 경각심을 주기 위한 목적으로 사용하되, 적용구간을 최소로 한다.

미끄럼방지포장은 도로기하구조 및 위험도를 고려했을 때, 마찰력확보가 필요한 전 구간을 대상으로 설치하며, 일정구간 내의 마찰계수가 일정한 값을 갖도록 구간의 유형별 설치길이를 고려한다.

2. 과속방지턱

과속방지턱은 통행차량의 과속주행을 방지하기 위하여 차량속도를 제어하는 시설물이다. 과속방지턱은 속도의 제어라는 기본기능 이외 통과교통량감소, 보행자 공간확보 및 도로경관개선, 노상주차억제와 같은 부수적인 기능도 가지고 있다.

과속방지턱은 형상에 따라 원호형 과속방지턱, 사다리꼴 과속방지턱, 가상 과속방지턱 등의 형식이 있으며 넓은 의미 과속방지시설로는 범프, 쿠션, 플래토 등이 있다.

- 원호형 과속방지턱은 과속방지턱 상부면의 형상이 원호(圓弧) 또는 포물선인 과속방지턱이다.
- 사다리꼴 과속방지턱은 과속방지턱 상부면의 형상이 사다리꼴인 과속방지턱이다.
- 가상 과속방지턱은 운전자에게 도로면 위에 장애물이 설치되어 있는 것 같은 시각현상을 유도하여 주행속도를 줄일 수 있도록 노면표시, 테이프 등을 이용하여 설치된 시설이다.

과속방지턱은 일반도로 중 집산 및 국지도로의 기능을 가진 도로의 다음과 같은 구간에 도로교통상황과 지역조건 등을 종합적으로 검토하여, 보행자의 통행안전과 생활환경을 보호하기 위해 도로관리청이 필요하다고 판단되는 장소에 한하여 최소로 설치한다.

- 학교 앞, 유치원, 어린이놀이터, 근린공원, 마을통과지점 등으로 차량의 속도를 저속으로 규제할 필요가 있는 구간
- 보차도의 구분이 없는 도로로서 보행자가 많거나 어린이의 놀이로 교통사고위험이 있다고 판단되는 도로

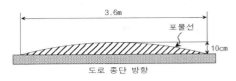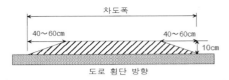

그림 11.5 **과속방지턱의 형상 및 제원**

- 차량의 통행속도를 30 km/h 이하로 제한할 필요가 있다고 인정되는 도로

간선도로 또는 보조간선도로 등 이동성의 기능을 갖는 도로에서는 과속방지턱을 설치할 수 없다. 단 왕복 2차로 도로에서 보행자안전을 위해 제한속도 30 km/h 시 이하로 설정되어 있는 구역에 보행자 무단횡단 금지시설을 설치할 수 없는 경우, 교통정온화시설의 하나로 과속방지턱 설치를 검토할 수 있다.

과속방지턱의 설치를 금하는 위치는 다음과 같다.

- 교차로로부터 15 m 이내
- 건널목으로부터 20 m 이내
- 버스정류장으로부터 20 m 이내
- 교량, 지하도, 터널, 어두운 곳 등
- 연도진입이 방해되는 곳 또는 맨홀 등의 작업차량진입을 방해하는 장소

과속방지턱의 설치간격은 해당구간에서 목표로 하는 일정한 주행속도 이하를 유지할 수 있도록 해당도로의 도로교통특성을 고려하여 정한다. 연속형 방지턱은 20~90 m의 간격으로 설치함을 원칙으로 한다.

2. 도로반사경

도로반사경은 운전자의 시거가 불량한 구간에서 운전자에게 전방의 도로상황에 대한 정보를 제공함으로써 이에 따른 적절한 행동을 취하게끔 하여 사고를 미연에 방지하는 기능을 갖는다. 도로반사경은 「도로법」 제8조에서 정한 도로의 다음과 같은 구간에 도로교통상황과 지역의 조건을 종합적으로 검토하여, 도로관리청이 필요하다고 판단되는 장소에 한하여 설치한다.

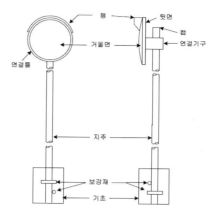

그림 11.6 **도로반사경의 구조 및 명칭**

- 산지부의 곡선부나 곡선반경이 작은 곳 등에서 도로의 주행속도에 따라 시거가 확보되지 못한 곳
- 좌우의 시거가 충분히 확보되지 못한 비신호교차로
- 차량통행속도를 30 km/h 이하로 제한할 필요가 있다고 인정되는 도로

도로반사경의 거울면은 본 지침에서 정하는 형상, 크기, 곡률반경의 기준에 따르며, 충분한 강도를 갖는 구조로 한다.

도로반사경은 각각의 도로상황에 따라 다음과 같은 지점에 설치하도록 한다.

(1) 곡선부

단일로에서 곡선의 길이가 짧은 곡선부에서는 곡선의 정점에 설치하며, 곡선길이가 긴 경우에는 곡선부에 진입할 때 최초로 시거가 제약되는 지점에서 시선의 연장선을 그렸을 때 외측곡선의 끝부분과 만나는 지점에 설치한다.

(2) 교차로

T형 교차로에서는 부도로에서 볼 때 정면이 되는 지점에, 십자형 교차로에서는 주도로의 우측 전방 모서리에 설치함을 원칙으로 한다.

도로반사경의 설치높이는 거울면 하단에서부터 노면까지의 거리를 말하며, 설치장소의 도로 및 교통조건에 따라 1.8~2.5 m의 범위 내에서 설치장소의 특성에 맞게 설치한다.

3. 장애인시설

장애인 안전시설은 장애인 등이 공공건물 및 공중이용시설을 이용함에 있어 최단거리로 안전하게 이동할 수 있도록 한다. 장애인 안전시설은 안전성, 쾌적성을 확보한다. 장애인 안전시설은 도로에서 보행자공간의 연속성을 확보한다.

도로에 설치되는 장애인 안전시설로는 보도, 턱낮추기, 연석경사로, 경사로, 입체 횡단시설, 점자블록, 음향교통신호기, 유도신호장치 등이 있다. 본 지침은 도로상에 설치되는 장애인 안전시설 중 보도, 턱낮추기, 연석경사로, 경사로, 점자블록을 그 대상시설로 한다.

(1) 장애인을 위한 보도설치

- 보도 및 접근로(이하 보도등)의 유효폭은 1.5 m 이상으로 한다. 부득이하게 보도등의 폭이 좁은 경우 휠체어 사용자 간, 또는 유모차 등과 교행할 수 있도록 50 m마다 1.5 m×1.5 m 이상의 교행구역을 설치할 수 있다.
- 경사진 보도등이 연속될 경우, 30 m마다 1.5 m×1.5 m 이상의 수평면으로 된 참을 설치할 수 있다.
- 보도등의 종단경사는 18분의 1 이하로 한다. 단, 지형상 곤란한 경우에는 12분의 1까지 완화할 수 있다.
- 보도등의 횡단경사는 25분의 1 이하로 한다.
- 보행공간을 확보하기 위해 최소 1.5 m 이상의 보도폭과 높이 2.5 m 이상의 공간을 연속적으로 확보한다.

(2) 턱낮추기 및 연석경사로

- 횡단보도 진입지점이나 횡단보도 중앙에 설치된 안전지대 등에 보행횡단할 보도와 차도의 높이차를 줄이기 위해 턱낮추기를 실시한다.
- 턱낮추기를 실시할 때 보도와 차도 간의 높이차를 극복하기 위해 연석경사로를 설치한다.
- 턱낮추기 및 연석경사로는 횡단보도 진입지점, 안전지대, 건물진입부분, 보도와 차도의 경계구간, 기타 턱낮추기 및 연석경사로의 설치가 필요한 구간 등에 설치한다.

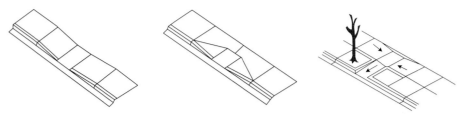

유형Ⅰ : 보도폭이 좁은 경우　유형Ⅱ : 보도폭이 넓은 경우　유형Ⅲ : 장애물이 있는 경우

그림 11.7 **턱낮추기 및 연석경사로의 유형**

연석경사로의 유효폭은 횡단보도와 같은 폭으로 한다. 부득이한 경우, 연석경사로의 유효폭은 0.9 m 이상으로 한다. 연석경사로의 기울기는 20분의 1 이하가 바람직하며, 최대 12분의 1 이하로 한다. 유형 Ⅱ형의 경우, 경사로 옆면의 기울기는 10분의 1 이하로 한다.

턱낮추기를 하는 경우, 보도등과 차도의 경계구간은 높이차를 3 cm 이하로 한다. 그리고 연석경사로의 바닥표면은 미끄러지지 아니하는 재질로 평탄하게 마무리하며, 보도등의 질감과 달리할 수 있다.

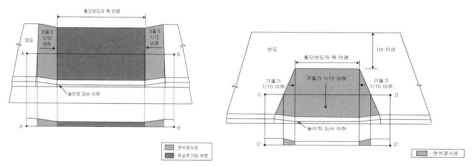

그림 11.8 **턱낮추기 유형 Ⅰ(좌), 유형 Ⅱ(우) : 상세표준도**

보도폭이 좁고 횡단보도 간 거리가 가까운 경우, 또는 길가 건물의 출입에 지장이 되지 않는 장소에 대해서는 교차부 전체에 걸쳐 턱낮추기를 한다(턱낮추기 유형 Ⅳ). 그리고 보도폭이 넓고 횡단보도간 거리가 긴 경우, 횡단지점에만 턱낮추기를 한다(턱낮추기 유형 Ⅴ).

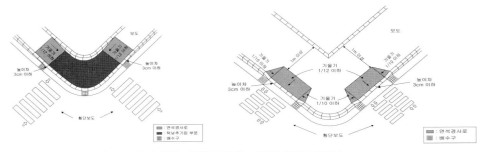

그림 11.9 **턱낮추기 보도폭이 좁은 유형 Ⅳ(좌), 넓은 유형 Ⅴ(우)**

연석이 곡선부인 경우에는 턱낮추기 유형 Ⅲ의 기준을 적용하고, 안전지대에는 횡단보도의 폭과 같은 폭으로 턱낮추기를 한다. 안전지대에 설치하는 턱낮추기와 연석경사로는 4.4.3의 유형Ⅰ과 동일한 기준을 적용한다(턱낮추기 유형 Ⅵ).

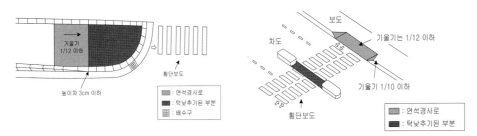

그림 11.10 **턱낮추기 유형 Ⅲ(좌) : 연석이 곡선부, 유형 Ⅵ(우) : 안전지대**

양방향 횡단방향이 일직선상에 있지 않은 안전지대의 경우에는 횡단지점에만 유형 Ⅱ와 동일한 기준으로 턱낮추기를 한다(턱낮추기 유형 Ⅶ). 교통섬의 경우, 횡단지점에만 횡단보도의 폭과 같은 폭으로 4.4.3의 턱낮추기 유형 Ⅱ와 동일한 기준을 적용하여 턱낮추기를 한다(턱낮추기 유형 Ⅷ).

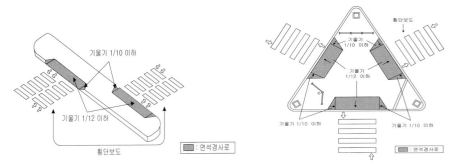

그림 11.11 **턱낮추기 유형 Ⅶ(좌) : 안전지대, 유형 Ⅷ(우) : 교통섬의 턱낮추기**

(3) 경사로의 설치

경사로는 육교나 지하도, 건축물의 입구, 대중교통을 이용하기 위한 정류장 등에 계단 등을 이용하기 어려운 장애인등을 위해 설치한다. 계단과 경사로를 동시에 설치하는 것을 원칙으로 한다. 장애인 등의 통행을 위해서 경사로를 우선적으로 설치할 수 있다. 경사로의 방향과 모양에 따라 다양한 형태로 설치가능하며, 직선으로 설치하는 것을 원칙으로 한다.

경사로의 유효폭, 활동공간 및 기울기는 다음과 같다.

- 경사로의 유효폭은 1.5 m 이상으로 한다.
- 경사로의 기울기는 최대 12분의 1이다. 도로에 설치하는 경사로의 기울기는 20분의 1로 하는 것이 바람직하다. 단, 높이가 1 m 이하인 경사로는 시설관리자 등으로부터 상시 보조서비스가 제공되는 경우에 한해서만 최대 8분의 1까지 완화할 수 있다.
- 경사로의 시작과 끝, 굴절부분 및 참에 1.5 m×1.5 m 이상의 공간을 확보한다. 경사로의 방향을 전환하는 굴절부 참은 반드시 수평면을 유지하도록 설치한다.
- 높이가 75 cm를 넘는 경사로의 경우, 바닥표면으로부터 수직높이 75 cm 이내 (경사로기울기 최대 1/12일 경우, 길이 9 m 이내)마다 수평면의 참을 설치한다.

(4) 점자블록의 설치

점자블록은 시각장애인이 보행상태에서 주로 발바닥이나 지팡이의 촉감으로 그 존재와 대략적인 형상을 확인할 수 있는 시설로 정해진 정보를 판독할 수 있도록 그 표면에 돌기를 붙인 것이다.

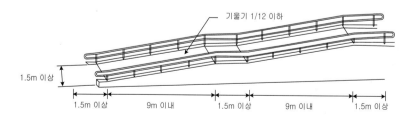

그림 11.12 **경사로 설치기준**

- 점형블록은 위치감지용으로 횡단지점, 대기지점, 목적지점, 보행동선의 분기점 등의 위치를 표시하거나, 장애물 주위에 설치하여 위험지점을 알리는 경고용, 선형블록이 시작, 교차, 굴절되는 지점에 설치하여 방향전환 지시용으로 사용한다.
- 선형블록은 방향유도용으로 보행동선의 분기점, 대기지점, 횡단지점에 설치된 점형블록에 연계하여 목적방향으로 일정한 거리까지 설치하여 보행방향을 지시하거나, 보도에 연속 혹은 단속적으로 설치하여 보행동선을 확보·유지한다.
  점자블록은 횡단보도의 양단에 반드시 설치하고, 턱낮추기 쪽 면은 횡단방향에 직각으로 설치한다. 점형블록의 가로폭은 횡단보도의 폭만큼, 세로폭은 연석과 평행하게 60 cm 폭으로 설치한다.
- 선형블록은 횡단방향과 같은 방향으로 중앙에 60 cm 폭으로 설치하고, 길이는 보도와 차도의 경계구간으로부터 보도폭의 4/5가 되는 지점까지 설치하며 마무리는 점형블록으로 한다(점자블록 설치유형 Ⅰ: 기본형).
- 보도폭이 좁은 경우, 점형블록만을 60 cm 폭으로 설치한다(점자 블록 설치유형 Ⅱ).
- 통행방향이 연석과 직각이 아닌 경우에는 선형블록을 통행방향과 평행하게 설치한다(점자블록 설치유형 Ⅲ).
- 횡단지점의 연석이 곡선부인 경우, 곡선을 따라 그림 4.19와 같이 점형블록을 설치하고 선형블록으로 횡단방향을 지시한다(점자블록 설치유형 Ⅳ).

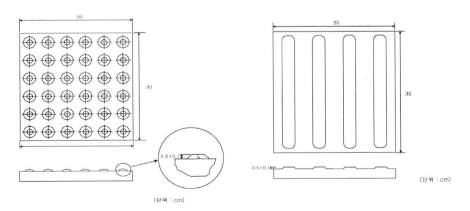

그림 11.13 **블록의 형태 및 규격**

• 두 횡단보도가 연접한 경우, 점자블록의 연장부분은 교차할 수 있다(점자블록 설치유형 Ⅴ).

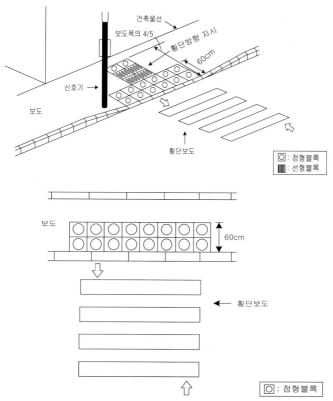

그림 11.14 **점자블록의 설치유형 Ⅰ(상) : 기본형, 유형 Ⅱ(하) : 보도의 폭이 좁은 경우**

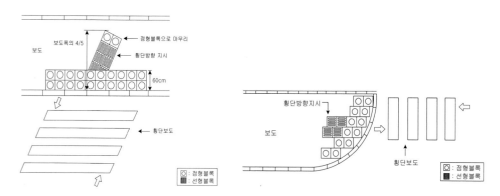

그림 11.15 **점자블록의 설치유형 Ⅲ : 연석이 직각이 아닌 경우, 유형 Ⅳ : 연석이 곡선부**

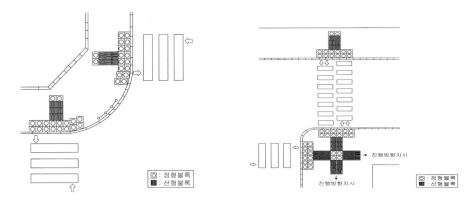

그림 11.16 **점자블록의 유형 V-1(좌) : 두 횡단보도 간 간격이 넓음, 유형 V-2(우) : 간격이 좁은 경우**

4. 노면요철포장

노면요철포장의 기능은 졸음운전 또는 운전자 부주의 등으로 인해 차량이 차로를 이탈할 경우 소음 및 진동을 통해 운전자의 주의를 환기시킴으로써 차량이 원래의 차로로 복귀하도록 유도하는 시설이다.

노면요철포장의 종류는 형태에 따라 다음과 같이 구분한다.

- 절삭형
- 다짐형
- 틀형
- 부착형

노면요철포장의 설치위치는 최대한 바깥차선에 가깝게 설치하거나, 중앙선(복선) 내에 설치하고, 설치간격은 연속으로 설치하는 것을 원칙으로 한다. 단, 절삭형의 경우는 중앙선(복선)에 설치하지 아니한다.

노면요철포장은 연속적인 주행으로 운전자의 주의가 저하됨이 예상되는 구간에 설치한다. 노면요철포장의 형상은 원호형을 표준으로 하며, 제원은 각 종류별로 달리 적용한다.

미끄럼방지포장은 도로기하구조 및 위험도를 고려했을 때, 마찰력확보가 필요한 전 구간을 대상으로 설치하며, 일정구간 내의 마찰계수가 일정한 값을 갖도록 구간의 유형별 설치길이를 고려한다. 위험구간에 대해서도 안전성과 경제성을 고려하여 적정길이에 대해 미끄럼방지포장이 설치되도록 한다.

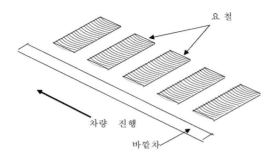

요 철

차량 진행

바깥차

그림 11.17 미끄럼방지포장

5. 무단횡단 금지시설

중앙분리대 내에 설치하는 무단횡단 금지시설에 관한 기본적이고 세부적인 시행지침을 정함으로써, 보행자 무단횡단, 차량의 불법유턴을 금지하여 도시부에서의 안전한 도로환경을 조성하는 데 목적이 있다.

무단횡단 금지시설의 기능은 중앙분리대의 방호기능은 없지만 교통사고가 잦은 지역에서 보행자 무단횡단, 차량 및 이륜차 불법유턴을 막기 위한 시설이다.

무단횡단 금지시설은 횡방향 부재를 가진 난간과 유사한 형상을 가진다. 또한 횡방향 부재의 상단높이는 노면으로부터 90 cm를 표준으로 하며, 동일높이로 설치하여 연속적인 시선유도가 이루어지도록 한다.

12

지구교통 관련법규
및 지침

The Relevant Site Transportation Regulations and Guidelines

1. 보행안전 관련법규
2. 보행편의시설 참조법령
3. 정보제공시설 참조법령

12 지구교통 관련법규 및 지침
The Relevant Site Transportation Regulations and Guidelines

1 보행안전 관련법규

1. 보도관련법령

(1) 교통약자의 이동편의증진법

3. 도로

가. 교통약자가 통행할 수 있는 보도

(3) 기울기

(가) 보도등 기울기는 18분의 1이하로 하여야 한다. 다만, 지형상 불가능하거나 기존도로의 증·개축 시 불가피하다고 인정되는 경우에는 12분의 1까지 완화할 수 있다.

(나) 보도등의 좌우기울기는 25분의 1 이하로 한다.

(2) 도로의 구조·시설기준에 관한 규칙

법령내용

제28조(횡단경사)

② 보도 또는 자전거도로의 횡단경사는 2퍼센트 이하로 한다. 다만, 지형상황 및 주변건축물 등으로 인하여 부득이하다고 인정되는 경우에는 4퍼센트까지 할 수 있다.

(3) 도로안전시설 및 관리지침

4.3 장애인을 위한 보도설치

4.3.1 유효공간의 확보 및 기울기

가. 보도 및 접근로(이하 보도등)의 유효폭은 1.5미터 이상으로 한다. 부득이하게 보도등의 폭이 좁은 경우 휠체어사용자 간, 또는 유모차 등과 교행할 수 있도록 50미터마다 1.5미터×1.5미터 이상의 교행구역을 설치할 수 있다.

나. 경사진 보도등이 연속될 경우, 3.0미터마다 1.5미터×1.5미터 이상의 수평면으로 된 참을 설치할 수 있다.

다. 보도등의 종단경사는 18분의 1이하로 한다. 단, 지형상 곤란한 경우에는 12분의 1까지 완화할 수 있다.

라. 보도등의 횡단경사는 25분의 1이하로 한다.

마. 보행공간을 확보하기 위해 최소 1.5미터 이상의 보도폭과 높이 2.5미터 이상의 공간을 연속적으로 확보한다.

(4) 보도설치 및 관리지침

법령내용

제2장 보도

2-6 횡단구성

가. 보도는 차도로부터 가능한 이격하여 설치하는 것을 원칙으로 하고, 인접하여 설치하는 경우에는 식수대, 연석 등으로 통행을 분리한다.

나. 보도폭은 보행자교통량 및 목표보행자 서비스수준에 따라 정하며, 보도의 최소유효폭은 2.0미터(불가피한 경우에는 최소 1.2미터 이상)으로 한다.

2-7 구조

가. 보도와 차도가 인접하여 설치되는 경우에는 연석 등을 이용하여 차도와 보도의 경계를 명확하게 구분한다.

나. 보도를 따라, 자동차의 건물진입을 위한 경사로가 자주 발생하는 경우는 휠체어사용자 및 자전거이용자의 통행편리를 감안하여 보도면과 차도면의 높이차이를 줄인 구조로 한다.

(5) 보도설치 및 관리지침

다. 보도의 횡단경사는 25분의 1 이하를 원칙으로 하되, 노약자 및 휠체어이용자 등의 통행안전을 위하는 경우에는 50분의 1 이하로 하는 것이 바람직하다.

라. 보도의 종단경사는 18분의 1 이하가 되도록 한다.

마. 연석의 높이는 배수, 자동차의 보도진입억제 등을 감안하여 결정하며, 자동차의 주행속도가 낮은 도로구간에는 수직형 연석을 설치하고, 주행속도가 높은 도로에서는 경사형 연석을 설치한다.

※ 지방부도로에서는 100밀리미터 높이를 갖는 경사형 연석을 설치하는 방안을 적극적으로 강구한다.

(6) 서울시 편의시설설치 매뉴얼

▨ 보행로

▷ 노면의 마감

– 보도의 기울기는 1/18 이하로 하여야 한다. 다만, 지형상 곤란한 경우에는 1/12까지 완화할 수 있다.

– 1/12 이하의 기울기가 연속되는 보도는 30 m마다 1.5 m×1.5 m 이상의 수평면으로 된 휴식참을 설치하여야 한다.

– 보도의 좌우기울기는 1/30 이하이어야 한다.

– 경사지 등에서 보도의 적정기울기 확보를 위해 필요시 차도와 보도는 분리하여 설치한다.

– 보도의 기울기가 1/24 이하는 평지로 본다.

– 보도의 기울기가 1/18 이하는 휠체어가 휴식없이 이동할 수 있다.

– 보도의 기울기가 1/12 이하는 휠체어가 다른 사람의 도움없이 스스로 이동할 수 있는 한계이며 30 m 이하마다 휴식참이 반드시 필요하다.

– 보도의 기울기 1/8 이하는 휠체어가 짧은 거리를 다른사람의 도움을 받아 올라갈 수 있는 한계기울기이다.

(7) 농어촌도로의 구조·시설기준에 관한 규칙

> **법령내용**

제10조(보도)

① 보행자의 안전과 원활한 교통소통을 위하여 필요하다고 인정하는 경우에는 면도와 리도에 보도를 설치할 수 있다.

② 보도의 폭은 다음 표의 폭 이상으로 한다.

구분	보도의 최소폭(미터)	
	양측에 보도를 설치하는 경우	한쪽만 보도를 설치하는 경우
면도	1.0	0.5
리도	0.75	0.5

③ 보도에 노상시설을 설치하는 경우 당해보도의 폭에 제2항의 규정에 의한 보도의 폭에 당해 노상시설이 가로수인 경우에는 0.75미터를, 기타의 시설인 경우에는 0.25미터를 가산한 폭으로 한다. 다만 지형상황 등으로 인하여 부득이하다고 인정하는 경우에는 가산하지 아니한다.

2. 공사현장 보행자안전통로 관련법령

(1) 보행안전 및 편의증진에 관한 법률

① 법

> **법령내용**

제25조(공사 중 보행자를 위한 안전조치의무)

① 인공구조물이나 물건, 그 밖의 시설을 신설·개축·변경 또는 제거하거나 그 밖의 목적으로 보행자길(『도로법』에 따른 도로는 제외한다)을 점용하는 자는 보행자에 대한 위험을 방지하기 위하여 보행안전통로와 안전시설을 설치하여야 한다.

② 특별시장 등은 제1항에 따라 보행자길의 점용자가 보행안전통로와 안전시설을 설치하지 아니한 경우 그 시점에 필요한 조치를 명할 수 있다.

③ 제1항에 따른 보행안전통로 및 안전시설의 설치기준은 행정안전부와 국토해양부의 공동부령으로 정한다.

② 규칙

법령내용

제10조(보행안전통로 및 안전시설의 설치기준)

법 제25조 제3항에 따른 보행안전통로 및 안전시설의 설치기준은 별표 2와
같다.

〔별표 2〕

1. 보행자의 불편을 줄일 수 있도록 가장 짧고 안전한 경로로 설치되어야 하며,
   보행자의 시야를 확보하고 기울기를 최소화하며, 계단이나 차도와의 경계석
   등을 제공하여야 한다.

2. 최소 2.0미터 이상의 보행안전통로의 유효폭을 확보하여야 한다. 다만, 지형
   상 불가능하거나 기존도로의 증축·개축 시 불가피하다고 인정되는 경우에는
   1.2미터 이상으로 완화할 수 있다.

3. 보행안전통로는 교통약자를 포함한 보행자가 안전하게 통행할 수 있도록 미
   끄럽지 않고 평평하게 설치되어야 하며, 투수성, 배수성 등의 기능을 갖추어
   야 한다.

(2) 서울시 도로점용공사장 교통소통대책에 관한 조례

① 조례

법령내용

제3조(적용대상)

이 조례의 적용대상공사는 도로를 1개 차로 이상 점용하고, 그 점용기간이 20일
(자동차전용도로의 경우에는 10일)을 초과하는 다음 각 호의 공사로 한다.

1. 도로의 신설·개설·유지관리 및 도로부속물공사

2. 지하철건설 및 유지·보수공사

3. 상·하수도 및 가스관공사

4. 전력 및 통신공사

5. 도로를 점용하는 제1호부터 제4호까지 이외의 공사

② **시행규칙**

제2조(적용대상)

① 「공사를 시행하고자 하는 자는 조례 제4조 제2항 제2호 및 제4호에 따른 공사 안내표지·교통안내표지 등을 별표 2에 따라 제작·설치 및 관리하여야 한다.

② 조례 제4조 제2항 제5호에 따른 공사시행예고를 위한 공사장의 공사안내 현수막은 별표 3에 따라 거첨하여야 한다.

(3) 농어촌도로의 구조·시설기준에 관한 규칙

제10조(보도)

① 보행자의 안전과 원활한 교통소통을 위하여 필요하다고 인정하는 경우에는 면도와 리도에 보도를 설치할 수 있다.

② 보도의 폭은 다음 표의 폭 이상으로 한다.

구분	보도의 최소폭(미터)	
	양측에 보도를 설치하는 경우	한쪽만 보도를 설치하는 경우
면도	1.0	0.5
리도	0.75	0.5

③ 보도에 노상시설을 설치하는 경우 당해보도의 폭에 제2항의 규정에 의한 보도의 폭에 당해 노상시설이 가로수인 경우에는 0.75미터를, 기타의 시설인 경우에는 0.25미터를 가산한 폭으로 한다. 다만 지형상황 등으로 인하여 부득이 하다고 인정하는 경우에는 가산하지 아니한다.

3. 자동차진입억제용 말뚝관련법령

(1) 보행안전 및 편의증진에 관한 법률

■ **시행규칙**

[별표1] 보행안전 및 편의증진시설의 구조 및 기준(제5조 제2항 관련)

10. 자동차진입억제용 말뚝

가. 자동차진입억제용 말뚝은 보행자가 안전하고 편리하게 통행하는 데 방해가 되지 않는 범위에서 설치하여야 한다.

나. 자동차진입억제용 말뚝은 밝은 색의 반사도료(反射塗料) 등을 사용하여 쉽게 식별할 수 있도록 설치하여야 한다.

다. 자동차진입억제용 말뚝의 높이는 보행자의 안전을 고려하여 80~100센티미터 내외로 하고, 그 지름은 10~20센티미터 내외로 하여야 한다.

라. 자동차진입억제용 말뚝의 간격은 1.5미터 내외로 하여야 한다.

마. 자동차진입억제용 말뚝은 보행자 등의 충격을 흡수할 수 있는 재료로 하되, 속도가 낮은 자동차의 충격에 견딜 수 있는 구조로 하여야 한다.

바. 자동차진입억제용 말뚝의 0.3미터 앞쪽에는 시각장애인이 충돌할 우려가 있는 구조물이 있음을 알 수 있도록 점형블록을 설치하여야 한다.

(2) 교통약자의 이용편의증진법

■ **시행규칙**

법령내용

[별표1] 이동편의시설의 구조·재질 등에 관한 세부기준(제2조 제1항 관련)

6. 자동차진입억제용 말뚝

가. 자동차진입억제용 말뚝은 보행자의 안전하고 편리한 통행을 방해하지 아니하는 범위 내에서 설치하여야 한다.

나. 자동차진입억제용 말뚝은 밝은 색의 반사도료 등을 사용하여 쉽게 식별할 수 있도록 설치하여야 한다.

다. 자동차진입억제용 말뚝의 높이는 보행자의 안전을 고려하여 80~100센티미터 내외로 하고, 그 지름은 10~20센티미터 내외로 하여야 한다.

라. 자동차진입억제용 말뚝의 간격은 1.5미터 내외로 하여야 한다.

마. 자동차진입억제용 말뚝의 재질은 보행자 등의 충격을 흡수할 수 있는 재료를 사용하되, 속도가 낮은 자동차의 충격에 견딜 수 있는 구조로 하여야 한다.

바. 자동차진입억제용 말뚝의 0.3미터 전면(前面)에는 시각장애인이 충돌의 우

려가 있는 구조물이 있음을 미리 알 수 있도록 점형블록을 설치하여야 한다.

4. 고원식 교차로 및 고원식 횡단보도 관련법령

(1) 보행안전 및 편의증진에 관한 법률

① 법

법령내용

제15조(보행안전 및 편의증진시설의 설치)

① 특별시장등은 보행자의 안전을 확보하고 통행편의를 증진하기 위하여 필요하다고 인정하면 보행환경개선지구 안의 도로에 다음 각 호의 시설을 우선적으로 설치할 수 있다.

1. 차량속도 저감시설
2. 횡단보도, 교통섬 등 보행자의 안전을 위한 시설
3. 횡단보도가 없는 도로에서의 보행자횡단을 방지하기 위한 시설
4. 보행자우선통행을 위한 교통신호기
5. 보행자의 이동 편의증진을 위한 대중교통정보 알림시설과 주변지역 보행자길 안내시설
6. 그 밖에 보행자의 안전과 통행편의를 높이기 위한 시설로서 행정안전부와 국토해양부의 공동부령으로 정하는 것

② 규칙

법령내용

제5조(보행안전 및 편의증진시설의 설치 등)

② 법 제15조 제3항에 따른 보행안전 및 편의증진시설의 구조 및 기준은 별표 1과 같다.

③ 세부사항

법령내용

[별표 1] 보행안전 및 편의증진시설의 구조 및 기준(제5조 제2항 관련)

1. 차량속도 저감시설

가. 고원식(高原式) 교차로 및 횡단보도

  1) 차량의 속도를 낮출 필요가 있는 도로에 설치한다.

  2) 교차로나 횡단보도 언덕의 경사부분과 횡단보도 부분 전체를 어두운 붉은색 아스콘으로 설치할 수 있고, 횡단보도 노면표시를 설치한다.

  3) 고원식 횡단보도(주변 도로보다 약간 높게 만든 횡단보도를 말한다)를 설치하는 곳에는 배수처리를 고려해야 하며, 겨울철에 눈 등에 의하여 미끄러지는 것에 유의하여야 한다.

  4) 어린이보호구역 등 특히 과속으로 인한 사고가 우려되는 지점에서는 고원식 횡단보도 앞 길 가장자리 구역을 지그재그 형태로 표시하여 운전자의 주의를 환기시킨다.

(2) 교통약자의 이동편의증진법

① 법

법령내용

제21조(보행안전시설물의 설치)

① 시장이나 군수는 보행우선구역에서 보행자가 안전하고 편리하게 보행할 수 있도록 다음 각 호의 보행안전시설물을 설치할 수 있다.

  1. 속도저감시설

  2. 횡단시설

  3. 대중교통정보 알림시설 등 교통안내시설

  4. 보행자 우선통행을 위한 교통신호기

  5. 자동차진입억제용 말뚝

  6. 그 밖에 보행자의 안전과 이동편의를 위하여 대통령령으로 정하는 시설

② 시장이나 군수는 보행자의 편리한 보행과 안전을 위하여 필요하다고 인정하는 경우에는 보행우선구역 외의 지역에 제1항 제5호의 자동차진입억제용 말뚝을 설치할 수 있다.

③ 제1항에 따른 보행안전시설물의 구조, 시설기준 등에 관하여 필요한 사항은 국토해양부령으로 정한다.

② 규칙

법령내용

제9조(보행안전시설물의 구조 등) 법 제21조 제3항에 따른 보행안전시설물의 구조 및 시설기준은 별표 2와 같다.

③ 세부사항

법령내용

[별표 2] 보행안전시설물의 구조, 시설기준(제9조 관련)

1. 속도저감시설

    가. 고원식(高原式) 교차로

        1) 자동차와 보행자가 충돌할 위험이 있는 신호기가 없는 교차로에는 고원식 교차로를 설치하여야 한다.

        2) 고원식 교차로는 그 전체를 암적색 아스콘 또는 블록포장으로 설치하거나 고원식 횡단보도의 설치방법과 같은 방법으로 설치할 수 있다.

        3) 보도와 고원식 교차로의 연결부에는 요철(凹凸)이 없어야 하고 배수에 지장이 없도록 하여야 한다.

5. 차도폭 좁힘 관련법령

(1) 보행안전 및 편의증진에 관한 법률

① 법

법령내용

제15조(보행안전 및 편의증진시설의 설치)

① 특별시장등은 보행자의 안전을 확보하고 통행편의를 증진하기 위하여 필요하다고 인정하면 보행환경개선지구 안의 도로에 다음 각 호의 시설을 우선적으로 설치할 수 있다.

    1. 차량속도 저감시설

    2. 횡단보도, 교통섬 등 보행자의 안전을 위한 시설

    3. 횡단보도가 없는 도로에서의 보행자횡단을 방지하기 위한 시설

    4. 보행자우선통행을 위한 교통신호기

5. 보행자의 이동편의증진을 위한 대중교통정보 알림시설과 주변지역 보행
   자길 안내시설

6. 그 밖에 보행자의 안전과 통행편의를 높이기 위한 시설로서 행정안전부
   와 국토해양부의 공동부령으로 정하는 것

② 규칙

법령내용

제5조(보행안전 및 편의증진시설의 설치 등)

② 법 제15조 제3항에 따른 보행안전 및 편의증진시설의 구조 및 기준은 별표
   1과 같다.

③ 세부사항

법령내용

[별표 1] 보행안전 및 편의증진시설의 구조 및 기준(제5조 제2항 관련)

1. 차량속도 저감시설

   나. 차도폭 좁힘

   　운전자가 주행속도를 낮추도록 유도하기 위하여 물리적으로 차도의 폭을
   좁게 하거나 시각적으로 차도의 폭이 좁게 보이도록 할 수 있다.

(2) 교통약자의 이동편의증진법

① 법

법령내용

제21조(보행안전시설물의 설치)

① 시장이나 군수는 보행우선구역에서 보행자가 안전하고 편리하게 보행할 수
   있도록 다음 각 호의 보행안전시설물을 설치할 수 있다.

   1. 속도저감시설

   2. 횡단시설

   3. 대중교통정보 알림시설 등 교통안내시설

   4. 보행자우선통행을 위한 교통신호기

   5. 자동차진입억제용 말뚝

6. 그 밖에 보행자의 안전과 이동편의를 위하여 대통령령으로 정하는 시설

② 시장이나 군수는 보행자의 편리한 보행과 안전을 위하여 필요하다고 인정하는 경우에는 보행우선구역 외의 지역에 제1항 제5호의 자동차진입억제용 말뚝을 설치할 수 있다.

③ 제1항에 따른 보행안전시설물의 구조, 시설기준 등에 관하여 필요한 사항은 국토해양부령으로 정한다.

② 규칙

법령내용

제9조(보행안전시설물의 구조 등) 법 제21조 제3항에 따른 보행안전시설물의 구조 및 시설기준은 별표 2와 같다.

③ 세부사항

법령내용

[별표 2] 보행안전시설물의 구조, 시설기준(제9조 관련)

1. 속도저감시설

　다. 차도폭 좁힘

　　운전자가 주행속도를 낮추도록 유도하기 위하여 물리적으로 차도의 폭을 좁게 하거나 시각적으로 차도의 폭이 좁게 보이도록 할 수 있다.

6. 과속방지턱 관련법령

(1) 보행안전 및 편의증진에 관한 법률

① 법

법령내용

제15조(보행안전 및 편의증진시설의 설치)

① 특별시장 등은 보행자의 안전을 확보하고 통행편의를 증진하기 위하여 필요하다고 인정하면 보행환경 개선지구 안의 도로에 다음 각 호의 시설을 우선적으로 설치할 수 있다.

　1. 차량속도 저감시설

2. 횡단보도, 교통섬 등 보행자의 안전을 위한 시설

3. 횡단보도가 없는 도로에서의 보행자횡단을 방지하기 위한 시설

4. 보행자우선통행을 위한 교통신호기

5. 보행자의 이동편의증진을 위한 대중교통정보 알림시설과 주변지역 보행자길 안내시설

6. 그 밖에 보행자의 안전과 통행편의를 높이기 위한 시설로서 행정안전부와 국토해양부의 공동부령으로 정하는 것

② 규칙

법령내용

제5조(보행안전 및 편의증진시설의 설치 등)

② 법 제15조 제3항에 따른 보행안전 및 편의증진시설의 구조 및 기준은 별표 1과 같다.

③ 세부사항

법령내용

[별표 1] 보행안전 및 편의증진시설의 구조 및 기준(제5조 제2항 관련)

1. 차량속도 저감시설

　다. 과속방지턱

　　1) 낮은 주행속도가 요구되는 일정 도로구간에서 통행차량의 과속주행을 방지하고, 생활공간이나 학교지역 등 일정지역에서 통과차량의 진입을 억제하기 위하여 과속방지턱을 설치할 수 있다.

　　2) 과속방지턱을 설치하는 경우에는 설치길이 3.6미터, 설치높이 10센티미터의 규격을 적용하여야 한다. 다만, 폭 6미터 미만의 좁은 도로 등 설치장소의 특성에 따라 설치길이, 높이를 다르게 할 수 있다.

(2) 교통약자의 이동편의증진법

① 법

법령내용

제21조(보행안전시설물의 설치)

① 시장이나 군수는 보행우선구역에서 보행자가 안전하고 편리하게 보행할 수

있도록 다음 각 호의 보행안전시설물을 설치할 수 있다.

1. 속도저감시설
2. 횡단시설
3. 대중교통정보 알림시설 등 교통안내시설
4. 보행자우선통행을 위한 교통신호기
5. 자동차진입억제용 말뚝
6. 그 밖에 보행자의 안전과 이동편의를 위하여 대통령령으로 정하는 시설

② 시장이나 군수는 보행자의 편리한 보행과 안전을 위하여 필요하다고 인정하는 경우에는 보행우선구역 외의 지역에 제1항 제5호의 자동차진입억제용 말뚝을 설치할 수 있다.

③ 제1항에 따른 보행안전시설물의 구조, 시설기준 등에 관하여 필요한 사항은 국토해양부령으로 정한다.

② 규칙

법령내용

제9조(보행안전시설물의 구조 등) 법 제21조 제3항에 따른 보행안전시설물의 구조 및 시설기준은 별표 2와 같다.

③ 세부사항

법령내용

[별표 2] 보행안전시설물의 구조, 시설기준(제9조 관련)

1. 속도저감시설

　　마. 과속방지턱

　　　　1) 도로구간 및 교차로구간에는 운전자의 과속을 억제하고 보행자가 안전하고 연속적인 횡단을 할 수 있도록 하기 위하여 과속방지턱을 설치할 수 있다.

　　　　2) 과속방지턱을 설치하는 경우에는 자동차가 일정한 속도로 통과하더라도 승차자, 차체 및 운행 등의 안전에 중대한 지장을 주지 아니하도록 하여야 한다.

　　　　3) 과속방지턱의 폭은 차축의 폭이 넓은 긴급자동차의 통행에 방해가 되

지 아니하도록 좁게 할 수 있다.

7. 보행교통섬 관련법령

(1) 보행안전 및 편의증진에 관한 법률

① 법

법령내용

제15조(보행안전 및 편의증진시설의 설치)

① 특별시장 등은 보행자의 안전을 확보하고 통행 편의를 증진하기 위하여 필요
하다고 인정하면 보행환경개선지구 안의 도로에 다음 각 호의 시설을 우선적
으로 설치할 수 있다.

　1. 차량속도 저감시설

　2. 횡단보도, 교통섬 등 보행자의 안전을 위한 시설

　3. 횡단보도가 없는 도로에서의 보행자횡단을 방지하기 위한 시설

　4. 보행자우선통행을 위한 교통신호기

　5. 보행자의 이동편의증진을 위한 대중교통정보 알림시설과 주변지역 보행
자길 안내시설

　6. 그 밖에 보행자의 안전과 통행편의를 높이기 위한 시설로서 행정안전부
와 국토해양부의 공동부령으로 정하는 것

② 규칙

법령내용

제5조(보행안전 및 편의증진시설의 설치 등)

② 법 제15조 제3항에 따른 보행안전 및 편의증진시설의 구조 및 기준은 별표
1과 같다.

③ 세부사항

법령내용

[별표 1] 보행안전 및 편의증진시설의 구조 및 기준(제5조 제2항 관련)

　2. 보행교통섬

가. 보행교통섬은 도로의 규모에 따라 직선형태 또는 굴절형태로 횡단보도의 중앙에 선택적으로 설치할 수 있다.

나. 보행교통섬의 최소폭은 1.5미터로 하여야 한다.

다. 보행교통섬의 전후에는 안전지대 노면표시 및 자동차진입억제용 말뚝 등의 인공구조물을 설치할 수 있다.

(2) 교통약자의 이동편의증진법

① 법

> **법령내용**

제21조(보행안전시설물의 설치)

① 시장이나 군수는 보행우선구역에서 보행자가 안전하고 편리하게 보행할 수 있도록 다음 각 호의 보행안전시설물을 설치할 수 있다.

　1. 속도저감시설

　2. 횡단시설

　3. 대중교통정보 알림시설 등 교통안내시설

　4. 보행자우선통행을 위한 교통신호기

　5. 자동차진입억제용 말뚝

　6. 그 밖에 보행자의 안전과 이동편의를 위하여 대통령령으로 정하는 시설

② 시장이나 군수는 보행자의 편리한 보행과 안전을 위하여 필요하다고 인정하는 경우에는 보행우선구역 외의 지역에 제1항 제5호의 자동차진입억제용 말뚝을 설치할 수 있다.

③ 제1항에 따른 보행안전시설물의 구조, 시설기준 등에 관하여 필요한 사항은 국토해양부령으로 정한다.

② 규칙

> **법령내용**

제9조(보행안전시설물의 구조 등) 법 제21조 제3항에 따른 보행안전시설물의 구조 및 시설기준은 별표 2와 같다.

③ 세부사항

> **법령내용**

[별표 2] 보행안전시설물의 구조, 시설기준(제9조 관련)

2. 횡단시설

나. 보행섬식 횡단보도

1) 보행우선구역에서 도로의 용지가 허용되는 경우에는 도로의 중앙에 횡단을 위한 일시적인 대기 장소(이하 "보행섬"이라 한다)를 두고 횡단보도를 설치하여야 한다.

2) 보행섬은 도로의 규모에 따라 직선형태 또는 굴절형태의 횡단보도 중앙에 선택적으로 설치할 수 있다.

3) 보행섬의 최소폭은 1.5미터로 하여야 한다.

4) 보행섬의 전후에는 안전지대 노면표시 및 자동차진입억제용 말뚝 등의 공작물을 설치하여 자동차와 보행자의 충돌사고를 방지하여야 한다.

8. 무단횡단 금지시설(보행자용 방호울타리) 관련법령

(1) 보행안전 및 편의증진에 관한 법률

① 법

> **법령내용**

제15조(보행안전 및 편의증진시설의 설치)

① 특별시장 등은 보행자의 안전을 확보하고 통행편의를 증진하기 위하여 필요하다고 인정하면 보행환경개선지구 안의 도로에 다음 각 호의 시설을 우선적으로 설치할 수 있다.

1. 차량속도 저감시설

2. 횡단보도, 교통섬 등 보행자의 안전을 위한 시설

3. 횡단보도가 없는 도로에서의 보행자횡단을 방지하기 위한 시설

4. 보행자우선통행을 위한 교통신호기

5. 보행자의 이동 편의증진을 위한 대중교통정보 알림시설과 주변지역 보행자길 안내시설

6. 그 밖에 보행자의 안전과 통행 편의를 높이기 위한 시설로서 행정안전부와 국토해양부의 공동부령으로 정하는 것

② 규칙

법령내용

제5조(보행안전 및 편의증진시설의 설치 등)
② 법 제15조 제3항에 따른 보행안전 및 편의증진시설의 구조 및 기준은 별표 1과 같다.

③ 세부사항

법령내용

[별표 1] 보행안전 및 편의증진시설의 구조 및 기준(제5조 제2항 관련)
3. 무단횡단 금지시설
　가. 무단횡단 금지시설은 보행자의 무단횡단과 차량의 불법유턴 및 역주행 등으로 교통사고가 많은 구간 등에 설치할 수 있다.
　나. 무단횡단 금지시설의 높이는 90센티미터를 표준으로 하며, 동일높이로 설치하여 연속적인 시선유도가 이루어지도록 한다.

(2) 교통약자의 이동편의증진법

① 법

법령내용

제21조(보행안전시설물의 설치)
① 시장이나 군수는 보행우선구역에서 보행자가 안전하고 편리하게 보행할 수 있도록 다음 각 호의 보행안전시설물을 설치할 수 있다.
　1. 속도저감시설
　2. 횡단시설
　3. 대중교통정보 알림시설 등 교통안내시설
　4. 보행자우선통행을 위한 교통신호기
　5. 자동차진입억제용 말뚝
　6. 그 밖에 보행자의 안전과 이동편의를 위하여 대통령령으로 정하는 시설

② 시장이나 군수는 보행자의 편리한 보행과 안전을 위하여 필요하다고 인정하는 경우에는 보행우선구역 외의 지역에 제1항 제5호의 자동차진입억제용 말뚝을 설치할 수 있다.

③ 제1항에 따른 보행안전시설물의 구조, 시설기준 등에 관하여 필요한 사항은 국토해양부령으로 정한다.

② 규칙

법령내용

제9조(보행안전시설물의 구조 등) 법 제21조 제3항에 따른 보행안전시설물의 구조 및 시설기준은 별표 2와 같다.

③ 세부사항

법령내용

[별표 2] 보행안전시설물의 구조, 시설기준(제9조 관련)

5. 보도용 방호울타리

　가. 보도용 방호울타리는 자동차가 저속으로 진행하는 구간으로서 운전자에게 보도와 차도가 분리되어 있음을 시각적으로 나타내어 사고를 예방할 수 있는 구간에 설치하여야 한다.

　나. 보도용 방호울타리의 설치로 인하여 도로의 차도폭이 좁아지는 경우에는 일방통행의 지정, 도로의 유지·관리 및 배수 등을 충분히 고려하여야 한다.

---

2 보행편의시설 참조법령

1. 턱낮춤 관련법령

(1) 교통약자의 이동편의증진법

3. 도로

　가. 교통약자가 통행할 수 있는 보도

(6) 턱낮추기

(가) 횡단보도와 접속하는 보도와 차도의 경계구간에는 턱낮추기를 하거나 연석경사로 또는 부분경사로를 설치하여야 한다. 다만 주택가·학교 주변의 편도 2차로 이하인 도로의 경우에는 횡단보도에 접속하는 보도와 차도의 높이를 같게 할 수 있다.

(나) 보도와 차도의 경계구간은 높이차이가 2센티미터 이하가 되도록 설치하되, 연석만을 낮추어 시공하여서는 안 된다.

(다) 연석경사로의 유효폭은 0.9미터 이상으로 하고 기울기는 12분의 1이하로 하며, 경사로 옆면의 기울기는 10분의 1이하로 한다.

(라) 보도 전체를 턱낮추기를 할 수 없거나, 유효폭이 2미터 이하인 보도와 연결된 횡단보도에서는 유효폭이 0.9미터 이상인 부분경사로를 설치할 수 있다.

(2) 도로안전시설 및 관리지침

4.4 턱낮추기 및 연석경사로설치

4.4.1 설치장소

가. 횡단보도 진입지점이나 횡단보도 중앙에 설치된 안전지대 등에 보행횡단할 보도와 차도의 높이차를 줄이기 위해 턱낮추기를 실시한다.

나. 턱낮추기를 실시할 때 보도와 차도 간의 높이차를 극복하기 위해 연석경사로를 설치한다.

다. 턱낮추기 및 연석경사로는 횡단보도 진입지점, 안전지대, 건물진입부분, 보도와 차도의 경계구간, 기타 턱낮추기 및 연석경사로의 설치가 필요한 구간 등에 설치한다.

4.4.2 유형

턱낮추기 및 연석경사로는 보도의 폭과 보도의 조건에 따라 다음과 같은 세 가지 유형이 있다.

가. 보도폭이 좁은 경우에는 보도폭 전체를 그림과 같이 턱낮추기를 한다.(턱낮추기 유형 I : 기본형)

나. 보도폭이 넓어 통과보행자와 대기공간을 위해 연석경사로 뒤쪽으로 통행할 수 있는 1미터 이상의 공간을 확보할 수 있는 경우, 횡단지점에만 부분적으로 턱낮추기를 한다(턱낮추기 유형Ⅱ).

다. 식수대 등으로 차도와 연접해서 턱낮추기를 설치하기 어려운 경우 그림과 같이 턱낮추기를 한다(턱낮추기 유형Ⅲ).

4.4.3 설치일반사항

가. 연석경사로의 유효폭은 횡단보도와 같은 폭으로 한다. 부득이한 경우, 연석경사로의 유효폭은 0.9미터 이상으로 한다.

나. 연석경사로의 기울기는 20분의 1 이하가 바람직하며, 최대 12분의 1 이하로 한다. 유형Ⅱ형의 경우, 경사로 옆면의 기울기는 10분의 1 이하로 한다.

다. 연석경사로의 기울기의 방향은 보행자의 통행동선의 방향과 일치하도록 한다.

라. 턱낮추기를 하는 경우, 보도등과 차도의 경계구간은 높이차를 3센티미터 이하로 한다.

마. 턱낮추기를 하는 경우, 우천 시 물이 고이지 않도록 배수문제를 고려한다.

바. 연석경사로의 바닥표면은 미끄러지지 아니하는 재질로 평탄하게 마무리하며, 보도등의 질감과 달리할 수 있다.

3 정보제공시설 참조법령

1. 안내표지 관련법령

(1) 장애인·노인·임산부 등의 편의증진보장에 관한 법률

① 시행규칙

17. 시각장애인 유도·안내설비

가. 점자안내판 또는 촉지도식 안내판

(1) 점자안내판 또는 촉지도식 안내판에는 주요시설 또는 방의 배치를 점자,

양각면 또는 선으로 간략하게 표시하여야 한다.

(2) 일반안내도가 설치되어 있는 경우에는 점자를 병기하여 점자안내판에 갈음할 수 있다.

(3) 점자안내판 또는 촉지도식 안내판은 점자안내표시 또는 촉지도의 중심 선이 바닥면으로부터 1.0미터 내지 1.2미터의 범위 안에 있도록 설치하여야 한다. 다만, 점자안내판 또는 촉지도식 안내판을 수직으로 설치하거나 점자안내표시 또는 촉지도의 내용이 많아 1.0미터 내지 1.2미터의 범위 안에 설치하는 것이 곤란한 경우에는 점자안내표시 또는 촉지도의 중심선이 1.0미터 내지 1.5미터의 범위에 있도록 설치할 수 있다.

나. 음성안내장치

시각장애인용 음성안내장치는 주요시설 또는 방의 배치를 음성으로 안내하여야 한다.

다. 기타 유도신호장치

시각장애인용 유도신호장치는 음향·시각·음색 등을 고려하여 설치하여야 하고, 특수신호장치를 소지한 시각장애인이 접근할 경우 대상시설의 이름을 안내하는 전자식 신호장치를 설치할 수 있다.

(2) 서울시 편의시설설치 매뉴얼

① 건축물

▨ 안내표시(시각장애인 유도, 안내설비)

▷ 설치원칙

- 건축물의 안내표시는 방문객을 목적지에 빠르고 정확하게 도달하게 만든다. 시설이용자가 최소한의 이동으로 목표를 찾을 수 있도록 정보전달이 정확해야 한다.

▷ 설치요령

- 모두가 이용가능한 종합안내장치여야 한다.
- 휠체어의 접근가능성 확보는 물론 청각, 언어장애인 등을 위한 문자, 시각장애인을 위한 점자, 음성안내 등이 효과적으로 조합되어야 한다.

② 공원

▨ 공원안내표시

▷ 설치원칙

- 공원의 안내표시는 이용객의 원활한 이동을 유도하기 위함이다. 특히 모든 산책로, 시설 등을 장애인이 접근할 수 없는 경우에는 반드시 적합한 안내판을 설치해야 한다.

▷ 설치요점

- 공원의 출입구에 설치한다.
- 노인, 어린이, 장애인 등을 포함한 모두가 쉽게 이해하고 볼 수 있는 구조로 설치되어야 한다.
- 점자표시 등 식별성이 확보되어야 한다.

① 설치방법

- 규모가 큰 공원에서는 공원 내 산책로 및 시설 등을 종합적으로는 물론 각 시설별로 안내표시를 해야 한다.
- 최소한의 정보로 최대한의 안내가 이루어지도록 배려한다.
- 글씨의 크기, 색상은 명확해야 하고 설치위치 등은 <건축물, 21. 안내표시>에 준한다.

② 조명

- 조명장치를 갖춘 안내표시는 명도의 차이를 더욱 크게 하여 인지도를 높일 수 있다.
- 조명장치를 하면 반사·영락 등으로 인한 피해를 줄일 수 있다.
- 조명으로 명도를 높이면 노인 등 약시자와 청각장애인에게 크게 유리

③ 비상경보장치

- 시각장애인을 위해서는 음성안내방송 및 음향경보장치가 있어야 한다.
- 청각장애인은 음향경보장치가 효용이 없으므로 경광등이나 비상구유도등에 점멸장치를 반드시 해야 한다.

④ 표시방법

- 눈에 잘 띄고 이해하기 쉬워야 한다.
- 시각장애인에게 안내정보 전달방법은 음성안내·점자안내·촉지도안내 등

이 있다.

- 청각장애인 안내정보 전달방법은 전광게시판, 문자정보 모니터, 레이저 스크린 등이 있다.

⑤ 점자안내판 또는 촉지도식 안내판

- 점자안내판 또는 촉지도식 안내판에는 주요시설 또는 방의 배치를 점자·양각면 또는 선으로 간략하게 표시해야 한다.
- 일반안내도가 설치되어 있는 경우에는 점자를 병기하여 설치한다.
- 점자안내판 또는 촉지도식 안내판은 바닥면으로부터 1.0 m～1.2 m 범위 안에 설치한다.

⑥ 음성안내장치

- 주요시설 또는 방의 배치를 음성으로 안내한다.

2. 점자블록 관련법령

(1) 도로안전시설 및 관리지침

4.6 점자블록설치

4.6.2 형태와 규격

점형블록은 반구형, 원뿔절단형 또는 이 두 가지의 혼합배열형이 있다. 점형 블록과 선형블록의 형태와 규격은 표 4.1과 그림 4.14, 그림 4.15에 제시하였다. 표 4.1에 제시된 점자블록의 표준형의 규격은 30센티미터×30센티미터이다. 표준형의 규격을 축소해서 사용해서는 안 된다.

점형블록(표준형)		선형블록(표준형)	
규격	30 cm×30 cm	규격	30 cm×30 cm
돌출점의 수	36개	돌출선의 수	4개
돌출점의 높이	0.6 ± 0.1 cm	돌출선의 높이	0.5 ± 0.1 cm
돌출점의 형태	원뿔절단형	돌출선의 형태	상단부 평면형
색상	황색	색상	황색

(2) 교통약자의 이동편의증진법

① 법

법령내용

제10조(이동편의시설의 설치기준)

① 대상시설별로 설치하여야 하는 이동편의시설의 종류는 대상시설의 규모와 용도 등을 고려하여 대통령령으로 정한다.

② 대상시설별로 설치하여야 하는 이동편의시설의 구조·재질 등에 관한 세부기준은 국토해양부령으로 정한다.

③ 이동편의시설에 관하여 이 법에서 특별히 규정한 사항을 제외하고는 「장애인·노인·임산부 등의 편의증진보장에 관한 법률」 등 다른 법률에서 정하는 바에 따른다.

② 규칙

법령내용

제2조(이동편의시설의 세부기준)

① 「교통약자의 이동편의증진법」(이하 "법"이라 한다) 제10조 제2항에 따라 대상시설별로 설치하여야 하는 이동편의시설의 구조·재질 등에 관한 세부기준은 별표 1과 같다.

③ 세부사항

법령내용

[별표 1] 이동편의시설의 구조·재질 등에 관한 세부기준(제2조 제1항 관련)

3. 도로

가. 교통약자가 통행할 수 있는 보도

7) 점자블록

　가) 횡단보도의 진입부분에는 점형블록을 설치하고, 이를 유도하는 부분에는 횡단보도의 진행방향과 같은 방향으로 보도등과 차도의 경계구간으로부터 보도등의 폭의 5분의 4가 되는 지점까지 선형블록을 설치하여야 한다.

　나) 횡단 도중의 일시대기용 안전지대와 횡단보도의 경계부분 중 안전지대쪽에는 점형블록을 설치하고, 이를 유도하는 부분에는 횡단보도의 진행

방향과 같은 방향으로 선형블록을 설치하여야 한다.

다) 시각장애인을 위한 음향신호기의 전면(前面)에는 점형블록을 설치하여야
한다.

3. 보행자우선 교통신호기 관련법령

(1) 보행안전 및 편의증진에 관한 법률

① 법

법령내용

제15조(보행안전 및 편의증진시설의 설치)

① 특별시장 등은 보행자의 안전을 확보하고 통행편의를 증진하기 위하여 필요
하다고 인정하면 보행환경개선지구 안의 도로에 다음 각 호의 시설을 우선적
으로 설치할 수 있다.

1. 차량속도 저감시설
2. 횡단보도, 교통섬 등 보행자의 안전을 위한 시설
3. 횡단보도가 없는 도로에서의 보행자횡단을 방지하기 위한 시설
4. 보행자우선통행을 위한 교통신호기
5. 보행자의 이동편의증진을 위한 대중교통정보 알림시설과 주변지역 보행
   자길 안내시설
6. 그 밖에 보행자의 안전과 통행편의를 높이기 위한 시설로서 행정안전부
   와 국토해양부의 공동부령으로 정하는 것

② 규칙

법령내용

제5조(보행안전 및 편의증진시설의 설치 등)

② 법 제15조 제3항에 따른 보행안전 및 편의증진시설의 구조 및 기준은 별표
1과 같다.

③ 세부사항

법령내용

[별표 1] 보행안전 및 편의증진시설의 구조 및 기준(제5조 제2항 관련)

4. 보행자우선통행을 위한 교통신호기

   가. 교통신호기에는 보행자가 우선통행할 수 있도록 녹색신호 변경버튼을 설치할 수 있다.

(2) 교통약자의 이동편의증진법

① 법

법령내용

제21조(보행안전시설물의 설치)

① 시장이나 군수는 보행우선구역에서 보행자가 안전하고 편리하게 보행할 수 있도록 다음 각 호의 보행안전시설물을 설치할 수 있다.

   1. 속도저감시설

   2. 횡단시설

   3. 대중교통정보 알림시설 등 교통안내시설

   4. 보행자우선통행을 위한 교통신호기

   5. 자동차진입억제용 말뚝

   6. 그 밖에 보행자의 안전과 이동편의를 위하여 대통령령으로 정하는 시설

② 시장이나 군수는 보행자의 편리한 보행과 안전을 위하여 필요하다고 인정하는 경우에는 보행우선구역 외의 지역에 제1항 제5호의 자동차진입억제용 말뚝을 설치할 수 있다.

② 규칙

법령내용

제9조(보행안전시설물의 구조 등) 법 제21조 제3항에 따른 보행안전시설물의 구조 및 시설기준은 별표 2와 같다.

③ 세부사항

법령내용

[별표 2] 보행안전시설물의 구조, 시설기준(제9조 관련)

   4. 보행자우선통행을 위한 교통신호기

가. 보행우선구역의 교통신호기에는 보행자가 우선통행할 수 있도록 녹색신호 변경버튼을 설치하여야 한다.

나. 교통신호기는 녹색신호가 켜져 있는 동안에는 계속 균일한 신호음을 내야 한다.

(3) 교통신호기 설치관리 매뉴얼

▨ 보행자신호기 설치기준

보행자신호기는 차량신호기와 함께 설치함을 원칙으로 하고 다음의 조건을 만족할 때 설치한다.

- 차량신호기가 설치된 교차로의 횡단보도로서 1일 중 횡단보도의 통행량이 가장 많은 1시간 동안의 횡단보행자가 150명을 넘는 곳
- 번화가의 교차로, 역전 등의 횡단보도로서 보행자의 통행이 빈번한 곳
- 차량신호만으로는 보행자에게 언제 통행권이 있는지 분별하기 어려울 경우
- 차량신호등이 있는 횡단보도
- 어린이보호구역 내 초등학교 또는 유치원의 주출입과 가장 가까운 거리에 위치한 횡단보도

▨ 보행자작동신호기 설치장소

- 보행자작동신호기는 차량신호기와 함께 사용한다.
- 신호기가 설치되어 있고, 보행자의 수가 적어 보행자신호등을 설치할 필요성은 적으나 보행자가 반드시 도로를 횡단해야 하는 경우에 설치하며, 또한 일정 시간대에만 보행자가 횡단할 경우에 설치한다.
- 시각장애인용 음향신호기와 함께 설치되어서는 안 된다.

4. 시각장애인용 음향신호기 관련법령

(1) 보행안전 및 편의증진에 관한 법률

① 법

법령내용

제15조(보행안전 및 편의증진시설의 설치)

① 특별시장 등은 보행자의 안전을 확보하고 통행편의를 증진하기 위하여 필요

하다고 인정하면 보행환경개선지구 안의 도로에 다음 각 호의 시설을 우선적으로 설치할 수 있다.

1. 차량속도 저감시설
2. 횡단보도, 교통섬 등 보행자의 안전을 위한 시설
3. 횡단보도가 없는 도로에서의 보행자횡단을 방지하기 위한 시설
4. 보행자우선통행을 위한 교통신호기
5. 보행자의 이동편의증진을 위한 대중교통정보 알림시설과 주변지역 보행자길 안내시설
6. 그 밖에 보행자의 안전과 통행편의를 높이기 위한 시설로서 행정안전부와 국토해양부의 공동부령으로 정하는 것

② 규칙

법령내용

제5조(보행안전 및 편의증진시설의 설치 등)
② 법 제15조 제3항에 따른 보행안전 및 편의증진시설의 구조 및 기준은 별표 1

③ 세부사항

법령내용

[별표 1] 보행안전 및 편의증진시설의 구조 및 기준(제5조 제2항 관련)

8. 장애인용 음향안내시설

  가. 장애인의 보행편의를 도모하기 위하여 장애인용 음향안내시설을 설치
  나. 장애인용 음향안내시설은 장애인이 들을 수 있도록 음향기준을 고려한다.
  다. 장애인용 음향안내시설이 설치된 교통신호기는 녹색신호가 켜져 있는 동안에는 계속 균일한 신호음을 내야 한다.

(2) 교통신호기 설치관리 매뉴얼

▨ 설치장소기준

- 시각장애인용 음향신호기는 교차로의 형태, 지주의 위치 등을 고려하여 시각장애인이 안전하게 사용할 수 있도록 설치하여야 한다.
- 음향발생장치는 각 신호기마다 설치하는 독립식으로 설치한다.

- 음향발생장치와 버튼을 분리하는 방식으로 설치한다.
- 압버튼 장치는 1 m 내외의 높이로 한다.
- 함체 또는 버튼에는 시각장애인용임을 알리는 안내표시 등을 하여야 한다.

▨ 설치장소권장

시각장애인용 음향신호기는 다음과 같은 장소에 우선적으로 설치한다.
- 시각장애인 밀집거주지역, 시각장애인 영구임대주택 지역 등
- 시각장애인 이용시설주변(사회복지관, 수용시설, 기타사회복지시설 등)
- 시각장애인 교육기관 및 학원주변
- 시각장애인 직장밀집지역(관광호텔, 안마시술소 등)
- 전철·철도역·여객터미널 주변 등
- 국가·지방자치단체 청사 등 공공건물 주변
- 기타 시각장애인 단체에서 요청하는 장소

시각장애인의 안전한 횡단에 영향을 줄 수 있는 교차로는 해당시설물을 개선한 후 설치할 것을 권장한다.

5. 보행신호등 보조장치(잔여시간 표시기) 관련법령

■ 보행신호등 보조장치 표준지침

▨ 목적

본 지침은 보행등 녹색신호의 남은 시간을 숫자 및 도형으로 알려주어 보행자가 안심하고 횡단보도를 통행할 수 있도록 보행등에 부가설치하는 보행신호등 보조장치(이하 '보조장치'라 한다)에 대하여 그 구성요소·성능·재료·시험기준·검사방법 등에 대해 규정함으로써, 보조장치의 합리적 설치 및 관리를 도모함을 목적으로 한다.

▨ 보행신호등 보조장치의 종류

보조장치의 종류는 두 가지로 구분된다. 하나는 숫자로 잔여시간을 알려주는 「숫자형 보조장치」이고, 다른 하나는 도형(역삼각형, 역사다리형, 일자형, 기타도형)을 사용하여 잔여시간을 알려주는 「도형형 보조장치」이다.

◙ 설치가능지점

보조장치는 왕복 6차로 이상인 도로 중에서 보행자통행이 빈번하고 보행자횡단 사고가 잦은 횡단보도에 설치한다. 단, 왕복 6차로 미만의 도로라도 교통안전상 부득이 설치할 필요가 있을 경우 관할경찰기관 관계위원회의 결정에 따라 설치할 수 있다.

◙ 운영방법

(1) 숫자형 보조장치의 잔여시간을 나타내는 숫자는 녹색점멸과 동시에 시작되고 녹색점멸과 동시에 종료되며 적색등화 동안은 꺼져 있어야 한다.

(2) 도형형 보조장치는 보행등 녹색등화와 동시에 등화되어야 하고, 녹색점멸 신호시간을 모듈의 개수로 동일하게 나누어 순차 소등시키도록 설계되어야 하며, 적색등화 동안은 꺼져 있어야 한다.

(3) 신호제어기가 수동으로 조작되고 있는 때에는 수동조작 시점을 기준으로 다음 주기부터 보조장치가 소등된 상태를 유지하여야 한다.

(4) 보조장치를 최초로 작동할 때(최초 또는 정전 후 전원공급 시) 또는 신호제어기를 수동조작한 후 자동제어로 복귀할 때에는 2주기 내에 신호시간을 자동감지하여 그 다음 주기부터는 정상적으로 작동되어야 하며, 신호시간을 감지하는 동안에 보조장치가 작동(등화)되어 보행자에게 혼란을 초래하여서는 안 된다.

참고문헌

1) 국토교통부, 회전교차로 설계지침, 2014.

2) 국토교통부, 보행우선구역 표준설계 매뉴얼, 2008.

3) 국토해양부, 도로용량편람, 2014.

4) 국토해양부, 비동력무탄소 교통수단활성화 종합계획 수립연구, 최종보고서, 2011.

5) 국토해양부, 한국교통연구원, 보행문화개선에 관한 시행방안연구, 2009.

6) 국토해양부, 한국교통연구원, 보행우선구역 시범사업지연구, 2010.

7) 금기정 역, 지구교통계획, 청문각, 1995.

8) 김대웅, 가로계획, 형설출판사, 2005.

9) 김승준, 자치구단위 생활환경개선을 위한 교통개선사업 추진방안, 시정개발연구원, 2007.

10) 김철수, 단지계획, 기문당, 2012.

11) 김형철, 교통의 새로운 패러다임(교통정온화), 2007.

12) 대구광역시, 대구광역시 보행환경개선 기본계획, 2003.

13) 도로교통공단, OECD회원국 교통사고비교, 2010.

14) 도로교통공단, 보행자 교통사고분석 및 보행자 보호구역 시설물설치 표준지침 연구, 2008.

15) 박완용, 한양대학교 도시대학원 박사학위 논문, 교통정온화사업의 평가체계개발 및 적용에 관한 연구, 2012.

16) 박정욱, 유정복, 생활권도로의 기능성을 고려한 다양한 이동수단 간의 공존성에 관한 연구, 한국교통연구원, 2013.

17) 서울시정개발연구원, 서울시 도로교통개선사업 추진체계 재정립방안, 2004.

18) 서울시정개발연구원, 서울시 보행우선지구제도 운영방안, 2002.

19) 서울시정개발연구원, 주거지환경개선을 위한 마을만들기 활성화방안 연구, 2006.

20) 서울시정개발연구원, 주차환경개선지구 지정 및 관리방안 연구, 2005.

21) 석종수, 보행환경 수준평가 모형개발에 관한 연구, 인천발전연구원, 2010.

22) 신연식, 지구교통관리지침에 관한 연구, 교통개발연구원, 1999.

23) 원제무, 녹색으로 읽는 도시계획, 조경, 2010.

24) 이광훈 외, 자치구5개년 교통개선계획 도입방안연구, 서울시정개발연구원, 1993.

25) 이광훈, 홍우식, 서울시 생활권 교통개선사업 추진방안, 서울연구원, 2014.

26) 정병두, 권영인, 정현정, 김준용 역, 지구교통계획 매뉴얼-생활도로 존 대책, 계명대학교 출판부, 2013.

27) 정병두, 오승훈, 보차공존도로에서의 시케인 설치를 위한 조사연구, 대한국토도시계획학회지, 제35권 제2호(통권 107호) 2000. 4.

28) 한국도시설계학회, 지구단위계획의 실제, 기문당, 2008.

29) 한국토지공사, 단지계획·설계실무편람Ⅱ(설계편), 2004.

30) 한국토지주택공사, 택지개발사업의 교통정온화 기법연구, 한국토지주택공사, 2006.

31) 행정안전부, 보행자길 구조 및 시설기준에 관한 연구, 2013.

32) 행정안전부, 보행업무편람, 2013.

■ 외국서

1) 青木英明, 欧美の道路交通安全, 交通工學, Vol.31 増刊号, 1996.

2) 青木英明, 地区道路の交通管理と歩行者の空間整備, 日本道路協会, 道路, 2004.

3) 天野光三ほか, 歩車共存道路の計劃·手法 都市文化社, 1986.

4) 天野光三ほか, 歩車共存道路の計劃·手法 快適な生活空間を求めて, 都市文化社, 1998.

5) 今野博, まちづくりと歩行空間, 鹿鳥出版會, 1984.みちまちアメニティ-地区交通計劃の考え方と実践, (社)日本交通計劃協会, 1987.

6) 大阪市土木局, 住区交通環境整備のための調査·計劃マニュアル(案), 1995.

7) 大防市建設土会, 大防府福祉のまちづくリ條例設計マニュアル, 平成5年8月.

8) 大阪土木技術協会, デンマークにおける生活道路設計基準, 1984.

9) 太田勝敏ほか, 市街地における面的速度マネジメントの適用に関する研究, 交通工学研究会, 交通工学 Vol.45, No.5, 2010.

10) ぎょうせい, 個性あるみづくりガイドブク, Part I, Part II, 1995.

11) 久保田 尚, くらしを支える人と車のための道路, 交通工学研究会, 交通工学 Vol.29 No.1, 1994.

12) 久保田 尙, 交通靜穩化(TrafficCalming)の考え方と實際 交通計劃集成1, 地区科學研究会, 1996.

13) 久保田 尙 ほか, 地区内道路の環境改善と交通抑制 (1)交通抑制手法の展開, 交通工學, Vol.22, No.3, 1987.

14) 久保田、青木、新谷, 住区内道路の環境改善と交通抑制 (2)面的交通抑制の試み, 交通工学研究会, 交通工学, Vol.22, No.4 1987.

15) 久保田 尙 ほか, 地区交通の計劃と設計, 國際交通安全學会, 1990.

16) 建設省, 歩車共存道路について, 1996.

17) 權寧仁, 狭幅員道路の混合交通流の分析と道路空間計劃に關する基礎的な研究, 東京工業大学博士論文, 1997.

18) 交通工學研究会, コミュニティゾーン形成マニュアル, 1996.

19) 交通工学研究会, コミュニティゾーン実戦マニュアル, 2001.

20) 交通工学研究会, 地区交通計劃, 2002.

21) 交通工学研究会, コミュニティゾーンの評価と今後の地区交通安全, 2004.

22) 交通工学研究会, 交通工学ハンドブック 2008第13章 地区交通計劃, 2009.

23) 交通工学研究会, 生活道路ゾーン対策マニュアル, 2011.

24) 国際交通安全学会, 生活道路の総合研究, 2010.

25) 生活道路におけるゾーン対策推進調査研究検討委員会, 生活道路におけるゾーン対策推進調査研究報告書, 2011.

26) 社團法人大板府建築士会, 大板府福祉のまちづくり條例設計マニュアル、1994.

27) (社)日本交通計劃協会, みちまちアメニティ一地区交通計劃の考え方と実践, 1987.

28) (財)大阪市土木技術協会, 西ドイツにおける生活道路設計基準, 1984.

29) (財)大阪市土木技術協会, デンマークにおける生活道路設計基準, 1984.

30) (財)大阪市土木技術協会, アメリカ合衆國における住宅地の交通管理計劃, 1984.

31) 大成出版社, ゆとり社会と街づくり道づくり, 1993.

32) 住区内街路研究会, 人と車[おりあいの道づくり-住区内街路計劃考, 鹿島出版会, 1993.

33) 東京都福祉局, 東京都福祉のまちづくリ條例, 施設整備マニュアル, 1996.

34) 都市住宅編集部編, 歩車共存道路の理念と実践, 1983.

35) 日本土木学会編, 街路の景觀設計, 技報堂出版, 1985.

36) 日本土木学会編, 地区交通計劃, 國民科学社, 1992.

37) 日本国土交通省道路局, 生活の道路ゾーン事業, http://www.mlit.go.jp/road/road/yusen/index.html

38) 山田晴利, 街路における交通静穏化手段に關する研究, 築波大學博士論文, 1994.

39) 八十島、井上 訳, 都市の自動車交通, 鹿島出版会

40) Brindle. R., Traffic calming in Australia : More than Neighborhood Traffic Management, ITE Journal Vol. 67, No. 7, 1997.

41) County Surveyors Society, Traffic Calming in Practice, Landor Publishing Ltd., 1994.

42) David Taylor and Miles Tight, "Public Attitudes and Consultation in Traffic Calming Schemes", Transport Policy 4 pp.171-182, 1997.

43) Garcia A., Moreno A.T., Romero M.A., Development and Validation of Speed Kidney, a New Traffic-Calming Device, Transportation Research Record : Journal of the Transportation Research Board no.2223 pp. 43-53, 2011.

44) Halse, C.P., Traffic Calming Guideline, Devon County Council, 1992.

45) Harvey, T., A Review of Traffic Calming Techniques, http://www.its.leeds.ac.uk/ primavera/p_calming.html, 1998.

46) Institute of Transportation Engineers ITE, Traffic Calming in The Netherlands.

47) Jefferey Tumlin Sustainable Transportation Planning, John wiley&Sons, Inc, 2012.

48) Lockwood, I.M., ITE Traffic Calming Definition, ITE Journal Vol. 67, No. 7. pp. 22-25, 1997.

49) OECD, Sustainable transport in Central and Eastern European Cities, 1996.

50) R. E. Layfield and D. I. Parry, Traffic Calming - Speed Cushion Schemes, TRL Report 312, 1998.

51) Reid Ewing, Steven J. Brown U.S. Traffic Calming Mannual, ASCE Press, 2009

52) Reid Ewing, Traffic Calming State of the Practice", Institute of Transportation Engineer, 1999.

53) Ron minnema, The Evolutin of the Effectiveness of Traffic Calmingdevices, Lambert Academic Publishing, 2010.

54) Sayer, I.A., Traffic Calming - an Assessment of Selected on-road Chicane schemes, TRL Reort 313, 1998.

55) Skene, M., et al, Developing a Canadian Guide to Traffic Calming, ITE Journal Vol.67, No.7, 1997.

56) Talens, H., "Traffic Calming in the Netherlands", ITE Annual Meeting Compendium, 1999.

57) Webster, D. & Mackie, A.M., Review of Traffic Calming Schemes in 20 mph zones, TRL Report 215, 1996.

58) SWOV, Traffic Calming Schemes, Opportunities and Implementation Strategies, 2003.

INDEX

저자소개

정병두(鄭丙斗)

홍익대학교 도시계획과를 졸업하고, 서울시립대학교에서 공학석사, 일본 오사
카 시립대학 토목공학과에서 교통공학을 전공하여 공학박사 학위를 받았다.
교통기술사를 취득하였으며, 경기도청 교통전문위원으로 근무하였다. 현재는
계명대학교 공과대학 도시학부 교통공학전공 교수로 재직하고 있다.

주요저서   가로환경매뉴얼(2003)
                교통시뮬레이션의 이해(2007)
                살고 싶은 도시 100(2012)
                지구교통계획 매뉴얼(2013)
                공간과 생활(2013)

jungbd@kmu.ac.kr

지구교통계획

2015년 6월 25일 초판인쇄
2015년 6월 30일 초판발행

지은이   정병두
펴낸이   류원식
펴낸곳   **청문각 출판**

주소   413-120 경기도 파주시 교하읍 문발로 116
전화   1644-0965(대표)
팩스   070-8650-0965
홈페이지   www.cmgpg.co.kr
등록   2015. 01. 08. 제406-2015-000005호

ISBN   978-89-6364-233-8 (93530)
값   22,000원

* 잘못된 책은 바꾸어 드립니다.

본 연구는 계명대학교 비사(일반) 연구기금으로 이루어졌음(과제번호 : 2009-0047).